高等职业教育土建类"十四五"系列教材

JIANZHU

LIXUE

U0279054

# 建筑力学

主　编　骆文进　李　新
　　　　蒲　瑜
副主编　李倩倩　王丽英
　　　　杨博文　金　雷

华中科技大学出版社
http://press.hust.edu.cn
中国·武汉

## 内 容 简 介

本书内容包括 14 个模块和 3 个附录,具体包括绪论、静力学基本知识、平面力系、轴向拉伸和压缩、剪切与扭转、弯曲内力、弯曲应力与强度计算、组合变形、压杆稳定、结构的位移计算与刚度校核、力法、位移法、力矩分配法、影响线及其应用,以及平面图形的几何性质、平面体系的几何组成分析和型钢表等内容。有的模块前附有基本要求、重点、难点,模块后附有习题,方便教学。

本书不仅可以作为高职高专院校土木建筑大类各专业的教材使用,还可以作为工程技术人员以及成人教育、函授教育、网络教育、自学考试等相关人员的学习参考书。

为了方便教学,本书还配有电子课件等教学资源包,任课教师可以发邮件至 husttujian@163.com 索取。

**图书在版编目(CIP)数据**

建筑力学/骆文进,李新,蒲瑜主编.—武汉:华中科技大学出版社,2024.8
ISBN 978-7-5680-7526-8

Ⅰ.①建… Ⅱ.①骆… ②李… ③蒲… Ⅲ.①建筑科学-力学-高等职业教育-教材 Ⅳ.①TU311

中国版本图书馆 CIP 数据核字(2021)第 189334 号

**建筑力学**
Jianzhu Lixue

骆文进 李 新 蒲 瑜 主编

策划编辑:康　序
责任编辑:康　序
责任监印:周治超

出版发行:华中科技大学出版社(中国·武汉)　　电话:(027)81321913
　　　　　武汉市东湖新技术开发区华工科技园　　邮编:430223

录　排:武汉三月禾文化传播有限公司
印　刷:武汉市籍缘印刷厂
开　本:787mm×1092mm　1/16
印　张:16.75
字　数:426 千字
版　次:2024 年 8 月第 1 版第 1 次印刷
定　价:48.00 元

华中出版

# 前言

————— o o o

本书是根据高职高专建筑力学与结构新课程标准及教学实践要求编写的,充分汲取了高职高专和成人高校培养应用型人才方面取得的成功经验和教学成果。

本书从高职高专培养目标和学生实际应用出发,以适用、够用为目标,对理论力学、材料力学、结构力学3门课程内容做了相应的整合,适应高职人才培养目标需要;基于岗位职业能力和能力发展教学目标要求,注重工程实践案例的运用,将教学内容模块化,便于采用项目教学法;内容简明扼要、图文配合紧密,运用现代网络技术,可使用智能设备查看资料素材,加深对课程内容的理解,符合高等职业教育和专业建设发展的新要求。

本书由重庆建筑工程职业学院骆文进、无锡南洋职业技术学院李新、重庆建筑工程职业学院蒲瑜担任主编,由重庆建筑工程职业学院李倩倩、王丽英、杨博文和重庆工信职业学院金雷担任副主编。全书由骆文进审核并统稿。

为了方便教学,本书还配有电子课件等教学资源包,任课教师可以发邮件至 husttujian@163.com 索取。

由于编者水平所限,书中难免有不妥之处,敬请读者提出宝贵意见。

编　者
2024 年 6 月

# 目录

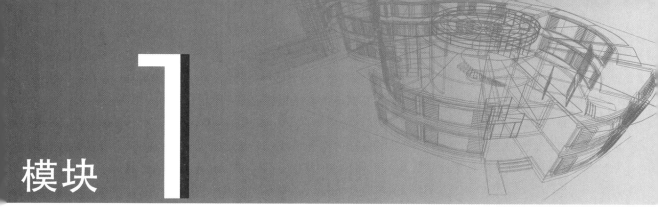

# 模块 1 绪 论

各类建筑物如房屋、桥梁等,在修建和使用过程中都要承受各种作用。我们把建筑物中承担各种作用而起骨架作用的部分或体系称为建筑结构。一般来说,建筑结构由一个或多个基本的结构元件所组成,这些元件称为构件,如房屋结构中的屋架、板、梁、柱、基础等,如图1.1所示。

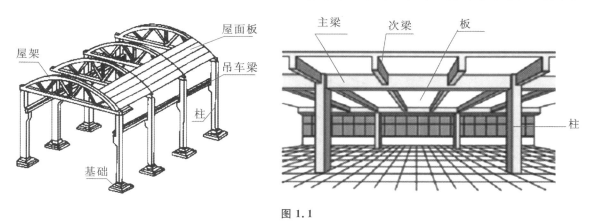

图 1.1

# 任务 1 建筑力学研究对象

结构和构件的形状是多种多样的。按几何特征,可以将结构分为下面三类。

**1. 杆件结构**

由杆件组成的结构称为杆件结构(见图 1.2(a))。杆件的几何特征是长度方向的尺寸远大于其他两个方向的尺寸,如梁、柱等。

建筑力学的主要研究对象是杆件,杆件的几何形状可用横截面和轴线(横截面形心的连线)表示(见图 1.3)。轴线为曲线的杆称为曲杆,轴线为直线的杆称为直杆。各横截面相同的杆,称为等直杆,本课程主要研究等直杆。

**2. 板壳结构**

由薄板或薄壳组成的结构称为板壳结构(见图 1.2(b)、图 1.2(c))。其几何特征是长度和宽度远大于其厚度,如楼面板、蓄水池等都是板壳结构。

**3. 实体结构**

由长、宽、高三个方向的尺度基本一样的构件组成的结构称为实体结构(见图 1.2(d)),如挡土墙、水库大坝等都是实体结构。

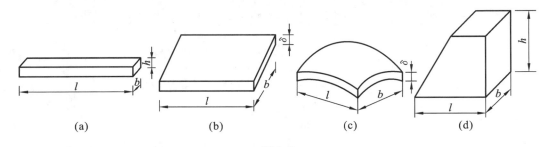

(a)       (b)       (c)       (d)

图 1.2

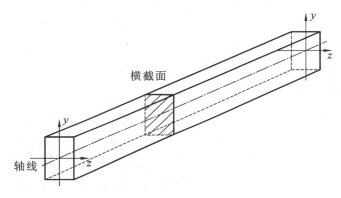

图 1.3

# 任务 2 建筑力学研究的任务

我们把作用于结构或构件上的所有力叫作力系,各种建筑物在正常工作状况下总是处于平衡状态,那么作用于建筑物上的力系也应该是平衡力系。建筑力学的首要任务就是研究各种力系的简化与合成,其次根据力系的平衡条件明确力系中每个力的大小、方向、作用点,这个过程就是静力分析。建筑物的静力分析是对构件进行力学计算、结构设计的基础。

结构或构件受到荷载作用时,将会产生变形,并存在破坏的可能,但是结构或构件具有一定的抵抗变形和破坏的能力,这种能力与材料、几何尺寸、受力性质、组成体系等因素有关。因此,建筑物在修建和使用期间必须满足以下基本要求。

**1. 足够的强度**

强度是指构件在荷载作用下抵抗破坏的能力。如房屋的梁、板不应断裂,提升重物的钢丝绳不允许被拉断等。

**2. 足够的刚度**

刚度是指构件在荷载作用下抵抗变形的能力。在荷载作用下,构件的形状和尺寸都将发生变化,称为变形。如楼板在荷载作用下不能产生过大的变形,否则下面的抹灰层易开裂、脱落。

**3. 足够的稳定性**

稳定性是指构件应有足够的保持原有平衡形式的能力。如建筑物中承重的柱子,如果它过于细长,就可能由于柱子的失稳而导致建筑物整体或局部倒塌。

为了满足强度、刚度和稳定性的要求,就要选择较好的材料及较粗大的构件,但这样做会使结构偏于安全而造成不必要的浪费;如果截面过小或材料性能不好,必然会使结构不安全或变形过大。建筑力学的任务之一是合理地解决这对矛盾,为工程结构和构件设计提供既安全可靠又经济的基本理论和计算方法。

# 任务 3　杆件的基本变形形式

## 一、刚体与变形固体

在受到荷载以后形状和大小都不变化的物体叫作刚体。在对物体进行静力分析时,微小的变形对平衡问题的研究影响非常小,我们可以把研究的物体看成是刚体。在静力学中,研究物体的平衡时,把物体当成刚体,不考虑物体变形前后尺寸的改变。

在外力作用下会产生一定变形的物体叫作变形固体。建筑结构中的构件,如梁、板、墙、柱等,都属于变形固体。变形固体的变形可分为两种:一是外力解除后,变形也随之消失,称为弹性变形;二是外力解除后,变形不能全部消失,残余的那部分变形,称为塑性变形。只产生弹性变形的外力范围称为弹性范围。只有弹性变形的物体称为理想弹性体或完全弹性体。变形固体的变形相对于构件尺寸特别微小,称为小变形。材料力学中只研究杆件在弹性范围内的小变形问题。

## 二、变形固体的基本假设

工程中所用的材料多种多样,其力学性质也各不相同。为了简化研究,通常对变形固体做如下基本假设。

**1. 均匀连续假设**

在变形固体的整个体积内,均匀地、连续不断地充满了物质,无任何空隙、孔洞,任何位置都无疏密之别。变形固体内各点处的力学性质完全相同,变形固体内任一点的力学性质都能代表整个变形固体。

**2. 各向同性假设**

材料在各个方向上具有相同的性质。实际上工程中所用的固体材料并不完全符合这个假设。例如工程中常用的金属是由晶粒组成的,在不同方向上,晶粒的性质并不完全相同,但很接近,因此可以将金属看成各向同性材料。木材以及有些复合材料,其力学性质具有明显的方向性,应视为各向异性材料,本书不作讨论。

总之,材料力学所研究的构件是均匀连续、各向同性的理想弹性体,且其弹性变形仅限于小变形范围内。

## 三、基本变形形式

在受到不同形式的荷载后,杆件变形的形式有所不同。但是这些变形可归纳为下述四种基本变形中的一种,或者是它们中几种的组合。

**1. 拉伸或压缩**

杆件在大小相等、方向相反、作用线与轴线重合的一对外力或外力合力作用下,其表现为长度的伸长或缩短,如图 1.4(a)所示。

**2. 剪切**

杆件在大小相等、方向相反、作用线垂直于杆轴线且非常靠近的一对外力作用下,其变形表现为杆件的两部分沿外力方向发生相对错动,如图 1.4(b)所示。

**3. 扭转**

杆件在垂直于轴线的两个平面内,在大小相等、转向相反的两力偶作用下,其变形表现为任意两个横截面发生绕轴线的相对转动,如图 1.4(c)所示。

**4. 弯曲**

在杆件纵向对称平面内,作用转向相反的一对力偶,其变形表现为轴线由直线变为曲线,如图 1.4(d)所示。

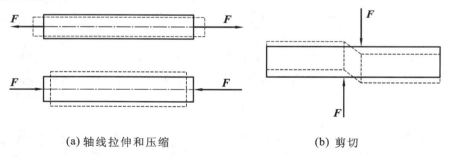

(a) 轴线拉伸和压缩　　　　　　　　　　　(b) 剪切

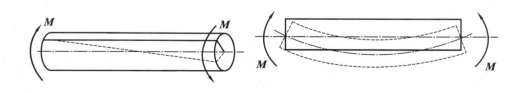

(c) 扭转　　　　　　　　　　　(d) 弯曲

**图 1.4**

# 任务 4　建筑力学的学习方法

　　建筑力学知识是建筑工程设计人员和施工技术人员必不可少的基础知识,学好建筑力学知识,对指导工作大有益处,也是现代施工技术人员所必须掌握的。

　　学习建筑力学时要理论联系实际。应用建筑力学知识解决建筑工程中的实际问题,带着建筑工程中的实际问题到建筑力学中去寻找答案,这种理论联系实际的学习方法是学好建筑力学的重要手段,可以使我们学到的知识得到不断深化和提高。

　　学习建筑力学时要理解地记忆力学中的基本概念、基本理论和基本方法。做习题是学好建筑力学的重要环节,只有通过自己动手,独立完成课堂练习和课后作业,才能理解概念,解决问题,巩固所学。

习题

1.1　什么是杆件? 什么是杆件的轴线?

1.2　何谓强度、刚度、稳定性?

1.3　什么是刚体? 什么是变形固体?

1.4　杆件的基本变形形式有哪些? 其受力特征、变形特征是什么?

# 模块 2

# 静力学基本知识

学习目标

基本要求：理解力、力矩、力偶的概念；熟悉静力学的基本公理；掌握常见的约束类型及约束反力；了解确定计算简图的原则。

重点：常见的约束及约束反力；物体的受力分析。

难点：物体的受力分析。

静力学是研究物体在力系作用下平衡规律的科学，主要讨论物体的受力、力系的简化以及各种力系的平衡条件与应用。其中静力学的基本概念、公理及物体的受力分析是研究静力学的基础。

# 任务 1 力的基本概念

## 一、力的概念

力的概念是人们在长期的生产生活实践中逐步形成的，即力是物体间的相互机械作用。

物体间的相互机械作用形式多种多样，可以归纳为两类：一类是直接接触作用，如拉力、压力、摩擦力等；另一类是通过场的作用，如重力、电场力等。

尽管各种作用力的来源和性质不同，但各种力的共同表现是力对物体的效应。力对物体产生的效应一般分为两个方面：一是使物体的运动状态发生改变，即力的外效应；二是使物体的形状发生改变，即力的内效应。通常把前者称为力的运动效应，后者称为力的变形效应。

力对物体的作用效应取决于力的三要素，即力的大小、方向和作用点。当三要素中的任何一个发生改变时，力的效应也就相应发生改变。

力是一个有大小和方向的量,因此可用一个矢量来表示力的三要素,如图 2.1 所示。矢量的长度 $AB$ 表示力的大小,表示物体间相互作用的强弱程度;矢量的方向表示力的方向,线段的方位表示力的方位,箭头的指向表示力的指向;矢量的始端点 $A$ 表示力的作用点,反映力作用在物体上的位置,矢量 $AB$ 所在直线即是力的作用线。

用字母符号表示力矢量时,常用黑体字 $F$ 表示。用相应的细体字母表示该矢量的大小,如 $F$。

在国际单位制中,力的单位用符号"N"表示,称作牛顿。有时也可用"kN"表示,称作千牛[顿]。

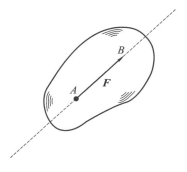

图 2.1

## 二、荷载及分类

荷载指的是使结构或构件产生运动或运动趋势的外力及其他因素。一般指施加在工程结构上使工程结构或构件产生外效应的各种直接作用,常见的有结构自重、楼面活荷载、屋面活荷载、屋面积灰荷载、车辆荷载、吊车荷载、设备动力荷载,以及风、雪、波浪等自然荷载。

荷载按照作用面大小可分为集中荷载和分布荷载。作用在一点处的力称为集中荷载(见图 2.2(a))。这里的点一般并不是一个点,而是物体上的某一部分的面积,当力的作用面积很小时,可以把力作用的位置抽象为一个点。当荷载作用在线、面、体上时即为分布荷载,可分为体荷载、面荷载、线荷载。实际结构所承受的荷载一般是作用于构件内的体荷载(结构自重)和表面上的面荷载(如屋面灰荷载、人群荷载等),但在计算简图上,均简化为作用于杆件轴线上的分布线荷载(见图 2.2(b))。

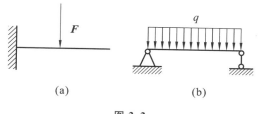

(a)          (b)

图 2.2

# 任务 2 力矩和力偶

力对物体的运动效应有两种,即移动和转动。为了度量力的转动效应,需要引入力矩的概念,力矩是度量力对刚体转动效应的物理量。

## 一、力矩的概念

我们在日常生活中经常遇到物体绕一个固定轴线转动的现象,如开关门窗、拧螺母等。这是力对物体的转动效应,用力矩来度量。

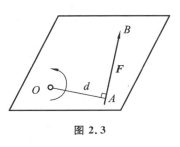

**图 2.3**

如图 2.3 所示,平面上的作用力 $\boldsymbol{F}$,在同一平面上取一点 $O$,点 $O$ 称为矩心,点 $O$ 到力的作用线的垂直距离 $d$ 称为力臂,力矩的定义是力对点之矩,等于力的大小与力臂的乘积,是一个代数量。

$$M_o(F) = \pm F \cdot d \tag{2.1}$$

在国际单位制中,力矩的单位常用牛·米(N·m)或千牛·米(kN·m)。力矩的正负号规定为力使物体绕矩心逆时针转动时为正号,顺时针转动时为负号。

由力矩的定义与计算公式可知:当力的大小为零($F=0$)或力的作用线通过矩心($d=0$)时,力矩为零。

## 二、力偶及力偶的性质

由两个大小相等、方向相反且不在同一条直线上的两个平行力组成的力系,称为力偶。如图 2.4 所示,力偶的两力作用线之间的垂直距离 $d$ 称为力偶臂,力偶所在的平面称为力偶的作用面。

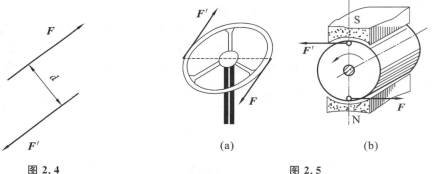

| **图 2.4** | (a) | (b) |

**图 2.5**

日常生活中,我们常见的力偶实例有汽车司机双手转动的方向盘(见图 2.5(a))、电动机的定子磁场对转子作用的电磁力(见图 2.5(b))等。

## 三、力偶矩

力与力偶臂的乘积称为力偶矩。力偶对物体的转动效应,可用力偶矩来度量。

$$M(F, F') = \pm F \cdot d \tag{2.2}$$

力偶矩是一个代数量,正负表示力偶的转向,一般以逆时针方向转动者为正,顺时针方向转动者为负。力偶矩与力矩的单位相同,常用牛·米(N·m)或千牛·米(kN·m)。

综上所述,力偶对物体的转动效应取决于力偶矩的大小、力偶的转向及力偶的作用面。

## 四、力偶的性质

力和力偶是力学中的两个基本物理量。力偶具有以下特性:

（1）力偶不能合成为一个力，或用一个力来等效替换；力偶也不能用一个力来平衡。

（2）力偶对其所在平面内任意点的矩恒等于力偶矩。

（3）作用于同一平面内的两个力偶，如果力偶矩相等，则两个力偶彼此等效，这就是平面力偶的等效性。

**推论 1** 力偶可以在它的作用面内任意移转，而不改变它对刚体的作用效果。因此，力偶对刚体的作用与力偶在其作用面内的位置无关。

**推论 2** 只要保持力偶矩的大小和转向不变，可以同时改变力偶中力的大小和力偶臂的长短，而不改变力偶对刚体的作用效果（见图 2.6）。

（4）在同一平面内的 $n$ 个力偶，其合力偶矩等于各分力偶矩的代数和，即

$$M = M_1 + M_2 + \cdots + M_n \tag{2.3}$$

**例 2.1** 如图 2.7 所示，在物体的某平面内受到三个力偶的作用。已知 $F_1 = F'_1 = 100 \text{ kN}, d_1 = 5 \text{ m}, F_2 = F'_2 = 80 \text{ kN}, d_2 = 2 \text{ m}, M = 80 \text{ kN} \cdot \text{m}$。求其合力偶矩。

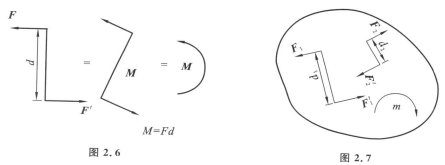

图 2.6

图 2.7

**解** 各分力偶矩为

$$M_1 = F_1 d_1 = 100 \text{ kN} \times 5 \text{ m} = 500 \text{ kN} \cdot \text{m}$$
$$M_2 = -F_2 d_2 = -80 \text{ kN} \times 2 \text{ m} = -160 \text{ kN} \cdot \text{m}$$
$$M_3 = -M = -80 \text{ kN} \cdot \text{m}$$

由式（2.3）可求出合力偶矩为

$$M = M_1 + M_2 + M_3 = (500 - 160 - 80) \text{ kN} \cdot \text{m} = 260 \text{ kN} \cdot \text{m}$$

则此三个力偶的合力偶为逆时针转向，力偶矩的大小等于 260 kN·m。

# 任务 3 静力学基本公理

静力学的基本公理是人们在长期的生产和生活实践中总结出来的力的基本性质，是整个静力学的理论基础。

## 一、力的平行四边形公理

作用在物体上同一点的两个力可以合成为一个合力，合力的作用点在同一点，合力的大小

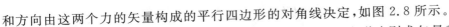

和方向由这两个力的矢量构成的平行四边形的对角线决定,如图 2.8 所示。

合成两个力时不能简单地求算术和,而应采用平行四边形法则求矢量和。力的平行四边形公理表达了合力与分力之间的关系,是力系合成与分解的基础,是复杂力系简化为简单力系的基础。

$$\boldsymbol{F}_R = \boldsymbol{F}_1 + \boldsymbol{F}_2 \tag{2.4}$$

## 二、二力平衡公理

作用于同一刚体上的两个力使刚体平衡的充分必要条件是:两个力的大小相等,方向相反,且作用在同一直线上(简称等值、反向、共线),如图 2.9 所示,$\boldsymbol{F}_1 + \boldsymbol{F}_2 = 0$。

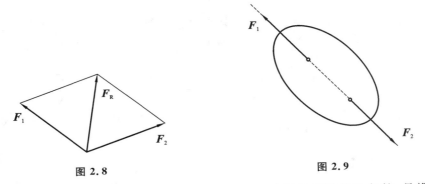

图 2.8　　　　　　　　图 2.9

这个公理表明了作用于刚体上的最简单的力系平衡时所必须满足的条件,是推证其他力系平衡条件的基础。

如图 2.10 所示,只受两个力作用而处于平衡状态的构件称为二力构件。由二力平衡公理可知,二力构件的平衡条件是:作用于构件上的两个力必定沿着二力作用点的连线,并且等值、反向。

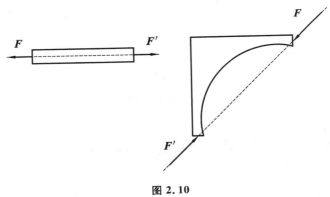

图 2.10

## 三、加减平衡力系公理

在已知力系上加上或减去任意的平衡力系,不改变原力系对刚体的作用效应。该公理是研究力系等效替换的重要依据。

**推论 1** 　力的可传性原理:作用于刚体上某点的力可沿力的作用线移动到刚体的任意位置,而不改变它对刚体作用的效应。

**证明** 　如图 2.11 所示,假设力 $F$ 作用在 $A$ 点上,在力的作用线上任取一点 $B$。在 $B$ 点上加上两个相互平衡的力 $F_1$ 和 $F_1'$,使 $F = -F_1 = F_1'$。根据加减平衡力系原理,$F$ 和 $F_1'$ 是一对平衡力系,可以减去,这样就只剩下 $F_1$。因此,作用在 $A$ 点上的力 $F$ 与作用在 $B$ 点上的力 $F_1$ 等效。

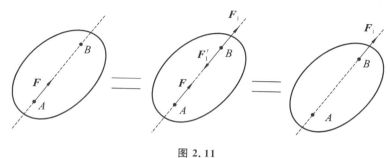

图 2.11

**推论 2** 　三力平衡汇交定理:如刚体在三力作用下平衡,其中二力的作用线相交于一点,则第三力的作用线必过该点,且三力共面。

**证明** 　如图 2.12 所示,力 $F_1$、$F_2$、$F_3$ 共面平衡,$F_1$、$F_2$ 合成为合力 $F_R$,则 $F_3$ 与 $F_R$ 必平衡,由二力平衡公理可知,$F_3$ 与 $F_R$ 在一条直线上,即 $F_3$ 的作用线必通过 $F_1$、$F_2$ 的交点 $A$,也即是力 $F_1$、$F_2$、$F_3$ 的作用线必交汇于一点。

## 四、作用力与反作用力公理

两个物体间相互的作用力总是同时存在,且大小相等、方向相反,沿着同一直线分别作用在两个相互作用的物体上(简称等值、反向、共线、不平衡),如图 2.13 所示。

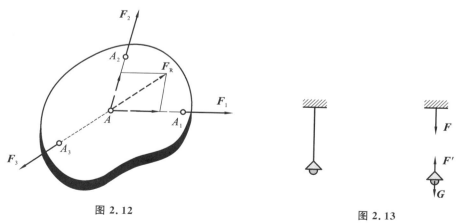

图 2.12　　　　　　　　　　　　　　　　　图 2.13

注意与二力平衡公理加以区别。二力平衡公理是指作用在同一刚体上的两个力,而作用力与反作用力公理是指分别作用在两个相互作用刚体上的两个力,此二力不能相互平衡。

如图 2.13 所示,在吊灯的受力图中,天花板对吊灯的拉力 $F'$ 与重力 $G$ 是一对平衡力,而天

花板对吊灯的拉力 $F'$ 与吊灯对天花板的拉力 $F$ 则是一对作用力与反作用力。

# 任务 4 约束与约束反力

按照物体运动是否受到限制，可将物体分为自由体和非自由体。在空间中运动不受任何限制的物体称为自由体，例如飞机、导弹等。运动受到阻碍、限制的物体称为非自由体，例如火车、建筑构件等。在力学中，限制非自由体运动的其他物体称为约束。约束作用在物体上的力称为约束反力或反力，属于被动力。除约束反力以外，物体上受到的各种荷载，如重力、风力、土压力等，是使物体产生运动或运动趋势的力，称为主动力。

静力学就是研究刚体受约束后的力学平衡问题，解决此类问题的关键是必须对物体的受力情况做全面的分析，即物体的受力分析。物体的受力分析是指对研究对象所受的全部外力（包括所有的主动力和约束反力）进行分析，并画出其完整的受力图，这是解决建筑力学问题的关键，也是进行力学计算的依据。

## 一、柔体约束

柔体约束只能限制物体沿离开柔体中心线方向的运动，柔体约束的约束反力作用在柔体和物体的接触点上，方向沿着柔体中心线而背离物体，如图 2.14 所示。属于柔体约束的主要有绳索、胶带、链条等。柔体只能承受拉力，不能承受压力。

如图 2.15 所示，当链条或皮带绕在轮子上，对轮子的约束反力沿着轮缘的切线方向。

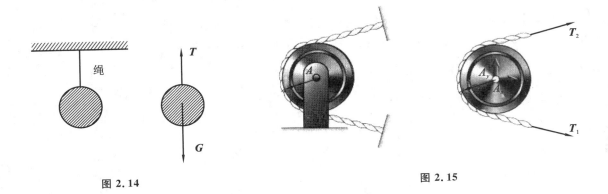

图 2.14

图 2.15

## 二、光滑接触面约束

当物体的接触面非常光滑时，其摩擦力可以忽略不计，这类约束即为光滑接触面约束。光滑接触面约束只能限制物体沿接触面公法线方向压入接触面，不能限制被约束物体沿接触面切线方向运动。因此，光滑接触面对物体的约束反力作用在接触点处，方向沿着接触面的公法线并指向受力物体，只能是压力，如图 2.16 所示。

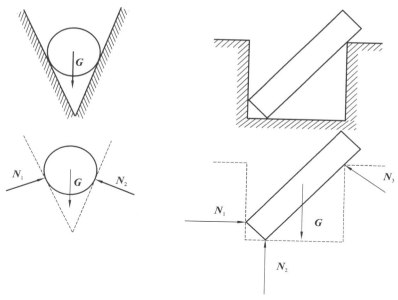

图 2.16

## 三、圆柱铰链约束

将两个或者更多的构件连接处各钻直径相同的孔,用圆柱形销钉连接起来,不计摩擦,这种约束为光滑圆柱铰链约束。如图 2.17(a)所示,两个构件通过销钉连接在一起。在力学计算中,圆柱形铰链常画成图 2.17(b)所示的计算简图。

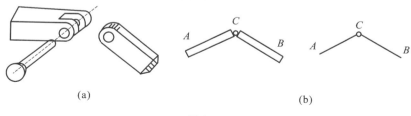

图 2.17

圆柱铰链约束不计摩擦,这种约束只能限制物体在垂直于销钉轴的平面内沿任意方向的移动,而不能限制物体绕销钉转动。圆柱铰链的约束反力作用在圆孔和销钉的接触点 $K$,通过销钉中心,作用线沿接触点的公法线,如图 2.18(a)所示的反力 $R_C$。由于接触点 $K$ 的位置一般不能预先确定,所以圆柱铰链约束反力的指向也不能确定。在实际计算中,通常用相互垂直且通过铰链中心的两个分力 $R_{Cx}$、$R_{Cy}$ 来替代 $R_C$,如图 2.18(b)所示。

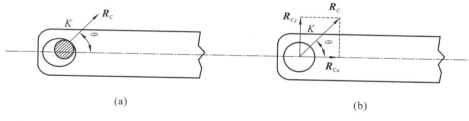

图 2.18

## 四、固定铰支座

将构件与基础(或静止的固定物)联系起来的装置称为支座。支座用螺栓与基础固定,再将构件用销钉与支座连接,这种支座即为固定铰支座,如图 2.19(a)所示。在力学计算简图中,常用图 2.19(b)中所示的计算简图来表示。固定铰支座的约束反力通常用两个正交分力 $R_x$、$R_y$ 表示,指向为假定。

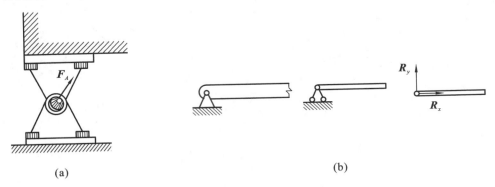

(a)                                                                (b)

**图 2.19**

## 五、可动铰支座

在桥梁、屋架等结构中经常采用滚轴支座,这种放置在一个或者几个滚轴上的铰链支座,只允许构件沿支承面的微小转动和在水平方向的移动,不允许在其垂直方向的运动,称为可动铰支座。如图 2.20(a)所示,在力学计算中,常用计算简图如图 2.20(b)所示。可动铰支座的约束反力 $R$ 的方向必然垂直于支承面,且通过铰中心,指向可先假定。

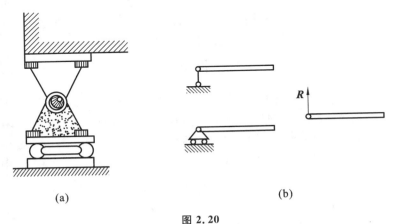

(a)                                                                (b)

**图 2.20**

## 六、固定端支座

房屋建筑中的挑梁,一端嵌固在墙体内,墙体对梁的约束,既限制它向任何方向移动,又限制它的转动,这样的支座称为固定端支座(见图 2.21(a)),其计算简图如图 2.21(b)所示。这种支座既限制了物体的移动,又限制了物体的转动,它的约束反力可分为两个互相垂直的分力和一个约束反力偶,如图 2.21(c)所示,其约束反力的指向和反力偶的转向均可先假定,最终结果由计算确定。

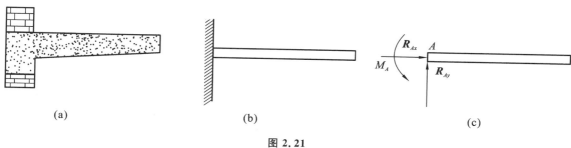

|     (a)     |     (b)     |     (c)     |

**图 2.21**

常见类型的约束及约束反力如表 2.1 所示。

**表 2.1    常见类型的约束及约束反力**

| 约束类型 | 计算简图 | 约束反力 | 未知量数目 |
|---|---|---|---|
| 柔体约束 |  | 拉力 | 1 |
| 光滑接触面 |  | 压力 | 1 |
| 圆柱铰链 |  | 指向假定 | 2 |
| 固定铰支座 |  | 指向假定 | 2 |
| 可动铰支座 |  | 指向假定 | 1 |
| 固定端支座 |  | 指向、转向均假定 | 3 |

15

# 任务 5 物体的受力分析和受力图

在实际工程力学计算中,需要首先对物体进行受力分析并绘制出受力图,分析其受哪些力的作用,再由平衡条件求解未知力。

物体受力分析的步骤:

(1) 明确研究对象,单独画出其隔离体;

(2) 先画出作用在隔离体上的主动力,再逐一画出与研究对象直接接触的各个约束的约束反力;

(3) 检查是否有漏画、多画或错画。

**例 2.2** 一个重力为 $G$ 的球,用绳索系住靠在光滑的接触面上,如图 2.22(a)所示,试画出球的受力图。

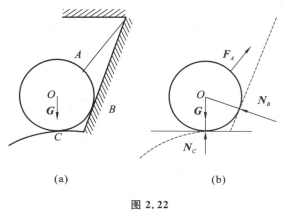

(a) (b)

图 2.22

**解** 以球为研究对象,把它单独画出来;画出球上的主动力 $G$;球上的约束主要有绳索、斜面、曲面。绳索对球的约束反力是 $F_A$,它是通过接触点 $A$ 沿绳中心线而背离球;斜面对球的约束反力是 $N_B$,它是通过切点 $B$ 并沿公法线指向球心;曲面对球的约束反力是 $N_C$,它是通过切点 $C$ 并沿公法线指向球心。球的受力图如图 2.22(b)所示。

**例 2.3** 试画出图 2.23(a)所示简支梁 $AB$ 的受力图,梁的自重不计。

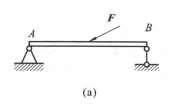 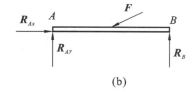

(a) (b)

图 2.23

**解** 以梁 $AB$ 为研究对象,将其单独画出来。首先画出梁上的主动力 $F$,再按照约束类型分别画出约束反力:$A$ 点为固定铰支座,约束反力用两正交分力 $R_{Ax}$、$R_{Ay}$ 表示;$B$ 点为可动铰支座,约束力 $R_B$ 垂直于支承面方向。$R_{Ax}$、$R_{Ay}$、$R_B$ 指向均为假设。梁 $AB$ 受力图如图 2.23(b)所示。

在进行力学计算时,往往需要对由多个物体通过各种联系组成的物体系统进行受力分析。画物体系统受力图的方法与单个物体受力图的方法基本相同,只是要注意研究对象、内力与外力的区分。绘制整个物体系统受力图时,把物体系统看作一个整体,只考虑外力对其整体的作用力,构成物体系统的个体之间的相互作用力为内力,不予考虑;画物体系统中某一部分或某个物体的受力图时,注意被拆开的约束处有相应的约束反力,且约束反力是相互间的作用,须遵循作用力与反作用力公理。

**例 2.4**　　水平梁 $AB$ 用斜杆 $CD$ 支撑，$A$、$C$、$D$ 三处均为光滑铰连接。各杆件的自重忽略不计。其上放置一重为 $G$ 的物体，如图 2.24(a)所示，试分别画出杆 $CD$ 和梁 $AB$ 的受力图。

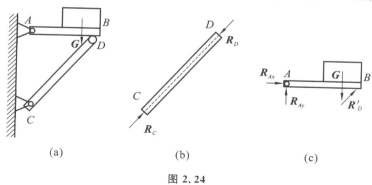

图 2.24

**解**　　(1) $CD$ 杆的受力图取 $CD$ 杆为研究对象，单独画出 $CD$ 杆的隔离体。由于斜杆的自重不计，因此只在杆的两端分别受到铰的约束反力 $R_C$ 和 $R_D$ 的作用。根据圆柱铰的性质，这两个约束力必定分别通过铰 $C$、$D$ 的中心。因为杆 $CD$ 只在 $C$、$D$ 两点受力并处于平衡状态，可知 $CD$ 杆为二力构件，它所受的力沿两个力作用点的连线必在 $CD$ 的连线上，其指向可先假定，如图 2.24(b)所示。

(2) $AB$ 梁的受力图取 $AB$ 梁为隔离体。画出梁上受的主动力 $G$。梁在铰 $D$ 处受到二力杆 $CD$ 给它的约束反力 $R'_D$；根据作用力与反作用力公理，$R'_D = -R_D$。梁在 $A$ 处为固定铰支座，该处的约束反力可画成正交分力 $R_{Ax}$ 和 $R_{Ay}$，如图 2.24(c)所示。

**例 2.5**　　梁 $AB$ 和梁 $BC$ 用铰链 $B$ 连接，$A$ 处为固定端支座，$C$ 处为可动铰支座，如图 2.25(a)所示，试画出梁 $BC$、$AB$ 及整梁 $AC$ 的受力图。

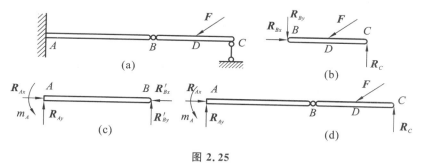

图 2.25

**解**　　(1) 取 $BC$ 为研究对象，单独画出 $BC$ 隔离体。$BC$ 上受主动力 $F$，$C$ 处为可动铰支座，其约束力垂直于支承面，指向假定；$B$ 处为圆柱铰链约束，其约束力由两个正交分力 $R_{BX}$、$R_{BY}$ 表示，指向假定，如图 2.25(b)所示。

(2) 取 $AB$ 为研究对象，画出隔离体。$A$ 处为固定端支座，其约束力由正交分力 $R_{Ax}$、$R_{Ay}$ 与反力偶 $m_A$ 组成，指向假定；$B$ 处为圆柱铰链，其约束力 $R'_{Bx}$、$R'_{By}$ 与作用在 $BC$ 梁上的 $R_{Bx}$、$R_{By}$ 是作用力与反作用力的关系。$AB$ 梁的受力图如图 2.25(c)所示。

(3) 取 $AC$ 整梁为研究对象，画出隔离体。此时不必将 $B$ 处的约束力画上，因为它属于内力。*A、D* 两处的约束力同前。*AC* 整梁的受力图如图 2.25(d)所示。

# 任务 6 结构计算简图

## 一、结构计算简图

实际工程中,结构形式多样,结构上作用的荷载也比较复杂,如果完全按照结构的实际情况进行分析,会使问题变得非常繁杂,并且有时完全没有必要。分析实际结构时,必须对结构做一些简化,略去某些次要的影响因素,突出反映结构主要的特征,用一个简化了的结构图形来代替实际结构,这种图形称为结构的计算简图。

在建筑力学中,以计算简图作为进行力学分析和计算的依据,这种分析基本上不会影响对实际结构做出正确的评判。因此,选取计算简图,是一项十分重要的工作。

### 1. 结构计算简图的简化原则

一般来说,选取结构计算简图应遵循以下两个原则:

(1)正确反映结构的实际情况,使计算结果精确可靠;

(2)略去次要因素,突出结构的主要性能,以便分析计算。

工程中的结构都是空间结构,各构件相互连接成一个空间整体,以便承受来自各个方向可能出现的荷载。在土建、水利等工程中存在大量的空间杆系结构,在一定条件下,根据结构的受力状态和特点,常常可以简化为平面杆系结构进行计算。如图 2.26 所示,厂房结构是一个复杂的空间杆系结构。在横向,基础、柱和屋架组成排架;在纵向,各排架按一定的间距均匀地排列,中间有吊车梁、屋面板等纵向构件相联系。作用在结构上的荷载,通过屋面板和吊车梁等传递到横向排架上。

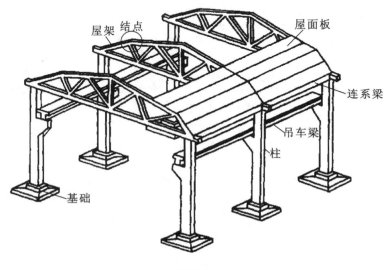

**图 2.26**

如果略去排架间纵向构件的影响,每一个排架所受的荷载,便可以看作处于排架所在平面内,此时,各排架便可按平面结构来分析。

本书主要以平面杆系结构为研究对象,故下面只讨论平面杆系结构的计算简图。

**2. 平面杆系结构的计算简图**

为一个实际结构选取平面杆系结构做计算简图时,需要做以下三个方面的简化。

1) 杆件及结点的简化

实际结构中,虽然杆件截面的大小及形状各异,但它的尺寸总是远远小于杆件的长度。从后面的分析可知,杆件中的每一个截面,只要求出截面形心处的内力、变形,则整个截面上各点的受力与变形的情况就能够确定。因此,在结构的计算简图中,截面以它的形心来代替,而整个杆件则以其轴线(各截面形心的连线)来表示。

在结构中,杆件之间相互连接的部分称为结点。不同的结构,如钢筋混凝土结构、钢结构、木结构等,连接的方法各不相同,构造形式多样。为了计算简便,在结构的计算简图中,把结点只简化成两种理想化的基本形式,即刚结点和铰结点。

刚结点的特征是它所连接的各个杆件之间不能有绕结点的相对转动,产生变形时,点处各杆之间的夹角保持不变。图 2.27(a)所示的某钢筋混凝土结构上柱、下柱和梁之间用钢筋连接成整体并用混凝土浇筑在一起,这种结点可以看成是刚结点,用图 2.27(b)所示的计算简图来表示。

铰结点的特征是它所连接的各个杆件之间均可以有绕结点的自由转动,结点处各杆之间的夹角大小可以改变。图 2.27(c)所示的木屋架端结点可以看成是铰结点,用图 2.27(d)所示的计算简图来表示。

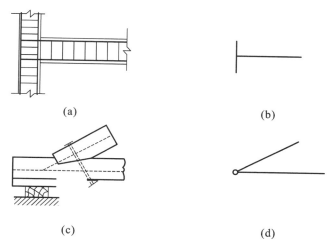

图 2.27

2) 支座的简化

实际结构中,基础对结构的支承形式很多,在平面杆系结构的计算简图中,支座的简化形式主要有:固定端支座、固定铰支座、可动铰支座和定向(滑动)支座。

固定端支座使结构在支承处不能做任何移动,也不能转动。如图 2.28(a)所示的杯形基础,当土质坚实、基础底面面积较大,且基础杯口深,杯口中灌以细石混凝土,该基础可视为固定端支座。其计算简图如图 2.28(b)所示。

固定铰支座只允许结构在支承处转动,不允许有任何方向的移动。如图 2.29(a)所示,如果基础杯口中用沥青麻丝填充,此时允许柱端发生微小转角,产生的弯矩较小,与柱中弯矩相比可以略去,则可以把柱底支承的计算简图取为固定铰支座。在计算简图中,固定铰支座用两根相交于支承处的链杆来表示,如图 2.29(b)所示。

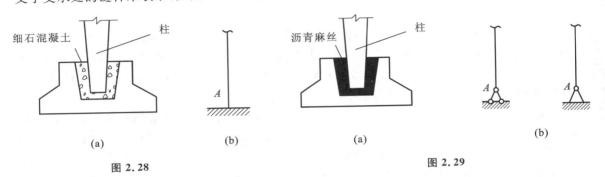

图 2.28                                     图 2.29

可动铰支座允许结构在支承处转动,又可沿支撑面作微小移动,但不允许结构沿垂直于支撑面方向的移动。图 2.30(a)所示梁端用可动铰支座连接,其计算简图可用图 2.30(b)表示。

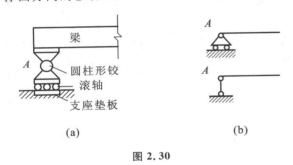

图 2.30

对于实际工程中结构与基础连接的简化,原则是保证设计上需要的足够精度并且使计算尽可能简单。

3)荷载的简化

实际结构所承受的荷载一般是作用于构件内的体荷载(如自重)和表面上的面荷载(如人群和设备重量、风荷载等),但是在计算简图上,均简化为作用于杆件轴线上的分布线荷载、集中荷载、集中力偶,并且认为这些荷载的大小、方向和作用位置是不随时间变化的,或者虽有变化,但极为缓慢,使结构不至于产生显著的运动(如吊车荷载、风荷载等),这类荷载称为静力荷载。如果荷载变化剧烈,能引起结构明显的运动或振动(如打桩机的冲击荷载等),则这类荷载称为动力荷载。

本书主要讨论静力荷载。

结构的计算简图是建筑力学分析问题的基础,极为重要。合理选定一个结构的计算简图,特别是对于比较复杂的结构,需要有一定的专业知识和实际经验,要对结构中各个部分的构造比较熟悉,对它们之间的相互作用和力的传递状况能够做出正确判断。这些要求读者在实践中多观察、多分析思考,以便逐步掌握选择计算简图的方法。

工程中一些常用的结构形式,其通用的计算简图经实践证明都比较合理,可以直接采用。

## 二、结构的计算简图示例

以图 2.31(a)所示厂房为例,在屋面荷载、吊车压轮等荷载作用下,可将该厂房结构简化为图 2.31(b)所示的平面结构进行分析。各杆件用其各自的轴线来表示,并将屋架中各杆的连接点视为铰结点。

屋架的两端与立柱顶端的预埋钢板焊接在一起，不能相对移动，但仍可以发生微小的转动，因此也视为铰结点。在竖直荷载作用下，立柱对屋架的支承作用可用支座来代替，此时，屋架的计算简图单独选取。需要说明一点，屋架两端的支承情况相同，但是，为了反映屋架在水平方向上可允许有稍许的伸缩，并便于计算，在计算简图中将屋架的两端分别作了不同的简化，一端用固定铰支座，另一端用可动铰支座，计算简图如图 2.31(c)所示。

柱的下端与基础连接成一体，并埋置一定深度，不能转动，也不能有水平方向和竖直方向的移动，应该简化为固定端支座。当只有立柱承受荷载时，为了计算立柱的内力，图 2.31(c)中的屋架可用一根不变形的杆件(称为刚杆)来代替，这样，最后得到图 2.31(d)所示的计算简图。

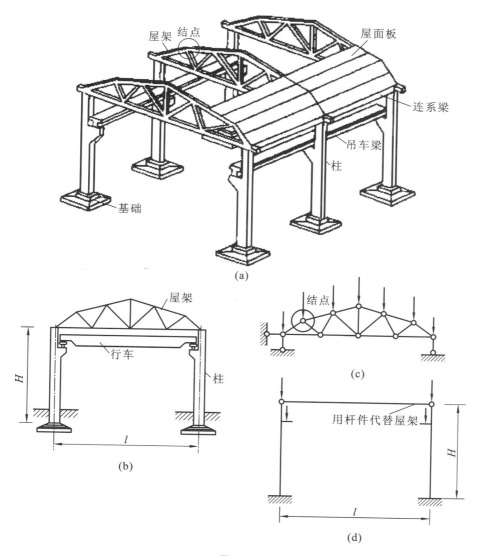

图 2.31

2.1 给出以下名词的定义：力、力矩、力偶、力偶矩、约束、约束反力。

2.2 二力平衡公理和作用力与反作用力公理的区别。

2.3 判断图 2.32 所示杆件固定铰支座 A 的约束反力的方向并说明原因。

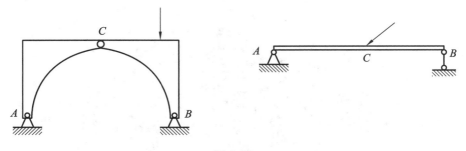

**图 2.32**

2.4 绘制图 2.33 所示的各物体的受力图。所有接触面均不计摩擦，图 2.33(d)至图 2.33(f)中杆件不计重力。

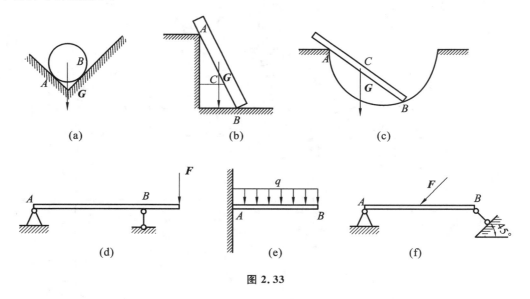

**图 2.33**

2.5 绘制图 2.34 所示的物体系统各部分与整体的受力图。接触面不计摩擦，其中没有画上重力的物体都不考虑其重量。

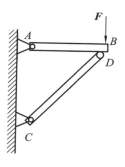

(a)

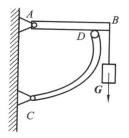

(b)

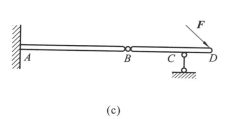

(c)

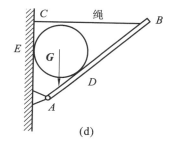

(d)

图 2.34

# 模块 **3**

# 平面力系

　　**基本要求**：了解平面力系、力的平移的概念；掌握力的投影；了解平面一般力系的简化；掌握平面一般力系平衡方程的应用及物体系统平衡。

　　**重点**：力的投影；平面一般力系平衡方程的应用。

　　**难点**：平面一般力系平衡方程的应用。

　　作用在同一物体上的一群力统称为力系。力系中各力的作用线若在同一平面内，则该力系称为平面力系。平面力系中若各力的作用线汇交于一点，则该力系称为平面汇交力系；若各力作用线相互平行，则该力系称为平面平行力系；若各力作用线任意分布，则称为平面一般力系。

# 任务 **1** 平面汇交力系的简化

## 一、力的投影

### 1. 力在坐标轴上的投影

　　如图 3.1(a)所示，力 $F$ 作用于物体上的 $A$ 点，用线段 $AB$ 表示。在力 $F$ 的作用平面内建立直角坐标系 $xOy$，从力 $F$ 的两端 $A$ 点和 $B$ 点分别向 $x$ 轴作垂线，垂足分别为 $a$ 和 $b$，线段 $ab$ 加上正号或负号，就称为力 $F$ 在 $x$ 轴上的投影，用 $X$ 表示。用同样的方法可以得到 $y$ 轴上的 $a'b'$，$a'b'$ 为力 $F$ 在 $y$ 轴上的投影，用 $Y$ 表示。

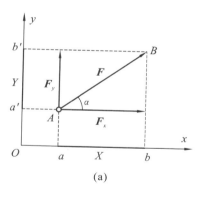 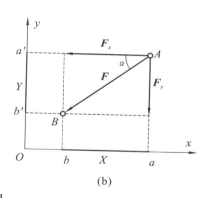

(a)                  (b)

图 3.1

投影的正负规定：当力的投影起点 $a$ 到投影终点 $b$ 的方向与投影轴正向一致时，投影为正值，反之为负。通常，可直观判断出力投影的正负号。图 3.1(a) 中力 $F$ 的投影 $X$、$Y$ 均为正值；图 3.1(b) 中，力 $F$ 的投影均为负值。

投影 $X$、$Y$ 可用式 (3.1) 计算：

$$\begin{cases} X = \pm F\cos\alpha \\ Y = \pm F\sin\alpha \end{cases} \tag{3.1}$$

式 (3.1) 中，$\alpha$ 为力 $F$ 与 $x$ 轴所夹的锐角。

投影的两种特殊情况：

(1) 当力与坐标轴垂直时，力在该轴上的投影为零；

(2) 当力与坐标轴平行时，力在该轴上投影的绝对值等于该力的大小。

(3) 力偶在任何坐标轴上的投影为零。

图 3.1 中还画出了力 $F$ 沿直角坐标轴方向的分力 $F_x$ 和 $F_y$，从图中可以看出，分力与力的投影的不同：力的投影只有大小和正负，是标量；而分力既有大小又有方向，是矢量。

**例 3.1** 分别求出图 3.2 所示各力在 $x$ 轴和 $y$ 轴上的投影。$F_1 = 100$ N，$F_2 = 200$ N，$F_3 = 300$ N，$F_4 = 400$ N，各力的方向如图所示。

**解** (1) 由式 (3.1) 可得各力在 $x$ 轴和 $y$ 轴上的投影分别为：

$X_1 = F_1\cos 0° = 100 \times 1$ N $= 100$ N

$Y_1 = F_1\sin 0° = 100 \times 0$ N $= 0$ N

$X_2 = F_2\cos 60° = 200 \times 0.5$ N $= 100$ N

$Y_2 = F_2\sin 60° = 200 \times 0.866$ N $= 173.2$ N

$X_3 = -F_3\cos 45° = -300 \times 0.707$ N $= -212.1$ N

$Y_3 = F_3\sin 45° = 300 \times 0.707$ N $= 212.1$ N

$X_4 = F_4\cos 60° = 400 \times 0.5$ N $= 200$ N

$Y_4 = -F_4\sin 60° = -400 \times 0.866$ N $= -346.4$ N

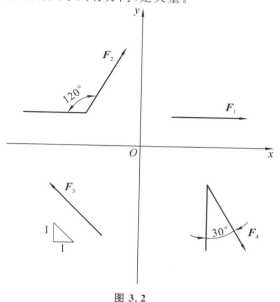

图 3.2

**2. 合力投影定理**

如图 3.3(a)所示,某物体上的点 $O$ 受到平面汇交力 $F_1$、$F_2$、$F_3$ 作用,从任一点 $A$ 作力的多边形 $ABCD$,从而求得合力 $F_R$,如图 3.3(b)所示。在力系所在平面内建立 $x$ 轴,并将各力都投影到 $x$ 轴上,可得:

$$X_1 = ab, \quad X_2 = bc, \quad X_3 = -cd, \quad X_R = ad$$

而 $ad = ab + bc - cd$,因此得

$$X_R = X_1 + X_2 + X_3$$

由此可推知任意汇交力的情形,即

$$X_R = X_1 + X_2 + X_3 + \cdots + X_n = \sum X \tag{3.2}$$

合力在任一坐标轴上的投影,等于各分力在同一坐标轴上投影的代数和,这就是平面汇交力系合力投影定理。合力投影定理建立了合力投影与分力投影之间的关系,为进一步用解析法求平面一般力系的合力奠定了基础。

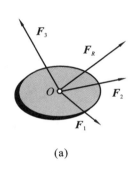
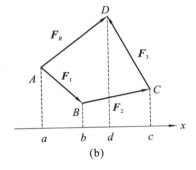

(a)　　　　　(b)

图 3.3

## 二、平面汇交力系的合成

在实际力学计算中,平面汇交力系的合成多采用解析法,其基本步骤如下:

建立直角坐标系,先用式(3.1)分别计算各力在 $x$ 轴、$y$ 轴上的投影;再根据合力投影定理,用式(3.2)计算合力 $F_R$ 在 $x$ 轴、$y$ 轴上的投影;最后用式(3.3)求出合力 $F_R$ 的大小和方向,如图3.4 所示。

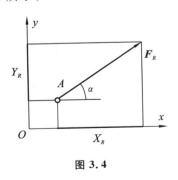

图 3.4

$$\begin{cases} F_R = \sqrt{X_R^2 + Y_R^2} = \sqrt{\left(\sum X\right)^2 + \left(\sum Y\right)^2} \\ \tan\alpha = \dfrac{|Y_R|}{|X_R|} = \left|\dfrac{\sum Y}{\sum X}\right| \end{cases} \tag{3.3}$$

式(3.3)中 $\alpha$ 为合力 $F_R$ 与 $x$ 轴所夹的锐角。$F_R$ 的作用线通过力系的汇交点,其指向由 $X_R$ 和 $Y_R$ 的正负号来确定,如图3.5所示。

**例 3.2**　用解析法求图 3.6 所示的由 $F_1 = 50$ kN,$F_2 = 100$ kN,$F_3 = 150$ kN 构成的平面汇交力系的合力。

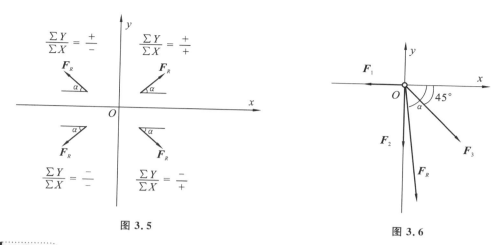

图 3.5

图 3.6

**解** (1) 建立图 3.6 所示的坐标系。

(2) 计算各力投影,再计算合力的投影:

$$\begin{aligned} X_R &= \sum X = X_1 + X_2 + X_3 \\ &= (-50 + 0 + 150 \times \cos 45°)\ \text{kN} \\ &= 56.05\ \text{kN} \end{aligned}$$

$$\begin{aligned} Y_R &= \sum Y = Y_1 + Y_2 + Y_3 \\ &= (0 - 100 - 150 \times \sin 45°)\ \text{kN} \\ &= -206.05\ \text{kN} \end{aligned}$$

(3) 代入式(3.3)求出合力 $\boldsymbol{F}_R$ 的大小和方向:

$$F_R = \sqrt{\left(\sum X\right)^2 + \left(\sum Y\right)^2} = \sqrt{56.05^2 + (-206.05)^2}\ \text{kN} = 213.54\ \text{kN}$$

$$\tan\alpha = \frac{\left|\sum Y\right|}{\left|\sum X\right|} = \frac{206.05}{56.05} = 3.68,\quad \alpha = 74.78°$$

$X_R$ 为正,$Y_R$ 为负,故 $\boldsymbol{F}_R$ 在第四象限,如图 3.6 所示。

# 任务 2 平面一般力系的简化

## 一、力的平移定理

设有一力 $\boldsymbol{F}$ 作用于刚体上的 $A$ 点,如图 3.7 所示,在刚体上任取一点 $O$,并在点 $O$ 加上两个等值反向的平衡力 $\boldsymbol{F}'$ 和 $\boldsymbol{F}''$,使其作用线与力 $\boldsymbol{F}$ 的作用线平行,且 $\boldsymbol{F}=-\boldsymbol{F}'=\boldsymbol{F}''$,显然三个力的新力系与原来的一个力等效。此时可把这三个力看作是一个作用在点 $O$ 的力 $\boldsymbol{F}''$ 和一个力偶 $(\boldsymbol{F},\boldsymbol{F}')$。这样,就把作用于点 $A$ 的力 $\boldsymbol{F}$ 平移到另一个点 $O$,但同时附加上一个相应的力偶,附加力偶的力偶矩为

$$M = \pm Fd \tag{3.4}$$

其中 $d$ 为附加力偶的力偶臂,也就是点 $O$ 到力 $\boldsymbol{F}$ 的作用线的距离。

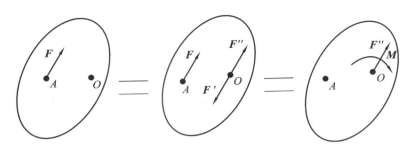

图 3.7

由此可得力的平移定理:作用于刚体上点 $A$ 的力 $F$ 可以平行移到任一点 $O$,但必须同时附加一个力偶,这个附加力偶的力偶矩等于原来的力 $F$ 对新作用点 $O$ 的矩。

## 二、平面一般力系向平面内一点简化

假设物体上作用有平面一般力系 $F_1$,$F_2$,$\cdots$,$F_n$,在力系作用平面内任选一点 $O$ 为简化中心。应用力的平移定理,将力系中各力向 $O$ 点平移,即可得到作用于 $O$ 点的平面汇交力系 $F'_1$,$F'_2$,$\cdots$,$F'_n$ 和力偶矩分别为 $M_1$,$M_2$,$\cdots$,$M_n$ 的附加平面力偶系,如图 3.8 所示。

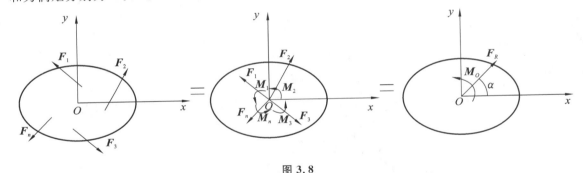

图 3.8

上述汇交力系可合成为作用于 $O$ 点的合力 $F_R$,$F_R$ 称为原平面一般力系的主矢,其大小和方向由式(3.5)可得:

$$F_R = \sqrt{F_x^2 + F_y^2} = \sqrt{\left(\sum X\right)^2 + \left(\sum Y\right)^2}$$

$$\tan\alpha = \left|\frac{F_y}{F_x}\right| = \left|\frac{\sum Y}{\sum X}\right|$$

(3.5)

式中 $\alpha$ 为合力 $F_R$ 与 $x$ 轴所夹的锐角,合力的指向由 $\sum X$ 与 $\sum Y$ 的正负号决定。

附加平面力偶系可以合成为一个力偶,其力偶矩 $M_O$ 称为原平面一般力系对 $O$ 点的主矩,即

$$M_O = M_O(F_1) + M_O(F_2) + \cdots + M_O(F_n) = \sum M_O(F)$$

(3.6)

综上所述,平面一般力系向作用面内任一点 $O$ 简化,一般可得到一个力 $F_R$ 和一个力偶 $M_O$。力的作用线通过简化中心,它的矢量等于原力系中各力的矢量和,力偶的力偶矩等于原力系中各力对简化中心之矩的代数和。

# 任务 3 平面力系的平衡条件及应用

## 一、平面一般力系的平衡方程

平面一般力系平衡的必要和充分条件是:力系的主矢和主矩都等于零。即 $F_R = 0, M_O = 0$。

**1. 基本形式**

由 $F_R = 0, M_O = 0$ 可得平面一般力系的平衡方程为

$$\begin{cases} \sum X = 0 \\ \sum Y = 0 \\ \sum M_O(F) = 0 \end{cases} \tag{3.7}$$

由此可得出结论,平面一般力系平衡的解析条件是:所有各力在两个任选的直角坐标轴上的投影的代数和分别等于零,同时各力对作用面内任一点之矩的代数和也等于零。式(3.7)称为平面一般力系平衡方程的基本形式,前两式称为投影方程,后一式称为力矩方程。式中有三个方程,只能求解三个未知数。

**2. 二力矩形式**

用力矩方程代替投影方程可得平面一般力系平衡方程的二力矩形式和三力矩形式,即

$$\begin{cases} \sum X = 0 \\ \sum M_A(F) = 0 \\ \sum M_B(F) = 0 \end{cases} \tag{3.8}$$

其中 $A$、$B$ 两点的连线不得垂直于 $x$ 轴。

**3. 三力矩形式**

$$\begin{cases} \sum M_A(F) = 0 \\ \sum M_B(F) = 0 \\ \sum M_C(F) = 0 \end{cases} \tag{3.9}$$

其中 $A$、$B$、$C$ 三点不得共线。

**▌例 3.3** 如图 3.9(a)所示简支梁 $AB$,作用于梁跨中有集中力 $F = 20 \text{ kN}$,梁的自重不计,尺寸如图所示,试求 $A$、$B$ 处的支座反力。

**▌解** (1)选简支梁为研究对象,画受力图如图 3.9(b)所示。

(2)建立图 3.9(b)所示的坐标轴,列平衡方程得:

由 $\sum X = 0$ 得

$$R_{Ax} - 20 \times \cos 30° = 0$$

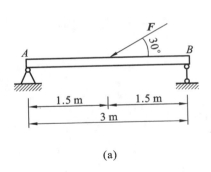

(a)

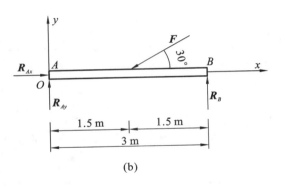

(b)

图 3.9

$$R_{Ax} = 17.32 \text{ kN}$$

由 $\sum M_A(F) = 0$ 得

$$R_B \times 3 - 20 \times \sin30° \times 1.5 = 0$$
$$R_B = 5 \text{ kN}$$

由 $\sum M_B(F) = 0$ 得

$$20 \times \sin30° \times 1.5 - R_{Ay} \times 3 = 0$$
$$R_{Ay} = 5 \text{ kN}$$

（3）复核

$$\sum Y = 0, \quad R_{Ay} + R_{By} - F\sin30° = 0$$

由此可得上述计算结果无误。

**例 3.4**　如图 3.10(a) 所示悬臂刚架,受水平推力 $F = 10$ kN 的作用,刚架顶上有均布荷载 $q = 4$ kN/m。刚架自重不计,尺寸如图 3.10(a) 所示,试求 $A$ 处的支座反力。

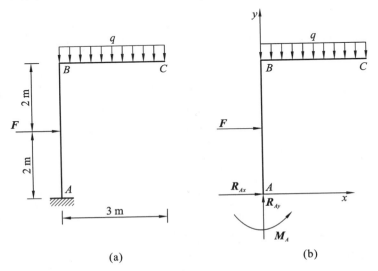

(a)

(b)

图 3.10

**解** （1）选刚架 $AC$ 为研究对象，画受力图如图 3.10(b) 所示。

（2）建立图 3.10(b) 所示的坐标轴，列平衡方程得：

$$\sum X = 0, \quad R_{Ax} + F = 0$$

$$R_{Ax} = -F = -10 \text{ kN}$$

$$\sum Y = 0, \quad R_{Ay} - q \times 3 = 0$$

$$R_{Ay} = 4 \times 3 \text{ kN} = 12 \text{ kN}$$

$$\sum M_A(F) = 0, \quad M_A - F \times 2 - q \times 3 \times \frac{3}{2} = 0$$

$$M_A = \left(10 \times 2 + 4 \times 3 \times \frac{3}{2}\right) \text{ kN} \cdot \text{m} = 38 \text{ kN} \cdot \text{m}$$

# 任务 4 物体系统的平衡

前面研究的是单个物体的平衡问题，而在实际力学计算中，研究对象往往是由多个物体按一定方式组合而成的整体，即物体系统。

在研究物体系统平衡时，很多时候只以整体为研究对象或者只以系统内某一部分为研究对象，均不能求出全部未知量。此时需选取多个研究对象，使建立的独立平衡方程数量与未知量相当。但研究对象选择不恰当，就会使受力分析复杂化，平衡力方程数目增多，从而增加解题的难度。平面一般力系有3个独立的平衡方程，可求解3个未知量，一般情况下，每次选取研究对象应使平衡方程中所含的未知量的数量不超过3个。

**例 3.5** 组合梁所受荷载如图 3.11(a) 所示。已知 $F = 20$ kN，$M = 10$ kN·m，$q = 15$ kN/m，试求 $A$、$B$ 支座及中间铰 $C$ 处的约束反力。

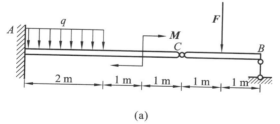

(a)

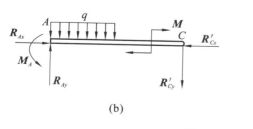

(b)

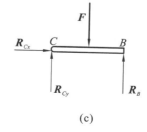

(c)

**图 3.11**

**解** （1）选取 CB 为研究对象，画出受力图，如图 3.11(c) 所示，列平衡方程得：

$$\sum X = 0, \quad R_{Cx} = 0$$

$$\sum M_C(F) = 0, \quad R_B \times 2 - F \times 1 = 0$$

$$R_B = \frac{F}{2} = \frac{20}{2} \text{ kN} = 10 \text{ kN}$$

$$\sum M_B(F) = 0, \quad -R_{Cy} \times 2 + F \times 1 = 0$$

$$R_{Cy} = \frac{F}{2} = \frac{20}{2} \text{ kN} = 10 \text{ kN}$$

（2）选取 AC 为研究对象，画出图 3.11(b) 所示的受力图，其中 $R'_{Cx}$ 与 $R_{Cx}$，$R'_{Cy}$ 与 $R_{Cy}$ 为作用力与反作用力，列平衡方程得：

$$\sum M_A(F) = 0, \quad M_A - q \times 2 \times \frac{2}{2} - M - R'_{Cy} \times 4 = 0$$

$$M_A = q \times 2 \times \frac{2}{2} + M + R'_{Cy} \times 4 = (15 \times 2 + 10 + 10 \times 4) \text{ kN} \cdot \text{m} = 80 \text{ kN} \cdot \text{m}$$

$$\sum Y = 0, \quad R_{Ay} - q \times 2 - R'_{Cy} = 0$$

$$R_{Ay} = q \times 2 + R'_{Cy} = (15 \times 2 + 10) \text{ kN} = 40 \text{ kN}$$

习题

3.1　什么是力的投影?合力投影定理是如何表述的?

3.2　什么是力的平移定理?

3.3　平面一般力系的简化中,选择的简化中心不同,主矢和主矩是否不同?简化结果是否不同?

3.4　平面一般力系平衡方程有哪些形式,各自有何限制条件?

3.5　计算图 3.12 所示各力在 $x$ 轴与 $y$ 轴上的投影,已知:$F_1 = F_2 = 100$ kN,$F_3 = F_4 = 200$ kN。

3.6　如图 3.13 所示的拉环上作用有 $F_1 = 60$ kN,$F_2 = 100$ kN,$F_3 = 120$ kN 三力。求 $F_1$,$F_2$,$F_3$ 的合力。

3.7　如图 3.14 所示,塔吊起吊 $W = 20$ kN 的构件,钢丝绳与水平面夹角 $\alpha$ 为 $45°$,求构件匀速上升时钢丝绳 $AC$ 与 $BC$ 的拉力。

3.8　计算图 3.15 中各梁的支座反力。梁的自重不计,$F = 30$ kN,$M = 10$ kN·m,$q = 20$ kN/m。

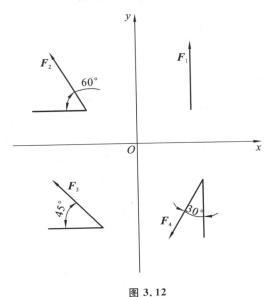

图 3.12

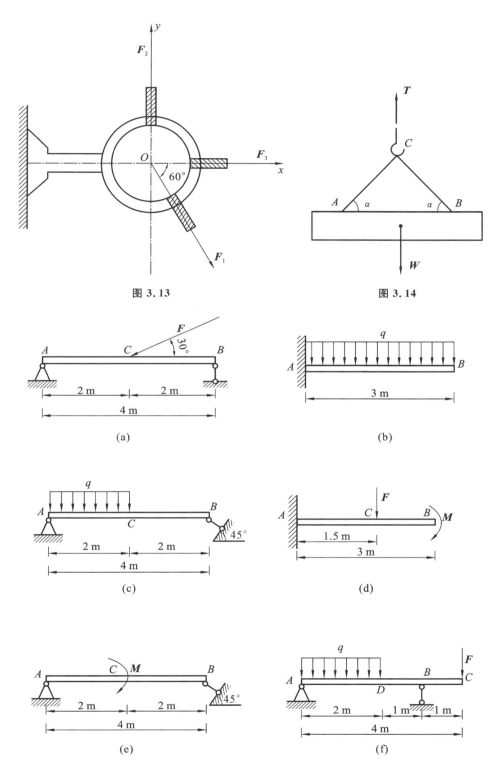

图 3.13

图 3.14

(a)

(b)

(c)

(d)

(e)

(f)

图 3.15

3.9　如图3.16(a)所示,楼梯的两端支承在两个楼梯梁上。上端 B 可视为可动铰支座,下端 A 可视为固定铰支座,所受的荷载连同楼梯自重可视为沿楼梯的长度均匀分布,设荷载的集度 $q = 7$ kN/m,计算简图如图3.16(b)所示。试求楼梯两端 A、B 的约束反力。

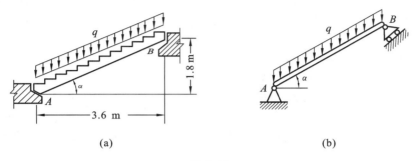

(a)　　　　　　　　　　　　(b)

**图 3.16**

3.10　计算图3.17中刚架的支座反力。

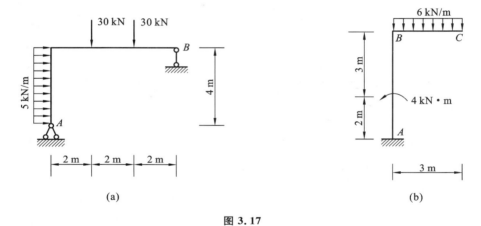

(a)　　　　　　　　　　　　(b)

**图 3.17**

3.11　如图3.18所示,放置在水平梁 AB 中部的电动机重 $W = 8$ kN,图中梁杆自重不计,求 A 处的支座反力。

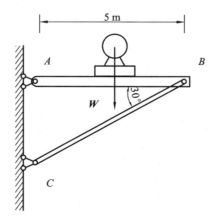

**图 3.18**

3.12 计算图 3.19 中组合梁的支座反力,梁的自重不计。

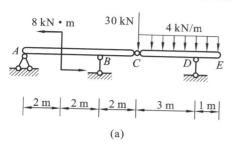

(a)

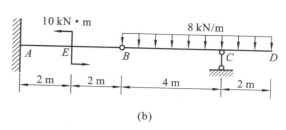

(b)

图 3.19

# 模块 4

# 轴向拉伸和压缩

## 学习目标

**基本要求**：理解内力、应力、许用应力的概念；掌握轴向拉（压）杆的内力、应力计算；了解材料在轴向拉（压）时的力学性能、变形计算；掌握强度条件和强度计算。

**重点**：轴向拉（压）杆的内力、应力概念；轴向拉（压）杆的强度条件和强度计算。

**难点**：轴向拉（压）杆的强度计算。

# 任务 1 轴向拉伸和压缩的概念

　　轴向拉伸和压缩是材料力学中最简单、最基本的变形形式。在工程实践中有很多杆件，例如桁架结构中的各杆件，如图4.1所示，作用于杆件上的外力或外力的合力的作用线与杆件轴线重合。等直杆在这种受力情况下产生的变形即轴向拉伸或压缩，如图4.2所示。轴向拉压杆的受力特点是：杆件两端受到两个大小相等、方向相反、作用线与杆轴线重合的外力（或外力的合力）的作用。变形特点是：杆件沿轴线方向（纵向）伸长或缩短。

图 4.1

图 4.2

# 任务 2 轴向拉(压)杆的内力

## 一、内力的概念

当杆件受到外力作用后,整个杆件会产生小变形,其内部各质点间的相对位置将发生变化,从而引起内部各质点间相互作用力发生改变。这种由外力引起的物体内部各质点间相互作用力的改变量称为内力。外力越大,内力就越大,同时变形也越大。当内力和变形达到某一限度时,杆件就会被破坏。因此,内力与杆件的强度、刚度等有着密切的联系。

根据变形固体的均匀连续性假设可知,物体内部相邻部分之间的作用力是一个连续分布的内力系,如图 4.3 所示。我们所说的内力是将该内力系合成后的合力或合力偶,如图 4.4 所示。

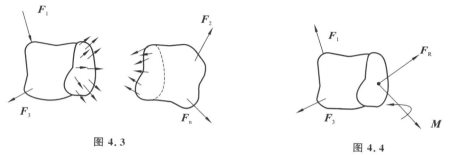

图 4.3                                        图 4.4

变形固体内力分布的特征是:①内力是一个连续分布力系;②内力可与外力组成平衡力系;③内力作用的趋势总是使材料内部各点回复到受外力前的位置。

## 二、截面法

由于内力是物体内相邻部分间的相互作用力,为了显示和求解内力,通常应用截面法。

设某一构件在外力作用下处于平衡状态。假想在任意截面处用一平面 $m$—$m$ 将构件截开为两部分 Ⅰ 和 Ⅱ,如图 4.5(a)所示。保留 Ⅰ 段作为研究对象,将 Ⅱ 段对 Ⅰ 段的作用以截面上的内力 $F_N$ 来代替,如图 4.5(b)所示。对 Ⅰ 段而言,截面 $m$—$m$ 上的内力 $F_N$ 称为外力。

由于整个构件处于平衡状态,所以,所取的 Ⅰ 段也一定处于平衡状态。Ⅰ 段上的外力与截面上的内力构成平衡力系。为此,列出静力平衡方程即可由已知外力求解 $m$—$m$ 截面上的未知内力。于是,杆件 $m$—$m$ 截面上的内力 $F_N$ 必定是与其左端外力 $F$ 共线的轴向力,$F_N$ 的数值由平衡条件求得。

由作用力和反作用力公理可知,在 $m$—$m$ 截面两侧,相邻两部分相互作用的内力必然是大小相等、方向相反,作用线沿同一直线,如图 4.5(c)所示。就整个构件而言,这些内力在截开之前对构件的作用相互抵消。但对截开后的 Ⅰ 段或 Ⅱ 段而言,内力却"暴露"出来与该部分原本所受的外力组成平衡力系。

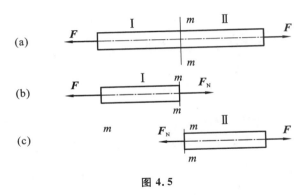

图 4.5

写出平衡方程

$$\sum F_x = 0, \quad F - F_N = 0$$
$$F_N = F$$

这种假想地用一平面将构件截开为两部分,并取其一部分为研究对象,求得截面上内力的方法称为截面法。截面法的步骤归纳如下。

(1) 截开构件:在需要求内力处,假想用一截面将构件截开为两部分。

(2) 列出内力:将两部分中的任一部分保留(研究对象),并把弃去部分对留下部分的作用代之以作用在截面上的内力(力或力偶);

(3) 平衡求解:对研究对象上所有的外力与内力建立静力平衡方程,根据其上的已知外力求解截面上的未知内力。

必须指出,力的可传性和力偶的可移性原理只有在研究力和力偶对物体的外效应时才适用,在研究物体的内力和变形时就不能用。故在截面取隔离体前,作用于物体上的外力(荷载)不能任意移动或用静力等效力系替代。

## 三、轴向拉(压)杆的内力 —— 轴力

从截面法中可看出,轴向拉(压)杆件任一横截面上的内力,其作用线均与杆件的轴线重合,因而称之为轴力,用符号 $F_N$ 表示。当杆件受拉时,轴力为拉力,其方向背离截面,如图 4.5 所示;当杆件受压时,轴力为压力,其方向指向截面,通常规定:拉力用正号表示,压力用负号表示。

轴力的单位为牛顿(N)或千牛(kN)。

当杆件受到多个轴向外力时,在杆的不同截面上的轴力各不相同。为表明横截面上的轴力随横截面位置变化的情况,可用平行于杆轴线的坐标表示横截面的位置,用垂直于杆轴线的坐标表示横截面上轴力的数值,从而绘出表示轴力与横截面位置关系的图线,称为轴力图。通常将正值的轴力画在上侧,负值的轴力画在下侧。

**例 4.1** 杆件受力如图 4.6(a)所示,并处于平衡状态。试用截面法计算 $AB$、$BC$、$CD$ 和 $DE$ 段的轴力。

**解** 首先求出支座反力 $F_R$(见图 4.6(b))。由杆件的平衡条件可知

$$\sum F_x = 0, \quad -F_R - F_1 + F_2 - F_3 + F_4 = 0$$

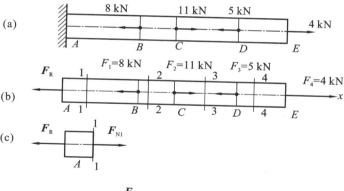

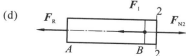

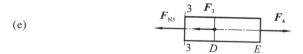

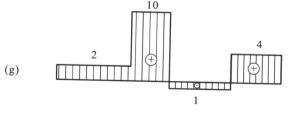

**图 4.6**

得
$$F_R = 2 \text{ kN}$$

在求 $AB$ 段内任一截面上的轴力时,用截面法研究截开后左段杆件的平衡。假定轴力 $F_{N1}$ 为拉力,如图 4.6(c) 所示,列平衡方程求 $AB$ 段内任一截面上的轴力

$$\sum F_x = 0, \quad F_{N1} - F_R = 0$$
$$F_{N1} = F_R = 2 \text{ kN}$$

结果为正值,故 $F_{N1}$ 为拉力。

同理,可求得 $BC$ 段内任一横截面上的轴力,如图 4.6(d) 所示,

$$\sum F_x = 0, \quad F_{N2} - F_1 - F_R = 0$$
$$F_{N2} = F_R + F_1 = 10 \text{ kN}$$

在求 $CD$ 段内的轴力时,将杆截开后宜取右段计算,因为此时右段上外力较少,计算较简单。假定轴力 $F_{N3}$ 为拉力,如图 4.6(e) 所示。

$$\sum F_x = 0, \quad -F_{N3} - F_3 + F_4 = 0$$

$$F_{N3} = -1 \text{ kN}$$

结果为负值,说明假定的 $F_{N3}$ 方向与实际方向相反,CD 段轴力实际应为压力。

同理可得 DE 段内任一截面上的轴力 $F_{N4}$(见图 4.6(f))为

$$F_{N4} = F_4 = 4 \text{ kN}$$

按照前述作轴力图的规则,画出杆件的轴力图如图 4.6(g)所示。

## 四、静定平面桁架的内力

### 1. 静定平面桁架的计算假定

桁架是由若干直杆在两端以铰连接而成的一种结构,在土木工程中应用广泛。如屋架、桥梁、输电塔架和其他大跨度结构都可采用桁架结构。图 4.7(a)所示的一工业厂房中木屋架结构示意图是桁架结构。桁架结构的各杆以承受轴力为主,但实际桁架的受力情况是比较复杂的。因此,在分析桁架中杆件的内力时,必须选取既能反映这种结构本质又便于计算的计算简图。

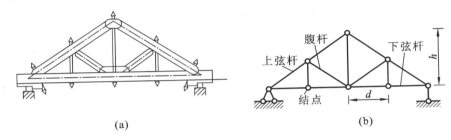

(a)    (b)

**图 4.7**

通常对桁架的计算简图采用以下假定:

(1)桁架的结点都是光滑无摩擦的理想铰结点;

(2)各杆的轴线都是直线并通过铰的中心;

(3)荷载和支座反力都作用在结点上并位于桁架平面内。

符合上述假设的桁架称为理想桁架。在采用上述三个计算假定的条件下,桁架杆是二力杆。图 4.7(b)就是根据上述假定画出的实际桁架(见图 4.7(a))的计算简图。图中,桁架上、下围各杆叫作弦杆,上边的叫上弦杆,下边的叫下弦杆;位于上、下弦杆之间的叫腹杆,腹杆又分为竖腹杆和斜腹杆;各杆端的连接点叫结点。

### 2. 桁架的内力计算

根据桁架假设,组成桁架的杆件都是轴向拉压杆,其内力为轴力;在画研究对象受力图时,已知的力(包括荷载、支座反力和已知的杆件轴力)要按实际方向画出;对未知的杆件轴力,应假设受拉,这样按假定计算出的内力正负号能表示内力的性质,计算结果为正是拉力,计算结果为负是压力。

静定桁架结构在荷载和支座反力的作用下,皆处于平衡状态。桁架内部的每一个结点、每一根杆件或者桁架的某一部分,必然也处于平衡状态。因此,在计算桁架中的某杆件或某些杆件的内力时,可以根据具体情况,截取桁架中的某一结点或者某一部分为隔离体,建立静力平衡方程,从而求出相应杆件的内力值。从桁架中截取隔离体的方法通常有结点法和截面法。为了简化计算,在使用以上两种方法之前,可先根据一些特殊结点的平衡规律判断出相应结点上杆件的受力特点。

1)特殊结点受力特点分析

(1) L 型结点,如图 4.8(a)所示,即由不在同一直线上的两根链杆组成的结点。当该结点上无外荷载作用时,两杆的内力均为零,即 $F_{N1} = F_{N2} = 0$。桁架中内力为零的杆称为零杆。

(2) T 型结点,如图 4.8(b)所示,即由三根链杆组成的结点,其中有两根链杆共线。当该结点上无外荷载作用时,共线的两杆内力相等 $F_{N1} = F_{N2}$,而第三杆内力为零,即 $F_{N3} = 0$。

(3) X 型结点,如图 4.8(c)所示,即由四根链杆组成的结点,且汇交于该结点的四根链杆两两共线。当结点上无外荷载时,共线的两杆内力相等,即 $F_{N1} = F_{N2}$,$F_{N3} = F_{N4}$。

(4) K 型结点,如图 4.8(d)所示,即由四根链杆交汇的结点,其中两根链杆共线,另外两根斜杆位于两共线链杆的同一侧并分别与两共线链杆形成相等的夹角的结点。当结点上无外荷载时,两根斜杆的内力大小相等,即 $F_{N1} = F_{N2}$,$F_{N3} \neq F_{N4}$。

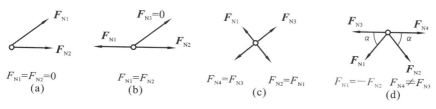

图 4.8

对于零杆,需要指出的是,因为桁架中的荷载往往是变化的,在一种荷载作用下的零杆,在另一种荷载作用下或荷载改变作用方向时原零杆就有可能承载,故桁架中的零杆虽不受力,但依然是组成结构的必需构件。

2)结点法

截取桁架的一个结点为隔离体,得到一个平面汇交力系,利用结点的静力平衡条件求解杆件内力的方法称为结点法。

桁架的每一根杆都是二力杆,它们的内力只有轴力。作用在结点上的已知荷载或支座反力和未知的杆件轴力组成一个平面汇交力系,利用平面汇交力系的平衡方程 $\sum F_x = 0$,$\sum F_y = 0$,可求出两个未知内力。因此,使用结点法时,每取一结点所截断的未知内力的杆件一般不应超过两根,才能避免解算联立方程,使计算得到简化。结点法适用于计算简单桁架所有杆的轴力。

 例 4.2  试用结点法计算图 4.9(a)所示桁架各杆的内力。

**解**  (1)计算支座反力

$$F_{Ax} = 0 \text{ kN}, \quad F_{Ay} = 80 \text{ kN}(\uparrow), \quad F_{By} = 100 \text{ kN}(\uparrow)$$

确定特殊杆件的内力。由特殊结点的受力特点,得

$$F_{N3} = 40 \text{ kN}, \quad F_{N2} = F_{N4}, \quad F_{N11} = 80 \text{ kN}$$
$$F_{N10} = F_{N13}, \quad F_{N6} = F_{N7}, \quad F_{N8} = 0$$

(2)取各结点为隔离体进行计算。先从结点 A 开始,然后依次分析其他各结点。

① 取结点 A 为隔离体计算(见图 4.9(b)),由

$$\sum F_y = 0, \quad \frac{4}{5} F_{N1} + F_{Ay} = 0, \quad F_{N1} = -100 \text{ kN}$$

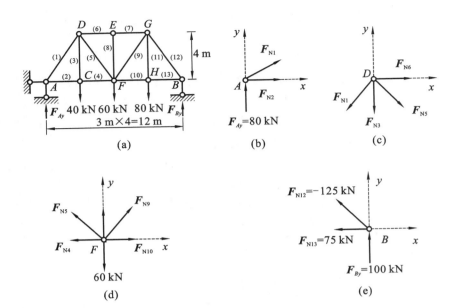

**图 4.9**

由

$$\sum F_x = 0, \quad \frac{3}{5}F_{N1} + F_{N2} = 0, \quad F_{N2} = 60 \text{ kN}$$

② 取结点 $D$ 为隔离体计算(见图 4.9(c)),由

$$\sum F_y = 0, \quad -\frac{4}{5}F_{N5} - \frac{4}{5}F_{N1} - F_{N3} = 0, \quad F_{N5} = 50 \text{ kN}$$

由

$$\sum F_x = 0, \quad F_{N6} + \frac{3}{5}F_{N5} - \frac{3}{5}F_{N1} = 0, F_{N6} = -90 \text{ kN}$$

③ 取结点 $C$,有

$$F_{N4} = F_{N2} = 60 \text{ kN}$$

取结点 $E$,有

$$F_{N7} = F_{N6} = -90 \text{ kN}$$

④ 取结点 $F$ 为隔离体计算(见图 4.9(d)),由

$$\sum F_y = 0, \quad \frac{4}{5}F_{N9} + \frac{4}{5}F_{N5} - 60 = 0, \quad F_{N9} = 25 \text{ kN}$$

由

$$\sum F_x = 0, \frac{3}{5}F_{N9} - \frac{3}{5}F_{N5} - 60 + F_{N10} = 0, F_{N10} = 75 \text{ kN}$$

取结点 $G$,有

$$F_{N12} = -125 \text{ kN}$$

取结点 $B$(见图 4.9(e)),有

$$F_{N13} = 75 \text{ kN}$$

(3) 将最终结果标在杆侧,如图 4.10 所示。

### 3. 截面法

除结点法外,另一种分析桁架内力的常用方法是截面法。截面法是选取适当的截面,将桁架分割成两部分,取其中任一部分为隔离体。显然,该隔离体上的荷载及被切断杆件的内力共同构成平面一般力系,且该力系一定能使隔离体保持平衡状态。因此,只要隔离体上的未知力数目不超过三个,且这三个未知内力不全交于一点且不全平行,即可根据所建立的静力平衡方程将此截面上的各未知力求得。特

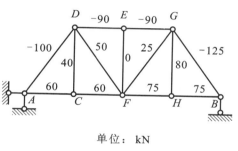

单位:kN

图 4.10

殊情况下,即使被截断的内力未知杆超过三根,也可利用静力平衡条件求出部分特定杆件的内力。截面法适用于计算某些指定杆的内力的情况。

**例 4.3** 试用截面法计算图 4.11(a)所示桁架中 $a$、$b$ 杆的内力。

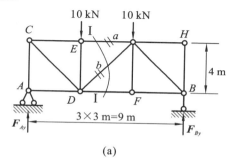

(a)

(b)

图 4.11

**解** （1）计算支座反力

$$F_{Ax} = 0 \text{ kN}, \quad F_{Ay} = 10 \text{ kN}(\uparrow), \quad F_{By} = 10 \text{ kN}(\uparrow)$$

（2）取截面 Ⅰ—Ⅰ,取截面左边为隔离体(见图 4.11(b))

由 $\sum F_y = 0$,得 $\frac{4}{5}F_{Nb} - 10 + 10 = 0$,故 $F_{Nb} = 0$;

由 $\sum M_D = 0$,得 $4F_{Na} + 3F_{Ay} = 0$,故 $F_{Na} = -7.5 \text{ kN}$。

下面介绍两种特殊情况下截面法的应用:

（1）若被截断的内力未知杆虽超过三根,但除其中一根杆件外,其余各杆均汇交于一点,可取各未知内力杆之交点为矩心,直接求出另一杆内力。如图 4.12(a)所示,取 Ⅰ—Ⅰ截面左边部分为研究对象,由 $\sum M_A = 0$,可直接求出 $a$ 杆内力。由于求解使用的是平衡条件中的力矩方程,故此种方法称为力矩法。

（2）若被截断的内力未知杆虽超过三根,但其中除一根杆件外,其余各杆均平行,可取垂直于各平行杆的直线为投影轴,直接求出另一杆的内力。如图 4.12(b)所示,取 Ⅰ—Ⅰ截面上边部分为研究对象,由 $\sum F_x = 0$,可直接求出 $a$ 杆内力。由于求解使用的是平衡条件中的投影式,故此种方法称为投影法。

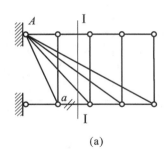
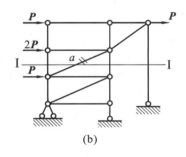

(a)　　　　　　　　　　　(b)

**图 4.12**

# 任务 3 轴向拉（压）杆横截面上的应力

## 一、应力的概念

在确定了拉（压）杆件的轴力以后，还不能判断杆是否会因强度不足而破坏。因为轴力只是杆横截面上分布内力的合力，要判断杆是否会因强度不足而破坏，还必须知道内力在截面上的分布规律和数值，以及材料承受荷载的能力。内力在截面上的分布情况即内力的密集程度，简称内力集度。

截面上一点处的内力集度称为该点的应力。

考察受力杆任一截面上 $M$ 点处的应力，可在 $M$ 点周围取一很小的面积 $\Delta A$，设 $\Delta A$ 面积上分布内力的合力为 $\Delta F$（见图 4.13(a)），于是在面积 $\Delta A$ 上内力 $\Delta F$ 的平均集度为 $\Delta F$ 与 $\Delta A$ 的比值。当 $\Delta A$ 趋近于零时，$\Delta F$ 与 $\Delta A$ 的比值，即为 $M$ 点处的内力集度，称为 $M$ 点处的总应力 $p$（见图 4.13(b)）。用式子表示为

$$p = \lim_{\Delta A \to 0} \frac{\Delta F}{\Delta A} = \frac{\mathrm{d}F}{\mathrm{d}A} \tag{4.1}$$

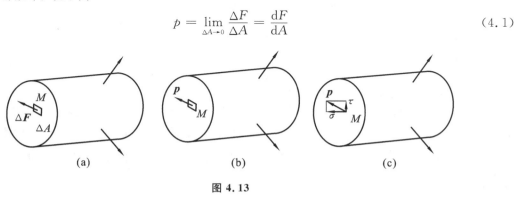

(a)　　　　　　　　　　(b)　　　　　　　　　　(c)

**图 4.13**

由于 $\Delta F$ 是矢量，故总应力 $p$ 也是矢量，其方向一般既不与截面垂直，也不与截面相切。它可以分解为与截面垂直的分量 $\sigma$ 和与截面相切的分量 $\tau$，$\sigma$ 称为正应力，$\tau$ 称为剪应力，如图 4.13(c)所示。应力的单位为 Pa 或 MPa。

$$1 \text{ Pa} = 1 \text{ N/m}^2$$

$$1 \text{ MPa} = 10^6 \text{ Pa} = 1 \text{ N/mm}^2$$

$$1 \text{ GPa} = 10^9 \text{ Pa} = 10^3 \text{ MPa}$$

## 二、轴向拉（压）杆横截面上的正应力

　　轴向拉（压）杆横截面上的内力为轴力，其方向与横截面垂直，且通过横截面的形心。横截面上的内力与应力总是相对应的，可推测出在轴向拉（压）杆横截面上只能是垂直于截面的正应力。我们可以通过观察杆件变形情况来推测应力的分布。

　　取一橡胶制成的等直杆，在杆的表面均匀地画一些与轴线平行的纵向线以及与轴线相垂直的横向线，如图 4.14(a) 所示。在两端加一对轴向拉力，如图 4.14(b) 所示。可以观察到：所有的小方格都变成了长方格，所有的纵向线都等量伸长，但仍互相平行；所有的横向线仍保持为直线，只是相对距离增大了。

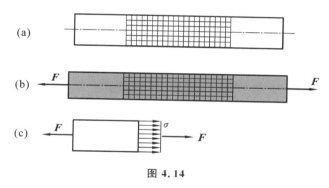

**图 4.14**

　　根据上述现象，可做如下假设：

　　(1) 平面假设，即设想横向线代表杆的横截面，于是，可假设原为平面的横截面在杆变形后仍为平面。

　　(2) 设想杆件是由许多纵向纤维组成，根据平面假设可知，任意两横截面间所有纤维都伸长了相同的长度。

　　根据材料的均匀连续假设，当变形量相同时，受力也相同，因此可推知横截面上的应力是均匀分布的，且方向垂直于横截面。

　　由以上分析可得：轴向拉（压）杆横截面上只有正应力，且大小相等，如图 4.14(c) 所示。当杆件受轴向压缩时，情况完全类似，以上分析仍然适用。

　　所以，等直杆轴向拉（压）时横截面上的正应力计算公式为

$$\sigma = \frac{F_\text{N}}{A} \tag{4.2}$$

式中：$A$ —— 拉（压）杆横截面的面积；

　　　$F_\text{N}$ —— 该截面的轴力。

　　正应力的正负规定为：拉应力为正，压应力为负。

　　对于等截面直杆，最大正应力位于轴力最大的截面上，其值为

$$\sigma_{max} = \frac{F_{Nmax}}{A}$$

**例 4.4** 杆件受力如图 4.15(a) 所示。已知 $AC$ 段横截面积 $A_1 = 300 \text{ mm}^2$,$CD$ 段横截面积 $A_2 = 400 \text{ mm}^2$。试画出该杆的轴力图,并计算各段横截面上的正应力。

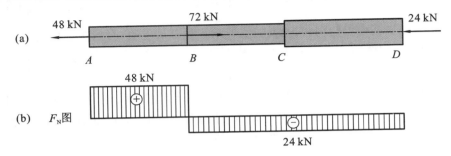

图 4.15

**解** (1) 计算各段的轴力,并画出该杆的轴力图,如图 4.15(b) 所示。

(2) 计算各段横截面上的正应力。代入式(4.2)可得

$AB$ 段: $\qquad \sigma_{AB} = \frac{F_{N,AB}}{A_1} = \frac{48 \times 10^3}{300} \text{ MPa} = 160 \text{ MPa}$(拉)

$BC$ 段: $\qquad \sigma_{BC} = \frac{F_{N,BC}}{A_1} = \frac{-24 \times 10^3}{300} \text{ MPa} = -80 \text{ MPa}$(压)

$CD$ 段: $\qquad \sigma_{CD} = \frac{F_{N,CD}}{A_2} = \frac{-24 \times 10^3}{400} \text{ MPa} = -60 \text{ MPa}$(压)

# 任务 4 轴向拉(压)杆的变形

杆受轴向力作用时,沿杆轴线方向会产生伸长或缩短变形,称为纵向变形;同时杆的横向尺寸将相应减小或增大,称为横向变形,如图 4.16(a) 和图 4.16(b) 所示。

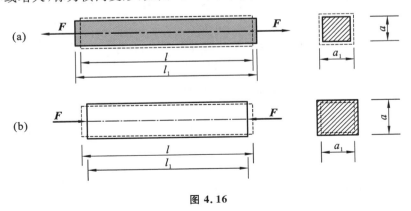

图 4.16

## 一、纵向变形

设杆件变形前长为 $l$,变形后长为 $l_1$,杆的纵向变形为

$$\Delta l = l_1 - l$$

显然,拉伸时 $\Delta l$ 为正,压缩时 $\Delta l$ 为负。纵向变形 $\Delta l$ 的单位为米(m)或毫米(mm)。

杆件的纵向变形只反映杆的总变形量,无法说明沿杆长度方向上各段的变形程度。由于轴向拉(压)杆各段的伸长是均匀的,因此,其变形程度可以用单位长度的纵向伸长来表示。单位长度的伸长量或缩短量,称为纵向线应变,简称线应变,用 $\varepsilon$ 表示。其表达式为

$$\varepsilon = \frac{\Delta l}{l} \tag{4.3}$$

线应变 $\varepsilon$ 的正负号与 $\Delta l$ 相同:拉伸时为正,压缩时为负;$\varepsilon$ 是一个无量纲的量。

## 二、胡克定律

实验表明:当杆的应力未超过某一限度时,纵向变形 $\Delta l$ 与杆的轴力 $F_N$、杆长 $l$ 及杆的横截面积 $A$ 存在以下比例关系:

$$\Delta l \propto \frac{F_N l}{A}$$

引进比例系数 $E$,可得

$$\Delta l = \frac{F_N l}{EA} \tag{4.4}$$

这一关系式称为胡克定律,它表明:当杆件应力不超过某一限度时,其纵向变形与轴力及杆长成正比,与横截面面积成反比。这里的"某一限度",即指在弹性范围内。

比例系数 $E$,称为材料的弹性模量,反映了材料抵抗弹性变形的能力。其单位与应力相同,其值可通过试验测定。

$EA$ 称为杆件的抗拉(压)刚度,反映了杆件抵抗拉(压)变形的能力。$EA$ 越大,杆件的变形就越小。需注意,在利用式(4.4)计算杆件的纵向变形时,在杆长 $l$ 内,$F_N$、$E$、$A$ 都应是常量。

将 $\varepsilon = \frac{\Delta l}{l}$ 及 $\sigma = \frac{F_N}{A}$ 代入式(4.4),可得

$$\sigma = E\varepsilon \tag{4.5}$$

它表明在弹性范围内,应力与应变成正比。式(4.5)是胡克定律的另一形式。

## 三、横向变形

轴向拉(压)杆纵向变形时,横向也产生变形。横截面为正方形的等截面直杆,在轴向外力 $F$ 作用下,边长由 $a$ 变为 $a_1$,$\Delta a = a_1 - a$,则横向应变 $\varepsilon'$ 为

$$\varepsilon' = \frac{\Delta a}{a} \tag{4.6}$$

杆件伸长时,横向尺寸减小,$\varepsilon'$ 为负值;杆件压缩时,横向尺寸增大,$\varepsilon'$ 为正值。因此,拉(压)杆的线应变 $\varepsilon$ 与横向应变 $\varepsilon'$ 的符号总是相反。

试验结果表明,当应力不超过一定限度时,对于同一种材料,横向应变 $\varepsilon'$ 与轴向应变 $\varepsilon$ 之比的绝对值是一个常数。此比值称为横向变形系数或泊松比,用 $\mu$ 表示。

$$\mu = \left| \frac{\varepsilon'}{\varepsilon} \right| \tag{4.7}$$

表 4.1 给出了常用材料的 $E$、$\mu$ 值。

**表 4.1  常用材料的 $E$、$\mu$ 值**

| 材 料 名 称 | $E$( GPa) | $\mu$ |
|---|---|---|
| 低碳钢 | $200 \sim 210$ | $0.24 \sim 0.28$ |
| 中碳钢 | 205 | $0.24 \sim 0.28$ |
| 低合金钢 | 200 | $0.25 \sim 0.30$ |
| 合金钢 | 210 | $0.25 \sim 0.30$ |
| 灰口铸铁 | $60 \sim 162$ | $0.23 \sim 0.27$ |
| 球墨铸铁 | $150 \sim 180$ | |
| 铝合金 | 71 | 0.33 |
| 硬铝合金 | 380 | |
| 混凝土 | $15.2 \sim 36$ | $0.16 \sim 0.18$ |
| 木材(顺纹) | $9.8 \sim 11.8$ | 0.0539 |
| 木材(横纹) | $0.49 \sim 0.98$ | |

**■ 例 4.5**　图 4.17(a)所示为一两层的木排架,其中一根柱子的受力图如图 4.17(b)所示。已知圆柱的直径 $D = 150$ mm,木材的弹性模量 $E = 10$ GPa。试计算木柱的总变形。

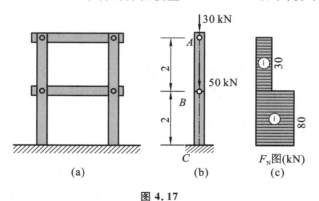

图 4.17

**■ 解**　(1)计算各段的轴力,并画出该杆的轴力图,如图 4.17(c)所示。

(2)木柱的横截面积为:

$$A = \pi \times 75^2 \text{ mm}^2 \approx 1.767 \times 10^4 \text{ mm}^2$$

(3)计算各段的纵向变形及木柱的总变形。

$AB$ 段:

$$\Delta l_{AB} = \frac{F_{\text{N},AB} \cdot l_{AB}}{EA} = \frac{-30 \times 10^3 \times 2\,000}{10 \times 10^3 \times 1.767 \times 10^4} \text{ mm} = -0.340 \text{ mm（压）}$$

$BC$ 段：

$$\Delta l_{BC} = \frac{F_{N,BC} \cdot l_{BC}}{EA} = \frac{-80 \times 10^3 \times 2\,000}{10 \times 10^3 \times 1.767 \times 10^4} \text{ mm} = -0.905 \text{ mm}（压）$$

所以，木柱的总变形

$$\Delta l = -0.340 \text{ mm} - 0.905 \text{ mm} = -1.245 \text{ mm}$$

# 任务 5 材料在拉伸和压缩时的力学性能

前面讨论了轴向拉（压）杆横截面上的应力，要判断杆件是否会破坏，还需要知道杆件能够承受的应力，应用胡克定律也需要知道弹性范围及弹性模量 $E$ 等与材料有关的数据。材料在受力过程中各种力学性质的数据称为材料的力学性能。材料的力学性能是通过试验来测定的。本节讨论材料在常温、静力荷载下的力学性能。

## 一、低碳钢的力学性能

在进行试验时，应将材料做成标准试件，使其几何形状和受力条件都能符合试验要求。金属材料试样有圆截面和矩形截面两种，如图 4.18 所示。试样的中间部分是工作段长度 $l$，称为标距。规定圆形截面试件，标距 $l$ 与直径 $d$ 的比例为 $l = 10d$ 或 $l = 5d$；矩形截面试件标距 $l$ 与截面面积 $A$ 的比例为 $l = 11.3\sqrt{A}$ 或 $l = 5.65\sqrt{A}$。

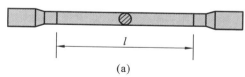
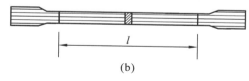

(a)　　　　　　　　　　　　　(b)

**图 4.18**

### 1. 低碳钢的拉伸试验

1）拉伸图和应力-应变图

将低碳钢的试件两端夹在试验机上，开动试验机后，对试件缓慢施加拉力，直至被拉断。在试件拉伸过程中，试验机上的自动绘图设备能绘出试件所受拉力 $F$ 与标距内的伸长量 $\Delta l$ 的关系曲线。该曲线的横坐标为伸长量 $\Delta l$，纵坐标为拉力 $F$，通常称为拉伸图，如图 4.19(a)所示。

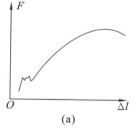
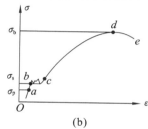

(a)　　　　　　　　　　　　　(b)

**图 4.19**

由于拉伸图中的 $\Delta l$ 与 $F$ 有关,还与试件的横截面积 $A$ 有关,因此,即使对于同种材料,当试件尺寸不同,其拉伸图也不相同。为消除试件尺寸的影响,还原材料本身的性质,将横坐标 $\Delta l$ 除以标距 $l$ 得 $\frac{\Delta l}{l}=\varepsilon$,纵坐标 $F$ 除以横截面积 $A$ 得 $\frac{F}{A}=\sigma$,这样画出的曲线称为应力-应变图,如图 4.19(b) 所示。

2）拉伸过程的四个阶段

低碳钢在拉伸过程中可分为四个阶段,现根据图 4.19(b) 所示应力-应变图线来说明各阶段的力学性能。

（1）弹性阶段（$Ob$）　实验表明:当试件的应力不超过 $b$ 点对应的应力时,材料的变形是完全弹性的,即卸除荷载后,试件的变形将完全消失。弹性阶段最高点 $b$ 对应的应力值 $\sigma_e$ 称为材料的弹性极限。

在弹性阶段内,初始一段是直线 $Oa$,表明应力与应变成正比,材料服从胡克定律,点 $a$ 对应的应力值称为比例极限,用 $\sigma_p$ 表示。低碳钢的比例极限约为 200 MPa。$Oa$ 段直线的斜率为:

$$\tan\alpha=\frac{\sigma}{\varepsilon}=E \qquad (4.8)$$

可见,图 4.19(b) 中直线 $Oa$ 与横坐标之间夹角的正切值即为材料的弹性模量 $E$。低碳钢的弹性模量为 $200\sim210$ GPa。

（2）屈服阶段（$bc$）　$bc$ 为接近水平的锯齿线。在屈服阶段应力基本不变,但应变显著增加,好像试件对外力屈服了一样,故此阶段称为屈服阶段。屈服阶段内的最低点对应的应力值称为屈服极限,用 $\sigma_s$ 表示。低碳钢的屈服极限约为 240 MPa。

（3）强化阶段（$cd$）　经过屈服阶段后,材料内部的结构重新进行了调整,材料重新产生了抵抗变形的能力,在一定程度上得到了优化。若使试件继续变形,就要继续增加荷载。这一阶段称为强化阶段。强化阶段的最高点 $d$ 对应的应力称为强度极限,用 $\sigma_b$ 表示。低碳钢的强度极限约为 400 MPa。

（4）颈缩阶段（$de$）　当应力到达强度极限后,在试件某一薄弱处,将发生局部收缩,出现颈缩现象,如图 4.20(b) 所示,故这一阶段称为颈缩阶段。

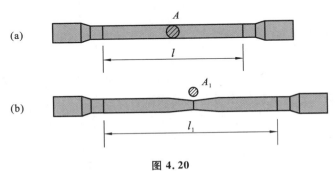

图 4.20

上述低碳钢拉伸的四个阶段中,有三个有关强度性质的指标:比例极限 $\sigma_p$、屈服极限 $\sigma_s$ 和强度极限 $\sigma_b$。$\sigma_p$ 表示了材料的弹性范围;$\sigma_s$ 是衡量材料强度的重要指标,当应力达到 $\sigma_s$ 时,杆件产生显著的塑性变形,因而无法正常使用;$\sigma_b$ 是衡量材料强度的另一重要指标,当应力达到 $\sigma_b$ 时,杆件出现颈缩并很快被拉断。

3）塑性指标

试件断裂后,变形中的弹性变形消失,塑性变形保留下来,试件拉断后保留下来的塑性变形大小,常用来衡量材料的塑性性能.塑性指标有两个:延伸率和截面收缩率.

(1)延伸率 将拉断的试件拼在一起,断裂后长度 $l_1$ 减去原标距 $l$ 的差值,与原标距的百分比,称为材料的延伸率,用符号 $\delta$ 表示.

$$\delta = \frac{l_1 - l}{l} \times 100\% \tag{4.9}$$

低碳钢的延伸率为 $20\% \sim 30\%$.

工程中把 $\delta \geqslant 5\%$ 的材料,如低碳钢、铝、铜等,称为塑性材料;把 $\delta < 5\%$ 的材料,如铸铁、石料、混凝土等,称为脆性材料.

(2)截面收缩率 测出试件断裂后断裂处的最小横截面积 $A_1$,与原试件的横截面积 $A$ 的差,除以原试件的横截面积的百分率,称为截面收缩率,用符号 $\psi$ 表示.

$$\psi = \frac{A - A_1}{A} \times 100\% \tag{4.10}$$

低碳钢的截面收缩率为 $60\% \sim 70\%$.

**2. 低碳钢的压缩试验**

金属材料压缩试件,一般做成短圆柱体,如图 4.21 所示.试件高度一般为直径的 $1.5 \sim 3$ 倍.低碳钢压缩时的应力-应变曲线如图 4.22 所示.

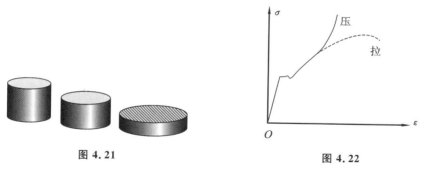

图 4.21　　　　　　　　图 4.22

在屈服阶段以前,拉伸和压缩的应力-应变图线大致重合,这表明两者的比例极限、屈服极限、弹性模量都相同.而屈服阶段后,试件会越压越扁,变形后呈鼓状,但不破坏,如图 4.21 所示,因而无法测出强度极限.低碳钢是抗拉压性能相同的材料.

其他塑性材料,如 16 锰钢、铝合金、黄铜等的力学性能与低碳钢相似.

## 二、铸铁的力学性能

**1. 铸铁的拉伸试验**

铸铁拉伸时的应力-应变图如图 4.23 所示:图线中没有屈服阶段,没有颈缩现象,强度极限 $\sigma_b$ 是唯一指标.铸铁的延伸率约为 $0.4\%$,是典型的脆性材料.

**2. 铸铁的压缩试验**

铸铁压缩时的应力-应变图如图 4.23 所示,与拉伸时相似.铸铁压缩破坏时,破坏面与轴线大致成 $45°$ 角.强度极限 $\sigma_b$ 仍为唯一指标,但压缩强度极限为拉伸时的 $4 \sim 5$ 倍.由此可见,铸铁的抗压性能优于抗拉性能,常用于受压杆件.

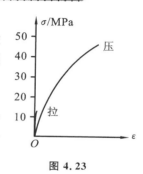

图 4.23

其他脆性材料,如石料、混凝土等的力学性能与铸铁的相似。

## 三、两类材料力学性能的比较

塑性材料与脆性材料的分类,是根据常温、静荷载下拉伸试验的延伸率来区分的。两类材料在力学性能上的主要区别如下。

**1. 强度方面**

塑性材料拉伸和压缩的比例极限、屈服极限基本相同,有屈服现象;脆性材料的压缩强度极限远远大于拉伸,没有屈服现象,破坏是突然的,适用于受压杆件。

**2. 变形方面**

塑性材料的延伸率和截面收缩率都较大,构件破坏前有较大的塑性变形,材料可塑性大,便于加工、安装时的矫正;脆性材料则与之相反。

总体而言,塑性材料的力学性能优于脆性材料。但在实际工程选材时,还要考虑到经济原则。

上述关于材料的力学性能是在常温、静载的条件下得到的,当外界因素(如加载方式、温度、受力状态等)发生改变时,则材料的性质也可能随之改变。

## 四、极限应力、安全系数和许用应力

通过对材料进行拉伸和压缩试验可知:任何一种材料都存在一个能承受应力的上限,这个应力的上限称为极限应力,用 $\sigma_u$ 表示。

对于塑性材料: $$\sigma_u = \sigma_s$$

对于脆性材料: $$\sigma_u = \sigma_b$$

然而,试验结果是通过试件个体测定材料力学性能的,并不能完全代表材料整体的情况;在实际工程中,还有许多无法预测的因素(如材料的不均匀、物体的振动等)对构件产生不利影响。所以,为了保证构件的安全工作,必须将构件的工作应力限制在比极限应力更低的范围内。具体做法是将材料的极限应力 $\sigma_u$ 除以一个大于1的系数,这样得到的应力称为许用应力,用 $[\sigma]$ 来表示。这个大于1的系数,称为安全系数,用 $n$ 来表示,即

$$[\sigma] = \frac{\sigma_u}{n} \tag{4.11}$$

对于塑性材料: $$n = 1.4 \sim 1.7$$

对于脆性材料: $$n = 2.5 \sim 3.0$$

表 4.2　常用材料的许用应力

| 材料名称 | 许用应力(MPa) | |
|---|---|---|
| | 轴向拉伸 | 轴向压缩 |
| A₃ 钢 | 170 | 170 |
| 16 锰钢 | 230 | 230 |
| 灰口铸铁 | 34 ～ 54 | 160 ～ 200 |
| 混凝土 C20 | 1.10 | 9.6 |
| C30 | 1.43 | 14.3 |
| 红松(顺纹) | 6.4 | 10 |

# 任务 6 轴向拉(压)杆的强度条件和强度计算

## 一、轴向拉(压)杆的强度条件

轴向拉(压)杆横截面上的正应力为 $\sigma = \dfrac{F_N}{A}$，这是拉(压)杆在工作时由荷载引起的应力，故又称工作应力。为保证拉(压)杆的安全，杆内最大工作应力不得超过材料的许用应力，即

$$\sigma_{\max} = \frac{F_{N\max}}{A} \leqslant [\sigma] \tag{4.12}$$

上式称为拉(压)杆的强度条件。

根据强度条件，可以解决工程实际中有关构件强度的三类问题。

**1. 校核强度**

已知杆件所受荷载、截面面积 $A$ 以及所用材料的 $[\sigma]$，检查杆件强度是否足够。

**例 4.6** 一结构包括钢杆 1 和铜杆 2，如图 4.24(a) 所示，$A$、$B$、$C$ 处为铰链连接。在结点 $A$ 悬挂一个 $G = 10\ \text{kN}$ 的重物。钢杆 $AB$ 的横截面面积为 $A_1 = 75\ \text{mm}^2$，铜杆的横截面面积为 $A_2 = 150\ \text{mm}^2$。材料的许用应力分别为 $[\sigma_1] = 160\ \text{MPa}$，$[\sigma_2] = 100\ \text{MPa}$，试校核此结构的强度。

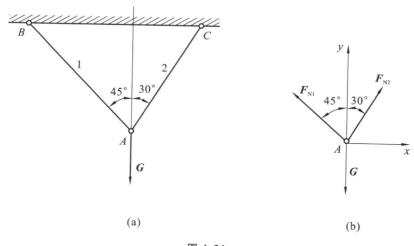

(a)　　　　　　　　　　　　　　　(b)

**图 4.24**

**解** 首先求各杆的轴力。

取结点 $A$ 为研究对象，画出其受力图(见图 4.24(b))，图中假定两杆均为拉力。由平衡方程

$$\sum F_x = 0, \quad F_{N2}\sin 30° - F_{N1}\sin 45° = 0$$

$$\sum F_y = 0, \quad F_{N1}\cos 45° + F_{N2}\cos 30° - G = 0$$

解得

$$F_{N1} = 5.2 \text{ kN} \quad F_{N2} = 7.3 \text{ kN}$$

两杆横截面上的应力分别为

$$\sigma_1 = \frac{F_{N1}}{A_1} = \frac{5.2 \times 10^3 \text{ N}}{75 \text{ mm}^2} = 69.3 \text{ MPa}$$

$$\sigma_2 = \frac{F_{N2}}{A_2} = \frac{7.3 \times 10^3 \text{ N}}{150 \text{ mm}^2} = 48.6 \text{ MPa}$$

由于 $\sigma_1 < [\sigma_1] = 160 \text{ MPa}$，$\sigma_2 < [\sigma_2] = 100 \text{ MPa}$，故此结构的强度足够。

**2. 设计截面**

已知杆件所受荷载、材料的 $[\sigma]$，确定杆件的横截面积，即

$$A \geqslant \frac{F_N}{[\sigma]}$$

**例 4.7** 如图 4.25(a) 所示，三脚架受荷载 $Q = 25 \text{ kN}$ 作用，$AC$ 杆是圆钢杆，其许用应力 $[\sigma] = 160 \text{ MPa}$；$BC$ 杆的材料是木材，圆形横截面，其许用应力 $[\sigma] = 8 \text{ MPa}$，试设计两杆的直径。

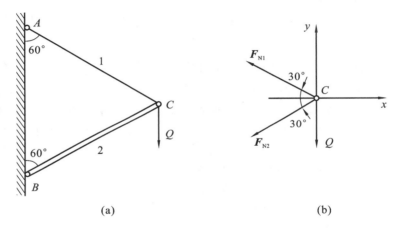

(a)　　　　　　　　　　　　(b)

**图 4.25**

**解** （1）求两杆的轴力。

取结点 $C$ 研究，受力分析如图 4.25(b) 所示，列平衡方程

$$\sum F_x = 0, \quad -F_{N1}\cos 30° - F_{N2}\cos 30° = 0$$

解得

$$F_{N2} = -F_{N1}$$

$$\sum F_y = 0, \quad F_{N1}\sin 30° - F_{N2}\sin 30° - Q = 0$$

解得

$$F_{N1} = Q = 25 \text{ kN}（拉），F_{N2} = -F_{N1} = -25 \text{ kN}（压）$$

（2）求截面直径。

分别求得两杆的横截面面积为

$$A_1 \geqslant \frac{F_{N1}}{[\sigma_1]} = \frac{25 \times 10^3}{160 \times 10^6} \text{ m}^2 = 1.56 \times 10^{-4} \text{ m}^2 = 1.56 \text{ cm}^2$$

$$A_2 \geqslant \frac{F_{N2}}{[\sigma_2]} = \frac{25 \times 10^3}{8 \times 10^6} \text{ m}^2 = 31.3 \times 10^{-4} \text{ m}^2 = 31.3 \text{ cm}^2$$

$$\text{直径 } d_1 = \sqrt{\frac{4A_1}{\pi}} \geqslant 1.4 \text{ cm}, \quad d_2 = \sqrt{\frac{4A_2}{\pi}} \geqslant 6.3 \text{ cm}$$

**3. 确定许可荷载**

已知杆件的截面 $A$、所用材料的 $[\sigma]$，计算杆件满足强度时的最大轴力，即

$$F_N \leqslant A \cdot [\sigma]$$

再通过最大轴力进一步确定许可的外荷载。

**例 4.8** 图 4.26(a) 所示的三脚架由钢杆 $AC$ 和木杆 $BC$ 在 $A$、$B$、$C$ 处铰接而成，钢杆 $AC$ 的横截面面积为 $A_1 = 16 \text{ cm}^2$，许用应力 $[\sigma_1] = 160 \text{ MPa}$，木杆 $BC$ 的横截面面积 $A_2 = 200 \text{ cm}^2$，许用应力 $[\sigma_2] = 8 \text{ MPa}$，求 $C$ 点允许起吊的最大载荷 $P$ 为多少？

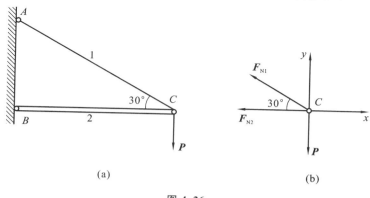

(a)　　　　　　　　　(b)

图 4.26

**解** （1）求 $AC$ 杆和 $BC$ 杆的轴力。

取结点 $C$ 研究，受力分析如图 4.26(b) 所示，列平衡方程

$$\sum F_x = 0, \ -F_{N1} \cos 30° - F_{N2} = 0$$

$$\sum F_y = 0, \ F_{N1} \sin 30° - P = 0$$

解得

$$F_{N1} = 2P(\text{拉}), F_{N2} = -\sqrt{3}P(\text{压})$$

（2）求许可的最大载荷 $P$。

由 $F_{N1} \leqslant A_1[\sigma_1]$ 得

$$2P_1 \leqslant 16 \times 10^{-4} \times 160 \times 10^6 \text{ N}, \quad P_1 \leqslant 128 \text{ kN}$$

由 $F_{N2} \leqslant A_2[\sigma_2]$，得

$$\sqrt{3}P_2 \leqslant 200 \times 10^{-4} \times 8 \times 10^6 \text{ N}, \quad P_2 \leqslant 92.4 \text{ kN}$$

为了保证整个结构的安全，$C$ 点允许起吊的最大荷载应选取所求得的 $P_1$、$P_2$ 中的较小值，即 $[P]_{max} = 92.4 \text{ kN}$。

需指出的是，对于许用拉、压应力不相等的材料，应分别对杆件内的最大拉、压应力进行强度计算。

## 二、应力集中的概念

等截面直杆在轴向拉伸或压缩时，横截面上的正应力是均匀分布的。但在工程实际中，由于结

构或工艺上的要求,经常会出现一些截面有骤然变化的杆件。在杆件的截面骤然变化处,会出现局部的应力骤增现象,而在离开这一区域稍远的地方,应力又迅速降低而渐趋均匀,如图 4.27 所示。这种因杆件截面尺寸的突然变化而引起局部应力急剧增大的现象,称为应力集中。

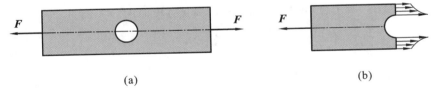

(a)                                (b)

图 4.27

值得注意的是,应力集中并不是单纯由横截面积的减小所引起的,杆件外形的骤然变化是造成应力集中的主要原因。一般来说,杆件外形的骤变越是剧烈,应力集中的程度越是严重。

应力集中对杆件强度的影响与材料的种类有关。对于有屈服阶段的塑性材料,如图 4.28 所示。当应力集中处的最大应力 $\sigma_{max}$ 达到材料的屈服极限 $\sigma_s$ 时,就不再继续增大了。随着外力的增加,邻近点的应力也依次达到 $\sigma_s$,直至整个截面所有点的应力都达到 $\sigma_s$,这时杆件才失去承载能力。由此可见,应力集中对塑性材料强度的影响较小。因此,由塑性材料制成的杆件,在静荷载作用下,通常不考虑应力集中的影响。

而对于脆性材料,当应力集中处的最大应力 $\sigma_{max}$ 达到材料的强度极限 $\sigma_b$ 时,就会引起局部开裂,并很快导致杆件完全断裂,大大降低了构件的承载能力。因此,必须考虑应力集中对杆件强度的影响。另外,在动荷载作用下,无论是塑性材料还是脆性材料制成的杆件,都应考虑应力集中的影响。

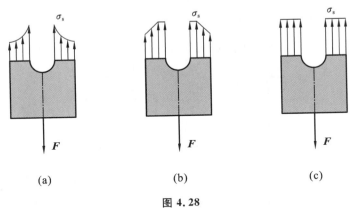

(a)                    (b)                    (c)

图 4.28

4.1  指出图 4.29 所示的杆件中哪些部位属于轴向拉伸,哪些属于轴向压缩。

4.2  指出下列概念的区别:

(1) 内力与应力;

(2) 纵向变形与纵向线应变;

(3) 材料的拉伸图与应力应变图;

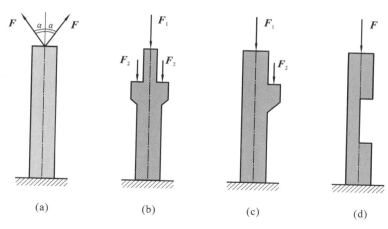

图 4.29

（4）线应变与延伸率；

（5）极限应力与许用应力。

4.3　正应力恒为正，这种说法对吗？

4.4　两根轴拉杆的受力与横截面积均相同，而材料不同。它们横截面上的内力是否相同？应力是否相同？变形是否相同？

4.5　求解静定平面桁架内力的常用方法有哪些？

4.6　如何利用材料的应力–应变图，比较材料的强度、刚度和塑性，图 4.30 中哪种材料的强度高、刚度大、塑性好？

4.7　什么是应力集中？对杆件的强度有何影响？

4.8　试用截面法计算图 4.31 所示各杆指定截面上的轴力，并画出各杆的轴力图。

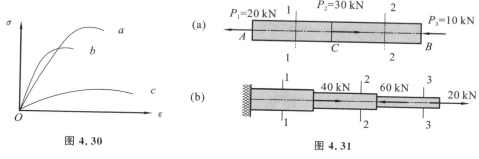

图 4.30

图 4.31

4.9　求图 4.32(a) 中桁架全部杆件的内力和图 4.32(b) 桁架指定杆件 $a,b,c$ 的内力。

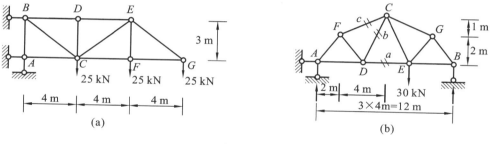

图 4.32

57

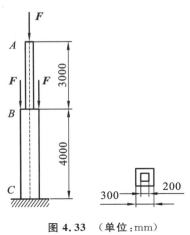

图 4.33 （单位：mm）

4.10 试求图 4.33 中正方形砖柱由于荷载引起的横截面上的最大工作应力。已知 $F = 30$ kN。

4.11 拉伸试验时，低碳钢试件的直径 $d = 8$ mm，在标距 $l = 80$ mm 内的伸长量 $\Delta l = 0.06$ mm。已知材料的比例极限 $\sigma_p = 200$ MPa，弹性模量 $E = 200$ GPa。问此时试件的应力是多大？所受的拉力是多大？

4.12 一阶梯状钢杆受力如图 4.34 所示。已知 $AB$ 段的横截面面积 $A_1 = 400$ mm$^2$，$BC$ 段的横截面面积 $A_2 = 250$ mm$^2$，材料的弹性模量 $E = 210$ GPa。试求：$AB$、$BC$ 段的伸长量和杆的总伸长量。

4.13 图 4.35 所示三铰屋架中，均布荷载的集度 $q = 3.6$ kN/m，钢拉杆直径 $d = 16$ mm，许用应力 $[\sigma] = 170$ MPa。试校核拉杆 $AB$ 的强度。

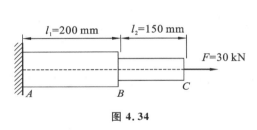

图 4.34

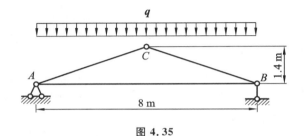

图 4.35

4.14 悬臂吊车如图 4.36 所示，小车可水平移动。斜拉杆 $AC$ 为圆截面钢材，许用应力 $[\sigma] = 160$ MPa。已知小车荷载 $W = 18$ kN。试确定杆 $AC$ 的直径 $d$。

4.15 图 4.37 所示滑轮由 $AB$、$AC$ 两圆截面杆支撑，起重绳索的一端绕在卷筒上。已知 $AB$ 杆为 Q235 钢制成，$[\sigma] = 160$ MPa，直径 $d_1 = 30$ mm，$AC$ 杆为铸铁制成，$[\sigma_c] = 160$ MPa，直径 $d_2 = 50$ mm。试计算可吊起的最大重力 $F$。

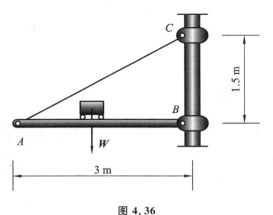

图 4.36

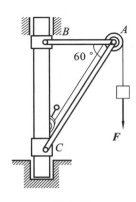

图 4.37

# 模块 5

# 剪切与扭转

**基本要求**:了解连接件的受力和变形特点;理解剪切概念;掌握连接件强度的实用计算;理解扭转的概念;理解圆轴扭转时横截面上的应力分布规律及计算方法;了解扭转刚度条件。

**重点**:连接件强度的计算;圆轴扭转时横截面上的内力及剪应力分布规律。

**难点**:连接件强度的计算;扭矩符号的判别;圆轴扭转时横截面上的应力分布规律。

# 任务 1 工程实际中的剪切问题

拉(压)杆件相互连接时,起连接作用的部件,称为连接件,如图5.1所示。连接件本身尺寸较小,而其变形往往较为复杂,在工程实际中为简化计算,通常按照连接的破坏可能性,采用实用计算法。

以螺栓(或铆钉)连接为例,如图5.2(a)所示,杆件在两侧面上分别受到大小相等、方向相反、作用线相距很近并且垂直杆轴的分布外力系的作用,两组力系间的横截面将发生相对错动,这种变形称为剪切变形,发生剪切变形的截面称为剪切面。计算时,可用合力 **F** 代替侧面上的分布力系,如图5.2(b)所示。

两力间的横截面沿连接处的破坏可能有三种:杆件在两侧与钢板接触面的压力 **F** 作用下,将沿 $m$—$m$ 截面被剪断;螺栓与钢板在相互连接处因挤压而使连接松动;钢板在受螺栓孔削弱的截面处产生全截面的塑性变形。其他的连接件也都有类似的破坏可能性。

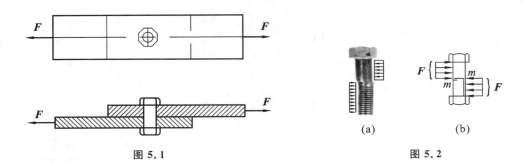

图 5.1　　　　　　　　　　　　　　　　　图 5.2

# 任务 **2** 连接件强度的实用计算

## 一、剪切计算

如图 5.3(a)所示,剪切面上的内力可用截面法求得。假想将铆钉沿剪切面截开为上、下两部分,任取其中一部分为研究对象,如图 5.3(b)所示,由平衡条件可知,剪切面上剪力 $F_Q$ 必然与外力方向相反,大小为

$$\sum F_x = 0, \quad F - F_Q = 0$$
$$F_Q = F$$

这种平行于截面的内力 $F_Q$ 称为剪力。

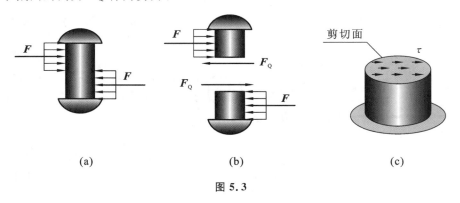

(a)　　　　　　　　　　　(b)　　　　　　　　　　　(c)

图 5.3

与剪力 $F_Q$ 相应,在剪切面上有剪应力 $\tau$ 存在,如图 5.3(c)所示。在剪切的实用计算中,假定剪切面上的剪应力是均匀分布的,剪应力的计算公式为

$$\tau = \frac{F_Q}{A_s} \tag{5.1}$$

式中: $A_s$ —— 剪切面的面积;

　　　 $F_Q$ —— 剪切面上的剪力。

为保证杆件不发生剪切破坏,应使剪切面上的剪应力不超过材料的许用剪应力 $[\tau]$,即

$$\tau = \frac{F_Q}{A_s} \leqslant [\tau] \qquad (5.2)$$

这就是剪切强度条件。许用剪应力$[\tau]$,可由剪切试验测定。

## 二、挤压计算

在图 5.1 所示的螺栓连接中,在螺栓与钢板相互接触的侧面上,将发生彼此间的局部承压现象,称为挤压。挤压力可根据被连接件所受的外力,由静力平衡条件求得,并记为$F_{bs}$。当挤压力过大时,可能引起螺栓压扁或钢板在孔缘压皱,从而导致连接松动而失效,如图 5.4(a)所示。因此,连接件除需计算剪切强度外,还要进行挤压强度计算。

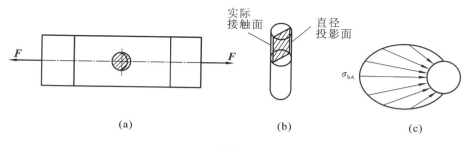

图 5.4

挤压应力在挤压面上的分布也很复杂,如图 5.4(c)所示,因此也采用实用计算法;假定挤压应力均匀地分布在计算挤压面上,那么平均挤压应力为

$$\sigma_{bs} = \frac{F_{bs}}{A_{bs}} \qquad (5.3)$$

式中:$F_{bs}$—— 接触面上的挤压力;

$A_{bs}$—— 挤压面的计算面积。

当接触面是平面时,接触面的面积就是计算挤压面面积;当接触面为圆柱面时,计算挤压面面积 $A_{bs}$ 取为实际接触面在直径平面上的投影面积,如图 5.4(b)所示。如此计算所得挤压应力和实际最大挤压应力值十分接近。

由此可建立挤压强度条件为

$$\sigma_{bs} = \frac{F_{bs}}{A_{bs}} \leqslant [\sigma_{bs}] \qquad (5.4)$$

式中:$[\sigma_{bs}]$—— 许用挤压应力。

应当注意,挤压应力是在连接件和被连接件之间相互作用的。因此,当两者材料不同时,应校核其中许用挤压应力较低的材料的挤压强度。

剪切强度条件和挤压强度条件,也能解决强度校核、设计截面和确定许用荷载等三类问题。通常的做法是先用剪切强度设计,必要时再进行挤压强度校核与截面削弱处的抗拉强度校核。

**例 5.1** 某连接件用四个铆钉搭接两块钢板,如图 5.5(a)所示。已知拉力 $F = 100$ kN,铆钉直径 $d = 16$ mm,钢板宽度 $b = 90$ mm,厚度 $t = 10$ mm,钢板与铆钉材料相同,$[\tau] = 140$ MPa,$[\sigma_{bs}] = 300$ MPa,$[\sigma] = 160$ MPa。试全面校核连接件的强度。

**解** 连接件存在三种破坏的可能性:铆钉被剪断,铆钉或钢板发生挤压破坏,钢板

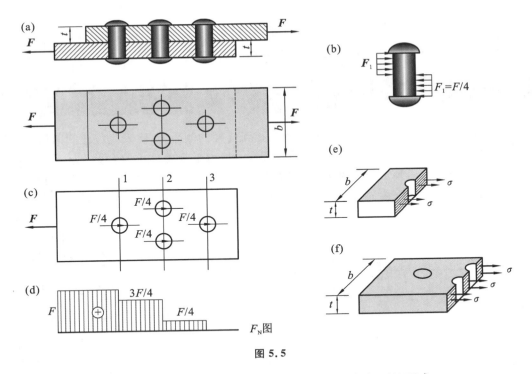

**图 5.5**

在削弱处被拉断。要使连接件安全可靠,必须同时满足以上三个方面的要求。

**1. 铆钉的剪切强度校核**

(1) 铆钉的直径相同,且对称于外力作用线布置,可以推断每个铆钉传递的压力相等,如图 5.5(b) 所示,即

$$F_1 = \frac{F}{4}$$

剪切面上的剪力

$$F_Q = F_1 = \frac{F}{4}$$

(2) 由剪切强度条件式(5.2),校核剪切强度:

$$\tau = \frac{F_Q}{A_s} = \frac{F/4}{\pi d^2/4} = \frac{100 \times 10^3}{\pi \times 16^2} = 124.3 \text{ MPa} \leqslant [\tau] = 140 \text{ MPa}$$

所以,铆钉满足剪切强度条件。

**2. 挤压强度校核**

(1) 每个铆钉上的挤压力均相同,即

$$F_{bs} = \frac{F}{4}$$

计算挤压面为圆柱体的直径平面,即

$$A_{bs} = t \times d$$

(2) 由挤压强度条件式(5.4),校核挤压强度:

$$\sigma_{bs} = \frac{F_{bs}}{A_{bs}} = \frac{F/4}{t \cdot d} = \frac{100 \times 10^3}{4 \times 10 \times 16} = 156.3 \text{ MPa} \leqslant [\sigma_{bs}] = 300 \text{ MPa}$$

所以,挤压强度条件满足。

**3. 钢板的抗拉强度校核**

两块钢板的受力情况与开孔情况相同,校核其中一块即可。现计算下面一块,作受力分析,画出其受力图及轴力图,如图 5.5(c)、图 5.5(d) 所示。

如图 5.5(d) 所示,截面 1 和截面 3 净面积相同,而截面 3 的轴力较小,故截面 3 不是危险截面;截面 2 的轴力虽比截面 1 小,但净面积也更小,故需对截面 1、2 进行强度校核。

(1)截面 1,如图 5.5(e) 所示:

$$F_{N1} = F, \quad A_1 = (b-d) \times t$$

$$\sigma_1 = \frac{F_{N1}}{A_1} = \frac{F}{(b-d)t} = \frac{100 \times 10^3}{(90-16) \times 10} \approx 135.1 \text{ MPa} \leqslant [\sigma] = 160 \text{ MPa}$$

(2)截面 2,如图 5.5(f) 所示:

$$F_{N2} = \frac{3F}{4}, \quad A_2 = (b-2d) \times t$$

$$\sigma_2 = \frac{F_{N2}}{A_2} = \frac{3F/4}{(b-2d)t} = \frac{3 \times 100 \times 10^3}{4 \times (90-2 \times 16) \times 10} \approx 129.1 \text{ MPa} \leqslant [\sigma] = 160 \text{ MPa}$$

所以,钢板也满足抗拉强度条件。

经过三方面校核,连接件满足强度要求。

**例 5.2** 两块厚度 $t_1 = 14$ mm 的钢板对接,上下各加一块厚度 $t_2 = 8$ mm 的盖板,如图 5.6(a) 所示。已知拉力 $F = 180$ kN,许用应力 $[\tau] = 140$ MPa,$[\sigma_{bs}] = 300$ MPa。若采用直径 $d = 16$ mm 的铆钉,求每侧所需铆钉数 $n$。

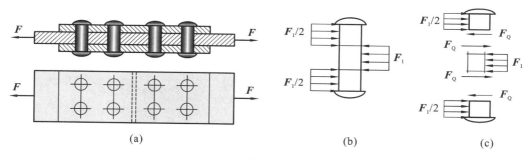

(a)　　　　　　　　(b)　　　　　　　　(c)

**图 5.6**

**解** (1)由铆钉的剪切强度确定数 $n$。取一个铆钉研究,画出其受力图如图 5.6(b) 所示,受到的作用力 $F_1 = \dfrac{F}{n}$。用截面法求得剪切面上的剪力,如图 5.6(c) 所示。

$$F_Q = \frac{F_1}{2} = \frac{F}{2n}$$

由剪切强度条件

$$\tau = \frac{F_Q}{A_s} = \frac{F}{2nA_s} \leqslant [\tau]$$

得

$$n \geqslant \frac{F}{2[\tau]A_s} = \frac{180 \times 10^3}{2 \times 140 \times \frac{\pi}{4} \times 16^2} = 3.2 \approx 4$$

（2）由挤压强度条件确定铆钉个数 $n$。由于 $2t_1 > t$，所以，挤压的危险面在对接钢板与铆钉的接触面。

由挤压强度条件

$$n \geqslant \frac{F}{[\sigma_{bs}]td} = \frac{180 \times 10^3}{320 \times 14 \times 16} = 2.5 \approx 3$$

要同时满足剪切和挤压的强度条件，每侧所需的铆钉为 4 个。

# 任务 3 扭转轴的内力及内力图

## 一、扭转的概念

工程中有一类等直杆其所受外力是作用在垂直于杆轴线的平面内的力偶，这时，杆发生扭转变形。以扭转为主要变形的工程实例不少，如机器中的传动轴（见图 5.7(a)）、汽车方向盘转向轴（见图 5.7(b)）、桥梁及厂房等空间结构中的某些构件等。

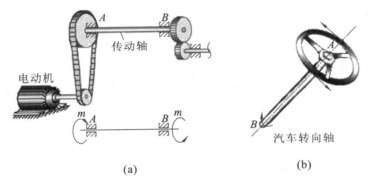

(a)                           (b)

图 5.7

扭转变形的受力特征是：在垂直于杆轴的杆端平面内作用有一对大小相等、转向相反的力偶矩，如图 5.8 所示。其变形特征是：杆件各横截面绕杆轴线发生相对转动而产生角位移，该角位移称为扭转角，用 $\varphi$ 表示。图 5.8 中的 $\varphi_{BA}$ 表示 $B$ 截面相对于 $A$ 截面发生的扭转角。

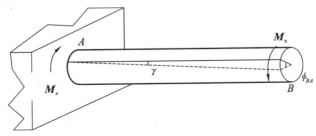

图 5.8

## 二、外力偶矩的计算

研究扭转问题,首先要计算出作用于轴上的外力偶矩。对于工程上的传动轴,通常并不是直接给出作用在传动轴上的外力偶矩,而是给出轴的转速和传递的功率。这时,可以根据已知的转速和功率来计算外力偶矩:

$$m = 9.55 \frac{N_k}{n} \quad (\text{kN} \cdot \text{m})$$

(5.5)

式中:$N_k$——轴所传递的功率,单位 kW;

$n$——轴的转速,单位 r/min。

## 三、扭转轴的内力

要对轴进行强度和刚度计算,首先必须知道轴受扭后横截面上的内力情况。横截面上的内力仍采用截面法,以图 5.9(a)为例,为求得轴上任意截面 1—1 的内力,假想地将圆轴沿 1—1 截面截为左、右两部分,并取左半部分为研究对象如图 5.9(b)所示,由于整个圆轴在外力偶作用下是平衡的,因此,截开后的左半部分也应处于平衡状态,所以,在 1—1 截面上必然存在一个力偶矩 $T$。由静力平衡方程

$$\sum m_x = 0 \quad T - M_e = 0$$
$$T = M_e$$

$T$ 称为扭矩,其常用单位是 kN·m 和 N·m。

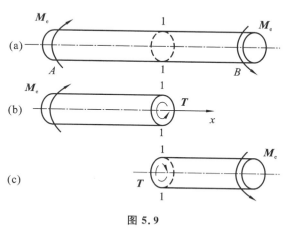

**图 5.9**

若取 1—1 截面的右段为研究对象,如图所示,仍可求得 $T$ 的结果,但其转向与左段求的 $T$ 相反。这是由于作用力与反作用力的缘故。在强度和刚度计算中,对同一截面上的扭矩不仅数值相同,而且符号也相同。因此,我们对扭矩的正负号作如下规定:采用右手螺旋法则,即以右手的四指顺着扭矩的转向握去,大拇指的指向背离截面时扭矩为正;反之,大拇指指向截面时扭矩为负,如图 5.10 所示。

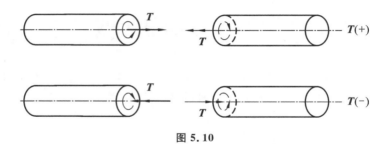

图 5.10

# 四、扭转轴的内力图

所谓扭矩图,是指扭矩沿杆轴线变化规律图。其方法类似于画轴力图,用平行于轴线的横坐标 $x$ 表示横截面位置,以垂直于轴线的纵坐标表示相应截面的扭矩。正扭矩画在横轴的上侧,负扭矩画在下侧,标出正负号。

为了清楚地表示扭矩沿轴线变化的规律,以便于确定危险截面,常用与轴线平行的 $x$ 坐标表示横截面的位置,以与之垂直的坐标表示相应横截面的扭矩,把计算结果按比例绘在图上,正值扭矩画在 $x$ 轴上方,负值扭矩画在 $x$ 轴下方。

**例 5.3**　如图 5.11(a)所示传动轴,转速 $n = 200\ \text{r/min}$,$A$ 轮为主动轮,输入功率 $N_A = 10\ \text{kW}$,$B$、$C$、$D$ 为从动轮,输出功率分别为 $N_B = 4.5\ \text{kW}$,$N_C = 3.5\ \text{kW}$,$N_D = 2.0\ \text{kW}$,试求图 5.11(b)所示各段扭矩。

**解**　(1)计算外力偶矩

$$M_{eA} = 9\ 549 \cdot \frac{N_A}{n} = 9\ 549 \times \frac{10\ \text{kW}}{200\ \text{r/min}} \approx 477.5\ \text{N} \cdot \text{m}$$

$$M_{eB} = 9\ 549 \cdot \frac{N_B}{n} = 9\ 549 \times \frac{4.5\ \text{kW}}{200\ \text{r/min}} \approx 214.9\ \text{N} \cdot \text{m}$$

$$M_{eC} = 9\ 549 \cdot \frac{N_C}{n} = 9\ 549 \times \frac{3.5\ \text{kW}}{200\ \text{r/min}} \approx 167.1\ \text{N} \cdot \text{m}$$

$$M_{eD} = 9\ 549 \cdot \frac{N_D}{n} = 9\ 549 \times \frac{2.0\ \text{kW}}{200\ \text{r/min}} \approx 95.5\ \text{N} \cdot \text{m}$$

(2)分段计算扭矩

$$T_1 = M_{eB} = 214.9\ \text{N} \cdot \text{m} \quad (见图\ 5.11(c))$$

$$T_2 = M_{eB} - M_{eA} = 214.9\text{N} \cdot \text{m} - 477.5\ \text{N} \cdot \text{m} = -262.6\ \text{N} \cdot \text{m} \quad (见图\ 5.11(d))$$

$$T_3 = -M_{eD} = -95.5\ \text{N} \cdot \text{m} \quad (见图\ 5.11(e))$$

$T_2$、$T_3$ 为负值说明实际方向与假设的相反。

(3)画出扭矩图,如图 5.11(f)所示。

$$|T|_{\max} = 262.6\ \text{N} \cdot \text{m}$$

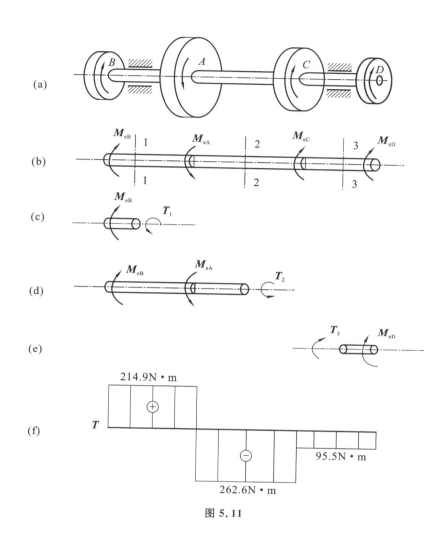

图 5.11

# 任务 4 扭转轴的应力和强度计算

## 一、圆轴扭转时的应力

圆轴扭转时的应力和变形计算是从试验现象着手,找出变形规律,提出有关变形的假设,以此导出应力和变形的计算公式。实验现象的观察与分析如下。

**1. 观察圆轴扭转时表面变形现象**

如图 5.12(a) 所示一实心圆杆,在其表面上画出纵向线和圆周线,将杆表面划分为若干个小方格。在轴的两端施加一对等大反向的外力偶矩 $M_e$,使其发生扭转变形如图 5.12(b) 所示。在这一过程中,将观察到如下现象:

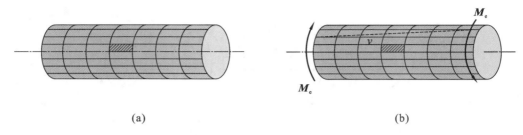

(a)                                           (b)

图 5.12

（1）各圆周线的形状、大小和间距都未变，只是分别绕轴线转过了一个角度。

（2）纵向线都倾斜了相同的一个角度 $\gamma$，原来由纵向线和圆周线相交而成的矩形变成了平行四边形。

**2. 对表面变形现象的分析**

圆周线的形状、大小不变的这一现象表明圆轴在变形过程中，其横截面像刚性平面一样绕轴线转过一个角度，这就是圆轴扭转时的平面假设。

由于各圆周线的间距没有发生变化，所以杆件轴线的长度也没发生伸长或缩短。由此可以推断，圆轴扭转时横截面上没有正应力。

由于纵向线的倾斜，表面的小矩形变成了平行四边形，表明原来的直角都发生了一个改变量 $\gamma$，这就是剪应变。说明横截面上有剪应力 $\tau$ 存在。剪应变 $\gamma$ 反映了两横截面间的旋转错动，所以剪应力 $\tau$ 应垂直于半径。

**3. 横截面上的应力分析**

据圆轴扭转变形的几何、物理和静力学关系，可导出圆轴受扭时的剪应力计算式。

（1）横截面上任一点剪应力 $\tau_\rho$

$$\tau_\rho = \frac{T}{I_P} \cdot \rho \qquad (5.6)$$

式中：$T$—— 横截面上的扭矩；

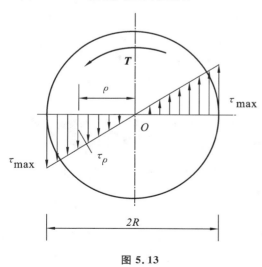

图 5.13

$I_P$—— 圆截面对圆心的极惯性矩；

$\rho$—— 所求剪应力点到圆心的距离。

（2）横截面上剪应力分布规律

由实验现象观察知，圆轴扭转时横截面上剪应力垂直于半径；由式（5.6）知，剪应力的数值大小随 $\rho$ 变化，方向与 $T$ 转向一致。由此可画出圆轴扭转时横截面上剪应力分布图如图 5.13 所示。

（3）最大剪应力 $\tau_{max}$ 发生在半径为 $R$ 的圆周上，即

$$\rho = \rho_{max} = R$$

$$\tau_{max} = \frac{T}{I_P} \cdot \rho_{max} \qquad (5.7)$$

由式

$$W_P = \frac{I_P}{\rho_{\max}}$$

代入式(5.7)有

$$\tau_{\max} = \frac{T}{W_P} \tag{5.8}$$

极惯性矩 $I_P$ 和抗扭截面系数 $W_P$ 的计算,请参阅附录相关内容。

## 二、圆轴扭转的变形计算

据圆轴扭转变形的几何、物理和静力学关系,可导出圆轴扭转时的变形计算公式

**1. 单位长度扭转角 $\theta$**

$$\theta = \frac{d_\varphi}{\mathrm{d}x} = \frac{T}{GI_P} \tag{5.9}$$

**2. 扭转角 $\varphi$**

由式(5.9)有

$$\mathrm{d}\varphi = \frac{T}{GI_P}\mathrm{d}x$$

$$\int_0^L \mathrm{d}\varphi = \frac{T}{GI_P}\int_0^L \mathrm{d}x$$

$$\varphi = \frac{TL}{GI_P} \tag{5.10}$$

扭转角的单位为弧度(rad)。由上式知,扭转角 $\varphi$ 与扭矩 $T$、杆长 $L$ 成正比,与 $GI_P$ 成反比。$GI_P$ 反映了圆轴抵抗扭转变形的能力,称为圆轴的抗扭刚度。$G$ 是比例常数,称为材料的剪切弹性模量。

**例 5.4** 一钢制圆轴,受到 $M_e = 12\ \mathrm{kN \cdot m}$ 的作用,如图 5.14(a)所示,材料的剪切弹性模量 $G = 80 \times 10^3\ \mathrm{MPa}$。

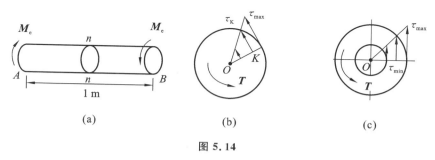

**图 5.14**

(1) 当该轴为实心轴时,如图 5.14(b)所示,设直径 $D = 100\ \mathrm{mm}$,求:

① $n$—$n$ 截面上 $\rho = 20\ \mathrm{mm}$ 处 $K$ 点的剪应力 $\tau_K$ 和最大剪应力 $\tau_{\max}$;

② $B$ 截面相对于 $A$ 截面的扭转角 $\varphi_{AB}$。

(2) 当该轴为空心轴时,如图 5.14(c)所示。外径 $D_1 = 120\ \mathrm{mm}$,内外径比值 $\alpha = 0.5$,试求:

① $n$—$n$ 截面上的最大剪应力和最小剪应力;

② $B$ 截面相对于 $A$ 截面的扭转角。

**解** （1）计算 $n—n$ 截面上的扭矩
$$T = 12 \text{ kN} \cdot \text{m}$$

（2）计算极惯性矩 $I_P$

① 实心圆轴
$$I_P = \frac{\pi D^4}{32} = \left(\frac{\pi \times 100^4}{32}\right) \text{mm}^4 \approx 10^7 \text{ mm}^4$$

② 空心轴
$$I_P = \frac{\pi D^4}{32}(1 - \alpha^4) = \left[\frac{\pi \times 120^4}{32}(1 - 0.5^4)\right] \text{mm}^4 \approx 19.1 \times 10^6 \text{ mm}^4$$

（3）计算 $n—n$ 截面上的剪应力

① 实心轴

$K$ 点处的剪应力
$$\tau_K = \frac{T}{I_P}\rho = \left(\frac{12 \times 10^6}{10^7} \times 20\right) \text{MPa} = 24 \text{ MPa}$$

最大剪应力
$$\tau_{max} = \frac{T}{I_P}R = \left(\frac{12 \times 10^6}{10^7} \times 50\right) \text{MPa} = 60 \text{ MPa}$$

② 空心轴

最小剪应力 $\tau_{min}$ 发生在内径的圆周上，其内径
$$d_1 = \alpha D_1 = 0.5 \times 120 \text{ mm} = 60 \text{ mm}$$

故
$$\tau_{min} = \frac{T}{I_P} \cdot \frac{d_1}{2} = \left(\frac{12 \times 10^6}{19.1 \times 10^6} \times 30\right) \text{MPa} \approx 18.8 \text{ MPa}$$

最大剪应力
$$\tau_{max} = \frac{T}{I_P} \cdot \frac{D_1}{2} = \left(\frac{12 \times 10^6}{19.1 \times 10^6} \times 60\right) \text{MPa} \approx 37.7 \text{ MPa}$$

（4）计算两轴的扭转角 $\varphi_{AB}$

① 实心轴
$$\varphi_{AB} = \frac{TL}{GI_P} = \left(\frac{12 \times 10^6 \times 10^3}{80 \times 10^3 \times 10^7}\right) \text{rad} = 0.015 \text{ rad}$$

② 空心轴
$$\varphi_{AB} = \frac{M_n L}{GI_P} = \left(\frac{12 \times 10^6 \times 10^3}{80 \times 10^3 \times 19.1 \times 10^6}\right) \text{rad} \approx 0.007\ 9 \text{ rad}$$

## 三、圆轴扭转时的强度计算和刚度计算

### 1. 强度条件

为了保证圆轴受扭时具有足够的强度，必须是轴内危险截面上的最大剪应力 $\tau_{max}$ 不超过材料的许用剪应力 $[\tau]$，其强度条件为

$$\tau_{max} = \frac{T_{max}}{W_P} \leqslant [\tau] \tag{5.11}$$

式中：$[\tau]$——由扭转实验测出的极限应力 $\tau_u$ 除以安全系数而得到；

$T_{\max}$——危险截面的扭矩。

**2. 刚度条件**

为保证圆轴的正常工作，除了应满足强度条件外，还需对扭转变形加以限制，即还应满足刚度条件。通常规定每单位长度的扭转角 $\theta$ 不得超过许用值 $[\theta]$，其刚度条件为

$$\theta = \frac{T_{\max}}{GI_P} \leqslant [\theta] \tag{5.12}$$

式中：$[\theta]$——单位长度的许用扭转角，其常用单位为度／米（°/m），应用式（5.12）时，应使等式两边的单位一致。由 $1 \ \text{rad} = \dfrac{180°}{\pi}$，式（5.12）改写为

$$\theta = \frac{T_{\max}}{GI_P} \cdot \frac{180°}{\pi} \leqslant [\theta] \tag{5.13}$$

**3. 强度条件和刚度条件的应用**

两个条件可以解决圆轴受扭时的三类问题：

1）强度和刚度校核

$$\tau_{\max} = \frac{T_{\max}}{W_P} \leqslant [\tau]$$

$$\theta = \frac{T_{\max}}{GI_P} \cdot \frac{180°}{\pi} \leqslant [\theta]$$

**例 5.5** 如图 5.15（a）所示一钢制圆轴，直径 $d = 70 \ \text{mm}$，材料的剪切弹性模量 $G = 80 \times 10^3 \ \text{MPa}$，许用剪应力 $[\tau] = 60 \ \text{MPa}$，单位长度的容许扭转角 $[\theta] = 1.2°/\text{m}$，已知 $M_{e1} = 2 \ \text{kN} \cdot \text{m}$，$M_{e2} = 3 \ \text{kN} \cdot \text{m}$，$M_{e3} = 1 \ \text{kN} \cdot \text{m}$，试对该轴作强度和刚度校核。

(a)
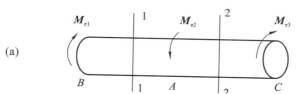

(b)
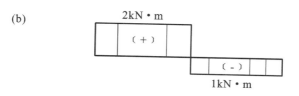

图 5.15

**解** （1）计算扭矩作扭矩图

$BA$ 段 $\qquad\qquad\qquad\qquad\qquad T_1 = 2 \ \text{kN} \cdot \text{m}$

$AC$ 段 $\qquad\qquad\qquad\qquad\qquad T_2 = -1 \ \text{kN} \cdot \text{m}$

其扭矩图如图 5.15（b）所示。

（2）确定危险截面，该轴是一个等截面圆轴，$BA$ 段内力最大，对强度和刚度要求最高，$BA$ 段内任一横截面都是危险截面。

（3）计算截面几何参数

$$W_P = \frac{\pi d^3}{16} \approx \left(\frac{3.14 \times 70^3}{16}\right) \text{mm}^3 \approx 6.73 \times 10^4 \text{ mm}^3$$

$$I_P = \frac{\pi d^4}{32} \approx \left(\frac{3.14 \times 70^4}{32}\right) \text{mm}^4 \approx 235.6 \times 10^4 \text{ mm}^4$$

（4）强度校核

$$\tau_{\max} = \frac{T_{\max}}{W_P} = \left(\frac{2 \times 10^6}{6.73 \times 10^4}\right) \text{MPa} \approx 29.7 \text{ MPa} < [\tau]$$

（5）刚度校核

$$\theta_{\max} = \frac{T_{\max}}{GI_P} \cdot \frac{180°}{\pi} = \frac{2 \times 10^6}{80 \times 10^3 \times 235.6 \times 10^4} \cdot \frac{180°}{\pi} \approx \frac{0.000\,61°}{\text{mm}} = \frac{0.61°}{\text{m}} \leq [\theta]$$

经校核，该轴的强度和刚度均满足要求。

2）选择截面尺寸

$$W_P \geq \frac{T_{\max}}{[\tau]}$$

$$I_P \geq \frac{T_{\max}}{G[\theta]} \cdot \frac{180°}{\pi}$$

由这两个条件可求出两个直径，应取较大的一个直径，才能同时满足强度条件和刚度条件。

**例 5.6** 图 5.16 所示为一传动轴，轴的转速 $n = 100$ r/min，主动轮 $A$ 输入功率 $N_A = 45$ kW，从动轮 $B$ 和 $C$ 输出的功率分别为 $N_B = 15$ kW 和 $N_C = 30$ kW，许用剪应力 $[\tau] = 60$ MPa。试求：

（1）若该轴采用实心圆截面，确定直径 $d$；

（2）若采用空心圆截面，且内外径之比 $\alpha = 0.8$，确定外径 $D$；

（3）比较实心轴与空心轴的重量。

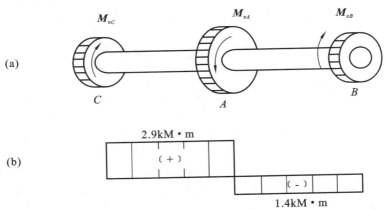

**图 5.16**

**解** （1）计算外力偶矩，画扭矩图

由式（5.5）

$$M_{eA} = 9.55 \frac{N_A}{n} = \left(9.55 \times \frac{45}{100}\right) \text{kN} \cdot \text{m} \approx 4.3 \text{ kN} \cdot \text{m}$$

$$M_{eB} = 9.55 \frac{N_B}{n} = \left(9.55 \times \frac{15}{100}\right) \text{kN} \cdot \text{m} \approx 1.4 \text{ kN} \cdot \text{m}$$

$$M_{eC} = 9.55 \frac{N_C}{n} = \left(9.55 \times \frac{30}{100}\right) \text{kN} \cdot \text{m} \approx 2.9 \text{ kN} \cdot \text{m}$$

由截面法求出 $BA$、$CA$ 两段的扭矩,并画出扭矩图如图 5.16(b) 所示,最大扭矩 $T_{max} = 2.9 \text{ kN} \cdot \text{m}$,发生在 $CA$ 段内的任一截面。注意,切不可将 $m_A = 4.3 \text{ kN} \cdot \text{m}$ 视为轴的最大扭矩。$M_{eA}$ 是外力偶矩,而扭矩 $T$ 是内力,两者绝不可混淆。

（2）由强度条件确定截面直径

① 实心圆截面

由强度条件

$$W_P \geqslant \frac{T_{max}}{[\tau]}$$

因

$$W_P = \frac{\pi d^3}{16}$$

得

$$d \geqslant \sqrt[3]{\frac{16 T_{max}}{\pi [\tau]}} = \sqrt[3]{\frac{16 \times 2.9 \times 10^6}{3.14 \times 60}} \text{ mm} \approx 63 \text{ mm}$$

② 空心圆截面

对空心轴

$$W_P = \frac{\pi D^3}{16}(1 - \alpha^4)$$

则

$$D \geqslant \sqrt[3]{\frac{16 T_{max}}{\pi [\tau](1 - \alpha^4)}} = \sqrt[3]{\frac{16 \times 2.9 \times 10^6}{3.14 \times 60 \times (1 - 0.8^4)}} \text{ mm} \approx 75 \text{ mm}$$

且内径 $d$ 为

$$d = \alpha D = 60 \text{ mm}$$

（3）比较两轴的重量

对于材料和长度都相同的两根等直圆轴,其中一根为实心轴,另一根为空心轴,它们的重量之比等于两轴的横截面面积之比,即

$$\frac{G_空}{G_实} = \frac{A_空}{A_实} = \frac{\frac{\pi}{4} D^2 (1 - \alpha^4)}{\frac{\pi}{4} d^2} = \frac{D^2 (1 - \alpha^2)}{d^2} = \frac{75^2 (1 - 0.8^2)}{63^2} \approx 0.51$$

在同等的强度条件下,空心轴的重量仅为实心轴的重量的 $51\%$。

3）确定许用荷载

$$[T_{max}] \leqslant W_P [\tau]$$

$$[T_{max}] \leqslant G I_P [\theta] \cdot \frac{\pi}{180°}$$

式中:$[T_{max}]$——容许的扭矩。

再利用扭矩和外力偶矩的关系,即可求得容许荷载 $[M_e]$。在求得的两个许用荷载中,应取较

小的一个许用荷载,才能同时满足强度要求和刚度要求。

5.1 剪切变形的受力特点和变形特点是什么?

5.2 挤压变形与轴向压缩变形有什么区别?

5.3 两块钢板用四个铆钉连接,如图 5.17(a) 和 图 5.17(b) 所示。从铆钉的抗剪和钢板的抗拉强度考虑,哪一种布置较为合理?

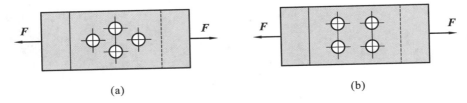

(a)                                    (b)

图 5.17

5.4 圆轴受扭时的受力特征和变形特征是什么?

5.5 圆轴扭转时横截面上的切应力是怎样分布的?

5.6 什么是圆轴的扭转角和单位长度扭转角?两者是否是相同的概念?

5.7 横截面面积相同的空心圆轴和实心圆轴相比,为什么空心圆轴的强度和刚度都较大?

5.8 在进行圆轴扭转强度校核时,应采用哪个截面上的哪点处的切应力。

5.9 在进行圆轴扭转刚度校核时,应计算哪一段轴的单位长度扭转角?

5.10 两块厚度均为 $\delta = 10$ mm,$b = 90$ mm 的钢板,用铆钉连接,如图 5.18 所示。若拉力 $F = 50$ kN,铆钉的直径 $d = 16$ mm,材料的许用切应力 $[\tau] = 100$ MPa,许用挤压应力 $[\sigma_{bs}] = 300$ MPa,许用拉应力 $[\sigma] = 160$ MPa。试校核接头的强度。

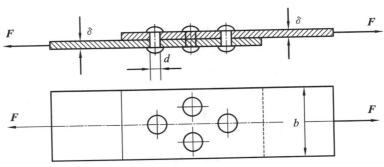

图 5.18

5.11 某钢桁架的一结点如图 5.19 所示。斜杆 $A$ 由两个 $63$ mm $\times 6$ mm 的等边角钢组成,受力 $F = 120$ kN 的作用。该斜杆用螺栓连接在厚度为 $\delta = 10$ mm 的结点板上,螺栓直径为 $d = 16$ mm。已知角钢、结点板和螺栓的材料均为 Q235 钢,许用应力 $[\sigma] = 170$ MPa,$[\tau] = 130$ MPa,$[\sigma_{bs}] = 300$ MPa,试选择螺栓个数,并校核斜杆 $A$ 的拉伸强度。

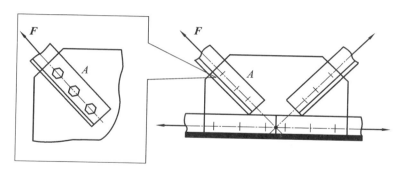

图 5.19

5.12 试作图 5.20 所示圆轴的扭矩图。

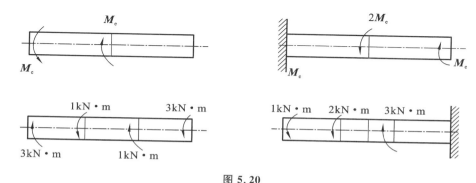

图 5.20

5.13 如图 5.21 所示实心圆轴,已知直径 $d = 100$ mm,长 $L = 1$ m,材料的剪切弹性模量 $G = 80 \times 10^3$ MPa,试求:(1) 截面上 $a$、$b$、$c$ 三点处的切应力,并在图上画出切应力的方向;(2) 单位长度扭转角 $\theta$。

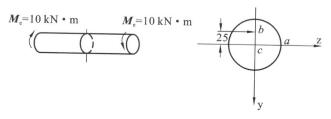

图 5.21

5.14 如图 5.22 所示一实心圆轴,直径 $d = 80$ mm,其上作用的外力偶矩 $M_{e1} = 4$ kN·m,$M_{e2} = 2$ kN·m,$M_{e3} = 1.2$ kN·m,$M_{e4} = 0.8$ kN·m。已知材料的剪切弹性模量 $G = 80 \times 10^3$ MPa,容许切应力 $[\tau] = 30$ MPa,单位长度的容许扭转角 $[\theta] = 0.5°/$m,试校核该轴的强度和刚度。

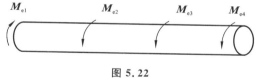

图 5.22

5.15  如图 5.23 所示一传动轴,主动轮 $A$ 输入功率 $N_A = 30$ kW,从动轮 $B$ 和 $C$ 的输出功率分别为 $N_B = 13$ kW 和 $N_C = 17$ kW,轴的转速 $n = 300$ r/min,剪切弹性模量 $G = 80 \times 10^3$ MPa,容许切应力 $[\tau] = 60$ MPa,单位长度的容许扭转角 $[\theta] = 1.2$ °/m,试确定轴的直径。

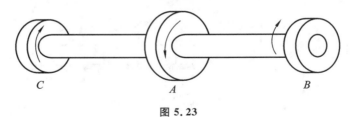

图 5.23

# 模块 6

# 弯曲内力

**基本要求**：了解弯曲变形、内力的概念；掌握内力图的作图规律和方法；掌握梁的强度计算；掌握叠加原理作梁和刚架内力图。

**重点**：运用截面法计算梁指定截面的内力；用积分法作梁的内力图。

**难点**：梁和刚架的内力图作图规律和方法。

# 任务 1 弯曲变形的概念

## 一、弯曲变形与平面弯曲

当杆件受到垂直于杆轴线的外力作用或在杆轴平面内受到外力偶作用时，杆的轴线由直线变成曲线，如图 6.1 所示。这种变形称为弯曲。凡是以弯曲为主要变形的杆件通常称之为梁。

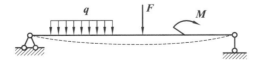

图 6.1

如图 6.2 所示，梁在工程中十分常见。

常见的梁其横截面至少都有一个纵向对称轴。梁横截面的纵向对称轴与梁轴线所组成的

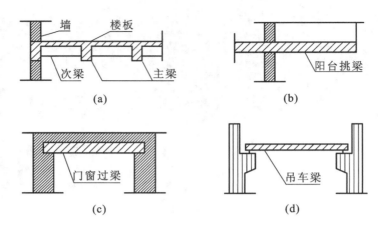

图 6.2

平面称为纵向对称平面。如果作用于梁上的外力(包括荷载和支座反力)全部都在梁的纵向对称平面内时,梁变形后的轴线也在该对称平面内的弯曲称为平面弯曲,如图 6.3 所示。

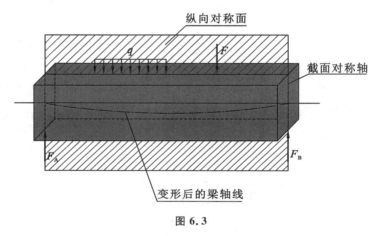

图 6.3

平面弯曲是弯曲问题中最常见、最基本的弯曲,本章只讨论平面弯曲。

## 二、简单梁的分类

梁按不同的分类标准,可分为如下类型。

梁按几何组成可分为静定梁和超静定梁。静定梁的支座反力个数和独立的平衡方程数相等,其未知力均可通过静力平衡条件求出;超静定梁的支座反力个数大于独立的平衡方程数,其未知力不能单凭静力平衡条件确定。

梁按跨数分为单跨和多跨。

结合几何组成和跨数,梁可分为单跨静定梁、多跨静定梁(见图 6.4(a))、单跨超静定梁(见图 6.4(b))和多跨超静定梁(见图 6.4(c))。本章将重点研究单跨静定梁。单跨静定梁按支座布置情况又分为简支梁、外伸梁和悬臂梁三种形式。

简支梁,一端为固定铰支座,另一端为可动铰支座,如图 6.4(d)所示。

外伸梁,一端或两端向外伸出的简支梁,如图 6.4(e)所示。

悬臂梁,一端为固定端支座,另一端自由的梁,如图 6.4(f)所示。

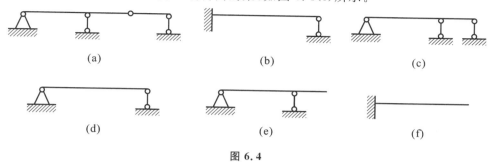

(a)　　　　　　　　　　(b)　　　　　　　　　　(c)

(d)　　　　　　　　　　(e)　　　　　　　　　　(f)

图 6.4

# 任务 2　梁的内力——剪力和弯矩

## 一、剪力和弯矩的概念

梁受外力作用后,在各个横截面上将产生与外力相当的内力。如图 6.5(a)所示的简支梁,荷载 $F$ 和支座反力 $R_A$、$R_B$ 均作用在梁 $AB$ 的纵向对称平面内,梁处于平衡状态,现在计算截面 $C$ 上的内力。

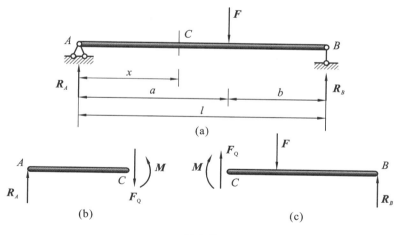

(a)

(b)　　　　　　　　　　(c)

图 6.5

用一个假想的平面将梁从截面 $C$ 处截开,截断的两段都处于平衡状态。现取左段研究,受力图如图 6.5(b)所示。在左段有向上的支座反力 $R_A$,根据平衡条件,在截开的截面 $C$ 上必定存在与 $R_A$ 保持竖向平衡的内力。这一内力与截面相切,称为剪力,记作 $F_Q$,剪力 $F_Q$ 可以通过竖向投影方程 $\sum Y = 0$,$R_A - F_Q = 0$,得

$$F_Q = R_A$$

然而,只有剪力 $F_Q$ 还不能使左段梁平衡,$F_Q$ 与 $R_A$ 形成的力偶(力偶矩为 $R_A x$)使左段梁有

顺时针转动的趋势。因此可以推断:在截开的截面 $C$ 上还必定存在一个内力偶,与力偶矩 $R_A x$ 平衡,这一内力偶矩称为弯矩,记作 $M$,弯矩 $M$ 可以通过力矩平衡方程求得,一般取截开截面的形心 $C$ 为矩心,根据平衡条件 $\sum M_C = 0, -R_A x + M = 0$,得

$$M = R_A x$$

若取右段研究,同样可求得剪力 $F_Q$ 和弯矩 $M$。根据作用与反作用原理,$C$ 截面右段的剪力 $F_Q$ 和弯矩 $M$ 应与左段的 $F_Q$、$M$ 等值反向。

通过以上分析可知:梁发生平面弯曲时,横截面上有两个内力,即剪力 $F_Q$ 和弯矩 $M$,剪力的常用单位是牛顿(N)或千牛顿(kN),弯矩的常用单位是牛·米(N·m)或千牛·米(kN·m),其具体大小可通过平衡方程求得。

## 二、剪力和弯矩的符号规定

同一截面上的内力在左右梁段上的方向相反,因此用具体某一方向来规定内力的正负符号毫无意义,工程力学中通常以内力对所作用的梁段造成的影响来规定正负符号,因为同一截面的内力对梁段的影响是相同的。

对于剪力,其符号规定是:顺正逆负。即剪力使研究梁段有顺时针转动趋势时为正,反之为负,如图 6.6(a)所示。

对于弯矩,其符号规定是:下拉为正。即弯矩使梁段产生下凸的弯曲变形时,梁的下部受拉,此时的弯矩为正,反之为负,如图 6.6(b)所示。

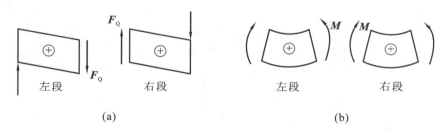

图 6.6

## 三、用截面法计算梁指定截面上的内力

利用平衡条件求出支座反力,然后根据截面法可以求出任意指定截面上的内力。值得注意的是,截取梁段时暴露的内力一定要按正向假设。

**例 6.1**　用截面法计算图 6.7(a)所示简支梁跨中截面 1—1 处的剪力和弯矩,其中 $q = 8 \text{ kN/m}, L = 4 \text{ m}$。

**解**　(1)求支座反力:

$$R_A = R_B = \frac{qL}{2} = \frac{8 \times 4}{2} \text{ kN} = 16 \text{ kN}(\uparrow)$$

(2)在截面 1—1 处截开,取左侧为研究对象,同时画出其受力图如图 6.7(b)所示。

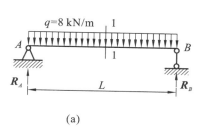

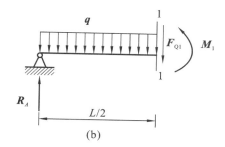

图 6.7

（3）列平衡方程，并求出 $F_{Q1}$ 和 $M_1$

$$\sum Y = 0:$$

$$R_A - F_{Q1} - q \times \frac{L}{2} = 0$$

$$\sum M_C = 0:$$

$$-R_A \times \frac{L}{2} + q \times \frac{L}{2} \times \frac{L}{4} + M_1 = 0$$

解得

$$F_{Q1} = R_A - 1 \times \frac{L}{2} = 0$$

$$M_1 = R_A \times \frac{L}{2} - q \times \frac{L}{2} \times \frac{L}{4} = \frac{qL^2}{8} = \frac{8 \times 4^2}{8} \text{ kN} \cdot \text{m} = 16 \text{ kN} \cdot \text{m}$$

注意：本例是利用截面法求均布荷载跨中截面内力的典型例子，其中，跨中截面剪力为 0 时，跨中弯矩为 $\frac{qL^2}{8}$，这个结果是叠加法绘图常用的结论。

**例 6.2** 用截面法计算图 6.8 所示外伸梁 1、2、3、4 各截面上的剪力和弯矩。

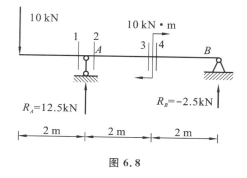

图 6.8

**解** （1）求支座反力：

$$R_A = 12.5 \text{ kN}(\uparrow)$$

（2）在梁 1、2、3、4 各截面处截开，各受力图、计算结果见表 6.1。

表 6.1

| 截面 | 1 | 2 | 3 | 4 |
|---|---|---|---|---|
| 研究对象 | 左段 | 左段 | 右段 | 右段 |
| 受力图 | 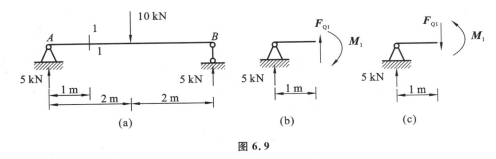 | | | |
| 平衡方程 $\sum Y = 0$ $\sum M = 0$ | $F_{Q1} + 10 = 0$ $10 \times 2 + M_1 = 0$ | $10 + F_{Q2} - 12.5 = 0$ $10 \times 2 + M_2 = 0$ | $F_{Q3} - 2.5 = 0$ $-M_3 - 10 - 2.5 \times 2 = 0$ | $F_{Q4} - 2.5 = 0$ $-M_4 - 2.5 \times 2 = 0$ |
| 计算结果 | $F_{Q1} = -10 \text{ kN}$ $M_1 = -20 \text{ kN} \cdot \text{m}$ | $F_{Q2} = 2.5 \text{ kN}$ $M_2 = -20 \text{ kN} \cdot \text{m}$ | $F_{Q3} = 2.5 \text{ kN}$ $M_3 = -15 \text{ kN} \cdot \text{m}$ | $F_{Q4} = 2.5 \text{ kN}$ $M_4 = -5 \text{ kN} \cdot \text{m}$ |
| 内力规律 | 在集中力两侧:剪力发生突变,突变量等于集中力的大小;弯矩不变。 | | 在集中力偶两侧:弯矩发生突变,突变量等于集中力偶的大小;剪力不变。 | |

将内力暴露出来后,对于研究对象,这些力就是作用于研究对象上的外力,外力的符号没有严格的正负规定。最后计算出的结果所带的正负符号将表明该力的假设方向是否与实际一致。而这个正负符号如果与内力本身的正负符号规定相冲突,将使人产生混淆。下面举一个例子来说明内力按正向假设的重要性。

**例 6.3**　用截面法计算图 6.9(a) 所示简支梁在跨中集中力作用下,截面 1—1 处的剪力和弯矩,其中支座 $A$、$B$ 处的支座反力均已求出。

图 6.9

**解**　支座反力已求出,以 1—1 截面以左为研究对象,作受力图。

(1) 若截开截面后,$F_{Q1}$ 和 $M_1$ 按负向假设,如图 6.9(b) 所示,所列平衡方程如下:

$$\begin{cases} \sum Y = 0 \quad F_{Q1} + 5 = 0 \quad F_{Q1} = -5 \text{ kN} \\ \sum M_1 = 0 \quad -5 \times 1 - M_1 = 0 \quad M_1 = -5 \text{ kN} \cdot \text{m} \end{cases}$$

由计算结果可知，$F_{Q1}$ 的实际方向向下，将导致杆件顺时针转动；$M_1$ 的实际方向为逆时针转动，将使杆件下部受拉。按照梁的内力的符号规定，这两个内力都是为正的，现在，计算结果的符号与内力应带的符号冲突了，会让人产生疑惑。

（2）若截开截面后，$F_{Q1}$ 和 $M_1$ 按正向假设，如图 6.9(c) 所示，所列平衡方程如下：

$$\begin{cases} \sum Y = 0 \quad -F_{Q1} + 5 \text{ kN} = 0 \quad F_{Q1} = 5 \text{ kN} \\ \sum M_1 = 0 \quad -5 \text{ kN} \cdot \text{m} \times 1 + M_1 = 0 \quad M_1 = 5 \text{ kN} \cdot \text{m} \end{cases}$$

计算结果的符号与内力应带的符号一致。因此，为使计算结果的符号与内力符号规定一致，用截面法截开杆件后，内力应按正向假设。

## 四、剪力和弯矩的简洁计算方法

### 1. 计算剪力和弯矩的规律

通过上述各例，可总结出直接根据外力计算梁内力的规律：

1）求剪力的规律

计算剪力是以截面左或右的梁段为研究对象建立投影方程 $\sum Y = 0$ 求得的，将方程移项，使剪力位于等式左边即可得

$$F_Q = \sum F_左$$

或

$$F_Q = \sum F_右$$

上两式表明，梁内任一截面上的剪力，等于该截面一侧梁段上所有与杆件垂直的外力的代数和。其外力的符号规定是，顺正逆负。即外力对所求截面产生顺时针转动趋势时，外力在等式右方取正号，反之取负号，参见表 6.2 第二栏。

2）求弯矩的规律

计算弯矩是以截面左或右的梁段为研究对象建立投影方程 $\sum M_C = 0$ 求得的，将方程移项，使弯矩位于等式左边即可得：

$$M = \sum M_{C右}$$

或

$$M = \sum M_{C左}$$

上两式表明，梁内任一截面上的弯矩，等于该截面一侧梁段上所有外力对截面形心之矩（包括力矩和力偶矩）的代数和。其外力（矩）的符号规定是，下拉为正，即将截面固定，外力矩或外力偶矩使所研究梁段产生下拉变形，即为正；反之，为负，参见表 6.2 第三栏。

这一简洁规律同样适用于求轴力，简单概括为一句话：截面内力等于其中一侧相关外力的代数和。

**表 6.2**

| 内力类型 | 外力类型 | 外力符号 | 图例 |
|---|---|---|---|
| 轴力 | 轴向力 | 拉正压负 | 拉正　　压负 |
| 剪力 | 与杆件垂直的力 | 顺正逆负 | 顺正　　逆负 $F$ $F$ |
| 弯矩 | 力矩力偶矩 | 下拉为正上拉为负 | $m$ 下拉为正 $F$ $F$ $m$ 上拉为负 |

### 2. 简洁计算方法的运用

**例 6.4**　利用规律计算图 6.10 所示简支梁 1、2、3、4 各截面上的剪力和弯矩。

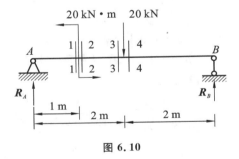

**图 6.10**

**解**　(1) 计算支座反力：

$$\sum M_A = 0 \quad 20 - 20 \times 2 + R_B \times 4 = 0 \quad R_B = 5 \text{ kN}(\uparrow)$$

$$\sum M_B = 0 \quad -R_A \times 4 + 20 + 20 \times 2 = 0 \quad R_A = 15 \text{ kN}(\uparrow)$$

(2) 计算截面 1—1 上的内力

由截面 1—1 以左部分的外力来计算内力：

$$F_{Q1} = R_A = 15 \text{ kN}$$

$$M_{Q1} = R_A \times 1 = 15 \times 1 = 15 \text{ kN} \cdot \text{m}$$

(3) 计算截面 2—2 上的内力

由截面 2—2 以左部分的外力来计算内力：

$$F_{Q2} = R_A = 15 \text{ kN}$$

$$M_{Q2} = R_A \times 1 - 20 = 15 \times 1 - 20 = -5 \text{ kN} \cdot \text{m}$$

（4）计算截面 3—3 上的内力

由截面 3—3 以右部分的外力来计算内力：

$$F_{Q3} = 20 - R_B = 20 - 5 = 15 \text{ kN}$$

$$M_{Q3} = R_B \times 2 = 5 \times 2 = 10 \text{ kN} \cdot \text{m}$$

（5）计算截面 4—4 上的内力

由截面 4—4 以右部分的外力来计算内力：

$$F_{Q3} = -R_B = -5 \text{ kN}$$

$$M_{Q3} = R_B \times 2 = 5 \times 2 = 10 \text{ kN} \cdot \text{m}$$

利用计算剪力和弯矩的规律，可以省去画出梁段的受力图、列平衡方程的步骤，而直接写出所求内力的代数和，简化了求解过程。但需注意正负号的问题，并建议选择受力简单的一侧进行计算。

另外，关于力偶相对于截面，如何判断正负的问题，建议把力偶符号 ⌐，都改写成括向断开横截面的弧度箭头(，这样更容易判断出该外力偶将使杆件如何变形，就更容易正确写出正负符号了。如上例中关于 2—2 截面的内力求解过程，可以改成如下图 6.11 所示进行判断：

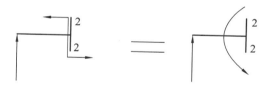

**图 6.11**

# 任务 3  梁的内力图

找出整个梁的内力变化规律，才便于寻找内力的最大值，确定危险截面的位置。梁的内力图 —— 剪力图和弯矩图，是体现梁的内力变化规律最直观的工具。

## 一、剪力方程和弯矩方程

梁横截面上的剪力和弯矩一般随横截面的位置而变化。若横截面的位置，用沿梁轴线的坐标 $x$ 表示，则梁内各横截面上的剪力和弯矩都可以表示为 $x$ 的函数，即

$$F_Q = F_Q(x), \quad M = M(x)$$

以上二式分别称为剪力方程和弯矩方程。梁的剪力方程和弯矩方程，反映了剪力和弯矩沿梁轴线的变化规律。

## 二、剪力图和弯矩图绘图规则

根据梁的剪力方程和弯矩方程,沿梁轴线画出剪力方程和弯矩方程的函数曲线,即是剪力图和弯矩图。剪力图和弯矩图可以直观的表现剪力和弯矩沿梁轴线的变化规律。

绘图时,$x$ 轴与梁轴线平行,表示梁横截面的位置;纵轴表示横截面上内力的数值。一般情况下剪力图上正下负、标正负;弯矩图下正上负、不标正负,弯矩图总画在梁受拉的一侧。

## 三、用方程作剪力图和弯矩图

用方程作梁的剪力图和弯矩图的步骤如下:
(1)求支座反力(悬臂梁从自由端算起,可不求);
(2)判断是否分段,列剪力方程和弯矩方程,指明各段 $x$ 的取值范围;
(3)绘制剪力图和弯矩图,注意对应关系及正负情况。

**例 6.5** 利用剪力方程和弯矩方程,画出图 6.12(a)所示悬臂梁的剪力图和弯矩图。

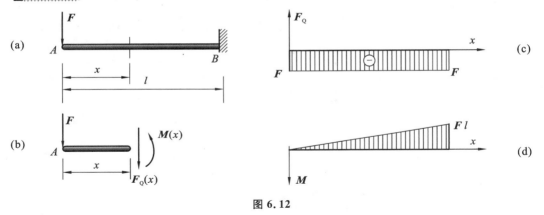

图 6.12

**解** (1)列出剪力方程和弯矩方程。以 $A$ 为原点,截取长 $x$ 的梁段,如图 6.12(b)所示。列出其剪力方程和弯矩方程,即

$$F_Q(x) = -F \quad (0 < x < l)$$
$$M(x) = -Fx \quad (0 \leqslant x \leqslant l)$$

(2)画出梁的剪力图和弯矩图,如图 6.12(c)、图 6.12(d)所示。

**例 6.6** 画出图 6.13(a)所示简支梁受均布荷载作用时的剪力图和弯矩图。

**解** (1)求支座反力

$$R_A = R_B = \frac{ql}{2}$$

(2)列剪力方程和弯矩方程(无需分段)

$$F_Q(x) = \frac{ql}{2} - qx \quad (0 < x < l)$$
$$M(x) = \frac{ql}{2}x - \frac{qx^2}{2} \quad (0 \leqslant x \leqslant l)$$

（3）画出梁的内力图。剪力图为一斜直线，确定两点即可；弯矩图为一抛物线，需采用描点法作图，即定出其起终点和顶点的位置，再描点成图。剪力图和弯矩图分别如图 6.13（b）、图 6.13（c）所示。

将弯矩方程 $M(x)$ 配方得到其顶点式，将更加容易得到 $M_{\max}$

$$M(x) = \frac{ql}{2}x - \frac{qx^2}{2} = -\frac{q}{2}\left(x - \frac{l}{2}\right)^2 + \frac{ql^2}{8}$$

由式可看出，当 $x = \dfrac{l}{2}$ 时，$M$ 最大，$M_{\max} = \dfrac{ql^2}{8}$，而此时，$Q = 0$。该结论与例 6.1 一致。

**例 6.7**　利用剪力方程和弯矩方程，画出图 6.14（a）所示简支梁受集中荷载作用时的剪力图和弯矩图。

**解**　（1）求支座反力：

$$R_A = \frac{Fb}{l}, \quad R_B = \frac{Fa}{l}$$

（2）列剪力方程和弯矩方程。需分段考虑。

$AC$ 段，坐标原点为 $A$，如图 6.14（b）所示：

$$F_Q(x_1) = R_A = \frac{Fb}{l} \quad (0 \leqslant x_1 \leqslant a)$$

$$M(x_1) = R_A x_1 = \frac{Fb}{l}x_1 \quad (0 \leqslant x_1 \leqslant a)$$

$BC$ 段，坐标原点为 $B$，如图 6.14（c）所示：

$$F_Q(x_2) = -R_B = -\frac{Fa}{l} \quad (0 \leqslant x_2 \leqslant b)$$

$$M(x_2) = R_B x_2 = \frac{Fa}{l}x_2 \quad (0 \leqslant x_2 \leqslant b)$$

（3）分段画出梁的剪力图和弯矩图，如图 6.14（d）、图 6.14（e）所示。

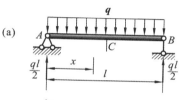
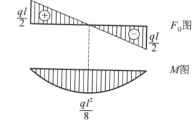

**图 6.13**

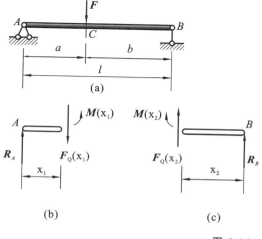

**图 6.14**

当 $a = b = l/2$ 时，简支梁的剪力图和弯矩图，如图 6.15 所示：

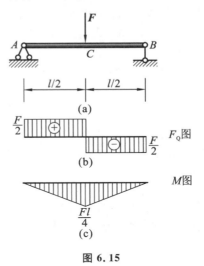

**图 6.15**

# 任务 4 剪力、弯矩与荷载集度间的微分关系

利用剪力方程和弯矩方程画出梁的剪力图和弯矩图，整个过程比较烦琐，我们可以用积分法简化作图程序。

## 一、$M(x)$、$F_Q(x)$ 和 $q(x)$ 三者之间的微分关系

梁上的分布荷载 $q(x)$、剪力方程 $F_Q(x)$、弯矩方程 $M(x)$ 之间存在以下微分关系，反映在剪力图和弯矩图上，也对应一些普遍性的规律和特征，见表 6.3。

**表 6.3　$M(x)$、$F_Q(x)$ 和 $q(x)$ 三者之间的微分关系及其几何意义**

| 微分关系 | 梁上任一横截面的剪力对 $x$ 的一阶导数等于作用在梁上该截面处的分布荷载集度 | 梁上任一横截面的弯矩对 $x$ 的一阶导数等于该截面上的剪力 | 梁上任一截面的弯矩对 $x$ 的二阶导数等于该截面处的荷载集度 |
| --- | --- | --- | --- |
| 数学表达式 | $\dfrac{\mathrm{d}F_Q(x)}{\mathrm{d}x} = q(x)$ | $\dfrac{\mathrm{d}M(x)}{\mathrm{d}x} = F_Q(x)$ | $\dfrac{\mathrm{d}^2 M(x)}{\mathrm{d}x^2} = q(x)$ |
| 几何意义 | 剪力图上某点切线的斜率等于该点对应截面处的荷载集度 | 弯矩图上某点切线的斜率等于该点对应横截面上的剪力 | 弯矩图上某点的曲率等于该点对应截面处的分布荷载集度 |

## 二、微分关系在内力图中的体现

### 1. 在无均布荷载作用的梁段

由于 $q(x) = 0$，即 $\dfrac{\mathrm{d}F_Q(x)}{\mathrm{d}x} = 0$，则 $F_Q(x)$ 是常数。所以剪力图是一条平行于 $x$ 轴的水平线。

又因 $\dfrac{\mathrm{d}M(x)}{\mathrm{d}x} = F_Q(x) = $ 常数。所以,该段梁的弯矩图中各点切线的斜率为常数,弯矩图为一条斜直线。弯矩图又可分以下三种情况:

当 $F_Q(x) > 0$ 时,弯矩图为一条下斜线(\);

当 $F_Q(x) < 0$ 时,弯矩图为一条上斜线(/);

当 $F_Q(x) = 0$ 时,弯矩图为一条水平线(—)。

**2. 在有均布荷载作用的梁段**

若均布荷载向下,则该段梁的剪力图上各点切线的斜率为一负常数,剪力图为一条下斜线(\),弯矩图则为开口向上的二次抛物线(∪)。

若均布荷载向上,与向下的情形相反。

**3. 集中力两侧内力情况**

在集中力作用处,剪力图发生突变,突变值等于该集中力的大小,若从左向右画图,则向下的集中力将引起剪力图向下突变,相反则向上突变。弯矩图则由于切线斜率改变而出现尖角。

**4. 集中力偶两侧内力情况**

集中力偶作用处,剪力图无变化,弯矩图将发生突变,突变值等于该处集中力偶的大小,若从左向右画图,集中力偶顺时针作用时,突变值将朝正向(弯矩图下为正)变化,即向下突变,逆时针作用则向上突变。

利用梁的剪力图、弯矩图与荷载之间的规律绘制梁内力图的方法,通常称为积分法。同时,我们也可以利用这些规律来校核剪力图和弯矩图的正确性。

根据 $M(x)$、$F_Q(x)$ 和 $q(x)$ 三者之间的微分关系,可以总结出梁的内力图与荷载的关系,见表 6.4。

表 6.4　梁上荷载和剪力图、弯矩图的关系

| 梁上荷载情况 | 剪　力　图 | 弯　矩　图 |
|---|---|---|
| 无荷载梁段　$q(x) = 0$  | 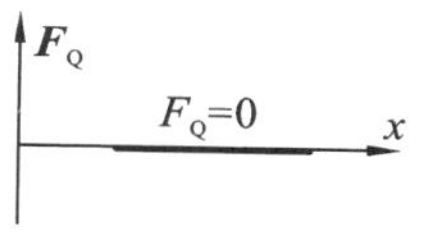 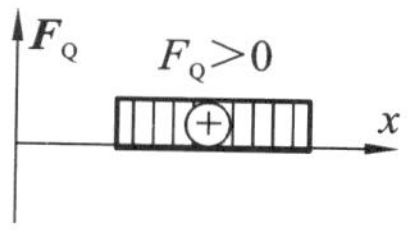 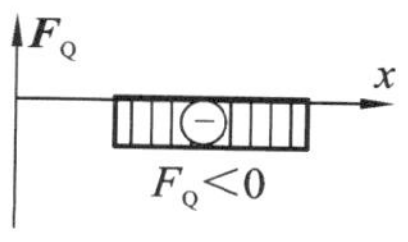 $F_Q = 0$ | 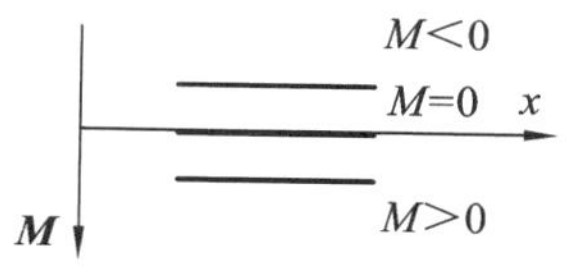 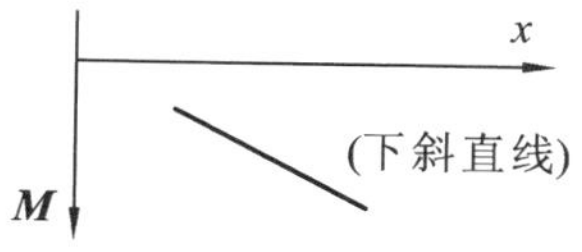 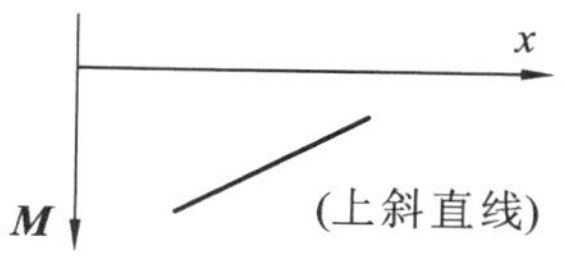 $M < 0$　$M = 0$　$M > 0$ |
|  | $F_Q > 0$ | (下斜直线) |
|  | $F_Q < 0$ | (上斜直线) |

| 梁上荷载情况 | 剪 力 图 | 弯 矩 图 |
|---|---|---|

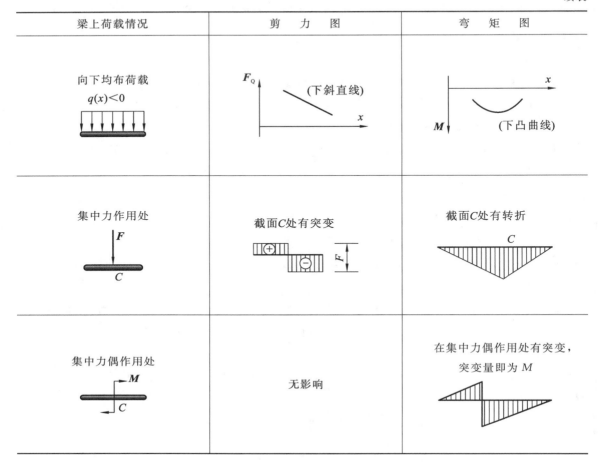

以上表内所列内容,为帮助记忆,可概括为如下口诀:

$F_Q$ 图:无荷水平线,均布斜直线;力偶无影响,集中有突变。

$M$ 图:无荷斜直线,均布抛物线;力偶有突变,集中现尖角;剪力为零处,弯矩或极值。

## 三、用积分法作内力图

运用弯矩、剪力和荷载集度间的微分关系,结合荷载与内力图线基本规律,可不列内力方程,直接根据作用在梁上的已知荷载,简便、快速地画出内力图,或校核内力图。这种直接作内力图的方法,称为积分法作图法,是绘制梁的内力图的基本方法之一。

用积分法绘制剪力图和弯矩图的步骤。

(1)求支座反力。

(2)将梁进行分段,集中力、集中力偶的作用截面、分布荷载的起止截面,都是梁需要分段之处。

(3)计算控制截面的内力值,一般控制截面就是上述的分界截面。根据内力的变化规律,一般可按下述步骤确定控制截面:

① 画剪力图时,由于集中力会引起突变,因此集中力左右截面需作为控制截面分别计算;

② 画弯矩图时,由于集中力偶会引起突变,因此集中力偶左右截面需作为控制截面分别计算;

③ 均布荷载作用时,剪力图为零的截面是弯矩图的极值所在,需要将该截面位置找到,并求出 $M_{max}$。

(4)根据内力微分关系可知段内荷载对应的线形,连线成图。

**例 6.8** 用积分法画出图 6.16(a)所示外伸梁的剪力图和弯矩。

**解** (1)计算支座反力

$$R_A = 30 \text{ kN}(\uparrow), \quad R_B = 10 \text{ kN}(\uparrow)$$

(2)分段,根据梁上荷载情况,将梁分为,$CA$、$AD$、$DB$ 三段。

(3)画剪力图:由荷载情况分析各段形状,以截面法计算控制截面 $F_Q$ 值(列表分析),注意 $A$、$B$、$D$ 点有集中力,剪力图有突变。画出 $F_Q$ 图,如图 6.16(b)所示。

| 段 | 荷载 | $F_Q$ 图形状 | 控制值 |
| --- | --- | --- | --- |
| $CA$ | $q = 0$ | 水平直线(一) | $F_{QC} = 0$, $F_{QA左} = 0$ |
| $AD$ | $q = 0$ | 水平直线(一) | $F_{QA右} = 30 \text{ kN}$, $F_{QD左} = 30 \text{ kN}$ |
| $DB$ | $q = 0$ | 水平直线(一) | $F_{QD右} = -10 \text{ kN}$, $F_{QB左} = -10 \text{ kN}$ |

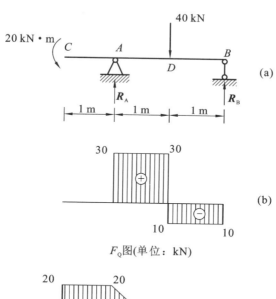

(a)

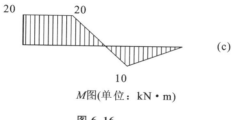

$F_Q$图(单位:kN)

(b)

$M$图(单位:kN·m)

(c)

图 6.16

（4）画弯矩图:由各段荷载和剪力图判断 $M$ 图形状,以截面法求出各控制截面 $M$ 值(列表分析),注意 $C$ 截面有集中力偶,弯矩有突变。画出 $M$ 图如图 6.16(c)所示。

| 段 | 荷载 | $F_Q$ 值 | $M$ 图形状 | 控制值 |
|---|---|---|---|---|
| CA | $q = 0$ | 0 | 水平线(—) | $M_{C右} = -20$ kN · m |
| AD | $q = 0$ | 正常数 | 下斜直线(\\) | $M_A = -20$ kN · m |
| DB | $q = 0$ | 负常数 | 上斜直线(/) | $M_D = 10$ kN · m, $M_B = 0$ |

**例 6.9** 用积分法画出图 6.17(a)所示简支梁的剪力图和弯矩图。

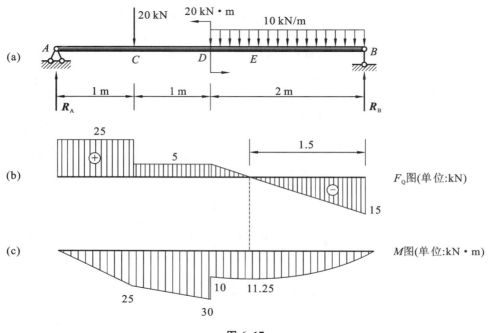

**图 6.17**

**解** （1）计算支座反力
$$R_A = 25 \text{ kN}(\uparrow), \quad R_B = 15 \text{ kN}(\uparrow)$$

（2）分段

根据梁上荷载情况,将梁分为 $AC$、$CD$、$DB$ 三段;

（3）计算控制截面内力值:

① 剪力值

| 段 | 荷载 | $F_Q$ 图形状 | 控制值 |
|---|---|---|---|
| AC | $q = 0$ | 水平直线(—) | $F_{QA右} = 25$ kN, $F_{QC左} = 25$ kN |
| CD | $q = 0$ | 水平直线(—) | $F_{QC右} = F_{QD} = 25 - 20 = 5$ kN |
| DB | $q = -10$ kN/m | 水平直线(\\) | $F_{QB左} = -15$ kN |

② 弯矩值

| 段 | 荷载 | $F_Q$ 值 | M 图形状 | 控制值 |
|---|---|---|---|---|
| AC | $q = 0$ | 正常数 | 水平线（\） | $M_A = 0$, $M_C = 25 \times 1 = 25$ kN·m |
| CD | $q = 0$ | 正常数 | 下斜直线（\） | $M_{D左} = 25 \times 2 - 20 \times 1 = 30$ kN·m |
| DB | $q = -10$ kN/m | 由正变负 | 上斜直线（∪） | $M_{D右} = 25 \times 2 - 20 \times 1 - 20 = 10$ kN·m, $M_B = 0$ |

其中，$F_Q = 0$ 的 E 截面位置可利用 DB 段剪力图按相似三角形原理求出具体位置，为 E 距离 B 端 1.5 m。受力图如图 6.18 所示，E 截面对应的极值弯矩为

$$M_E = \left( 15 \times 1.5 - 10 \times \frac{1.5^2}{2} \right) \text{kN·m} = 11.25 \text{ kN·m}$$

注意，这里的极值弯矩，并非梁内的最大弯矩。

（4）根据段内荷载对应的线形，连线成图，剪力图如图 6.17（b）所示，弯矩图如图 6.17（c）所示。

绘制剪力图还有一种简便画法，就是沿着梁上外力的"走向"来画，即"沿力走"法。例如图 6.17（b）中，从左端 A 开始，向上 25 kN，水平向右至 C 处，再向下 20 kN 至 5 kN，再水平向右至 D 处；DB 段受到均布荷载，相当于"匀速下降"，因此走斜直线至 B 处，共降 20 kN 至 −15 kN；最后，$R_B$ 向上 15 kN 回到零点。注意，集中力偶对剪力图没有影响。

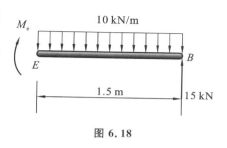

图 6.18

"沿力走"法画剪力图口诀如下：

求出支反力，沿力作剪图。
集中走直线，均布斜直线。
无力水平线，力偶无影响。
结果若无错，图形自封闭。

# 任务 5 叠加法画弯矩图

## 一、叠加原理

在小变形条件下，梁的支座反力、内力、应力和变形等参数均与荷载呈线性关系，每一荷载单独作用引起的某一参数变化不受其他荷载的影响。所以，梁在 n 个荷载共同作用时所引起的某一参数，等于梁在各个荷载单独作用时引起同一参数的代数和，这种关系称为叠加原理。

## 二、叠加法作梁弯矩图

叠加法画弯矩图的方法为：先把梁上的复杂荷载分成几组简单荷载，再分别绘出各简单荷载单独作用下的弯矩图，在梁上每一控制截面处，将各简单弯矩图相应的纵坐标代数相加，就得

到梁在复杂荷载作用下的弯矩图。简单荷载作用下梁的剪力图和弯矩图,可查阅表6.5。

表 6.5　简单荷载作用下梁的剪力图和弯矩图

| 梁 的 类 型 | | |
|---|---|---|
| 悬臂梁 | 简支梁 | 外伸梁 |

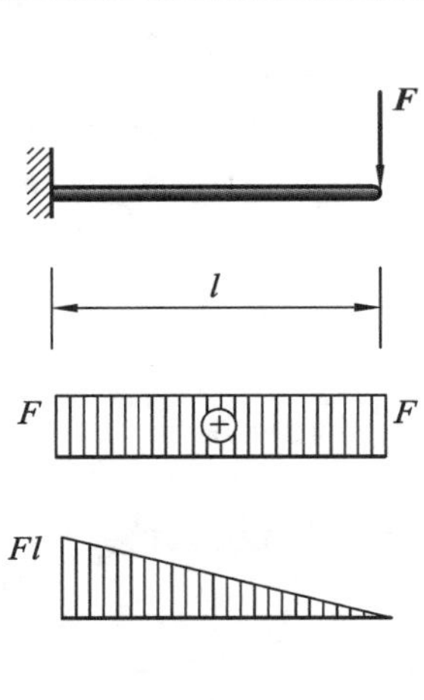

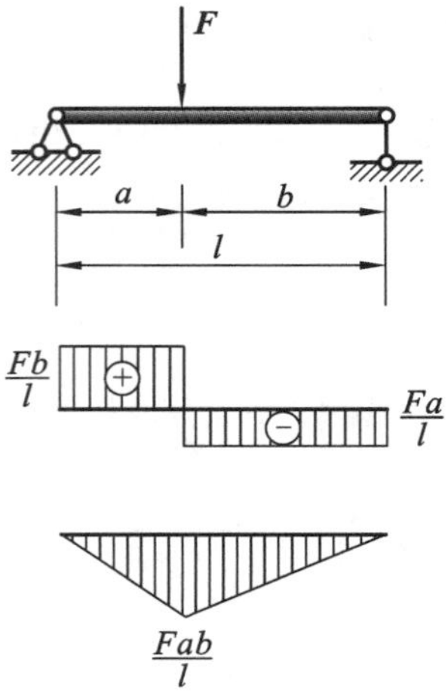

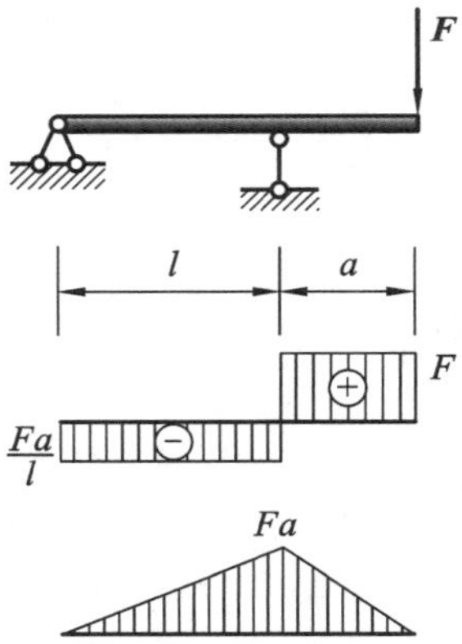

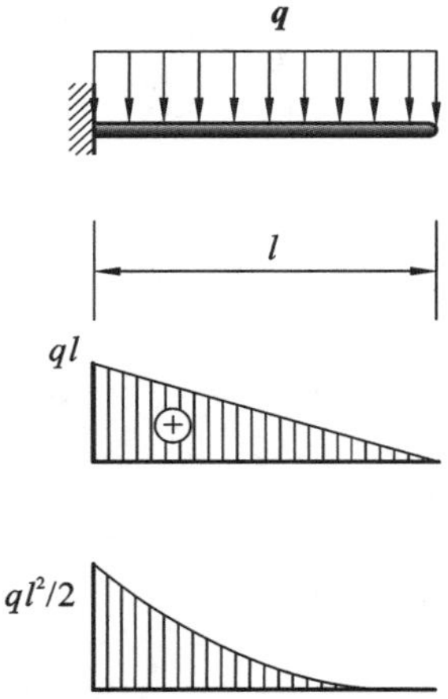

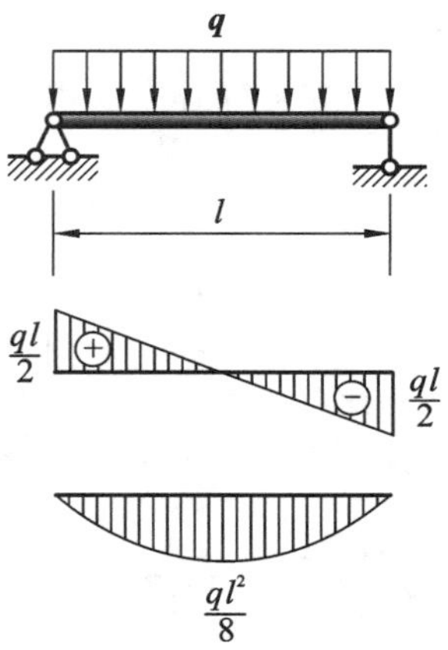

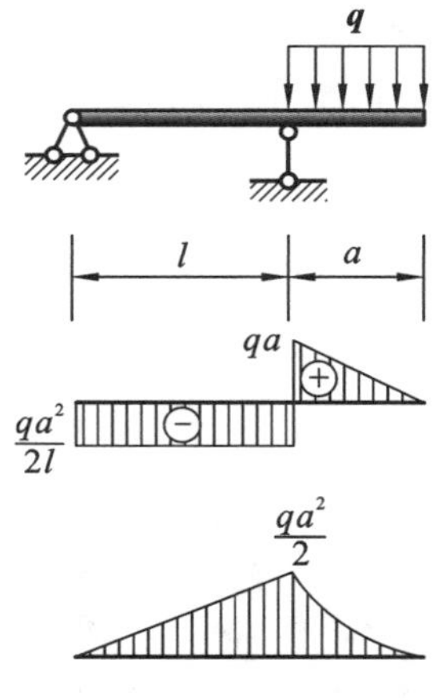

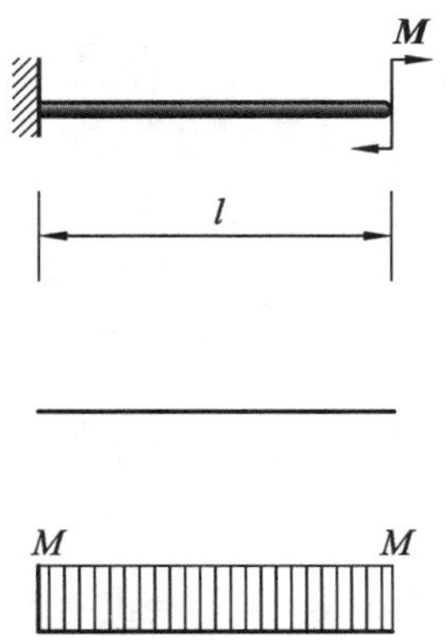

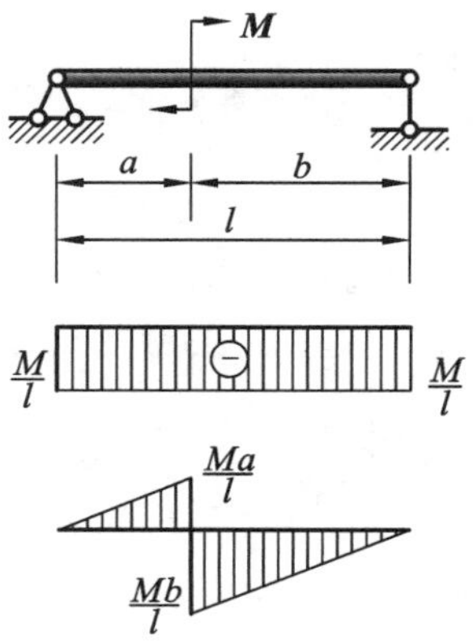

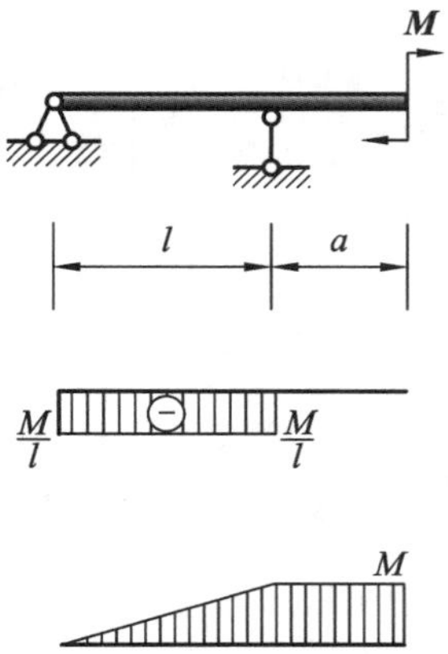

**例 6.10** 用叠加法画出图 6.19(a) 所示简支梁的弯矩图。

**解** 先将作用在梁上的荷载分为两组;再分别画出集中力偶和均布荷载单独作用下的弯矩图,如图 6.19(b)、图 6.19(c) 所示;最后将这两个弯矩图的相应纵坐标叠加起来,如图 6.19(a) 所示。就得到简支梁在集中力偶和均布荷载共同作用下的弯矩图了。

这属于"直线 + 曲线 = 新的曲线"。

注意:(1) 图 6.19(a) 中的跨中弯矩值为 17 kN·m,该值是将图 6.20(b) 的跨中弯矩值 5 kN·m,叠加图 6.19(c) 的跨中弯矩值 $\dfrac{ql^2}{8} = 12$ kN·m 而得到的,它并非全梁弯矩最大值,最大值要通过寻找剪力为零的截面求得;(2) 叠加的含义是简单荷载弯矩图的纵标叠加,而不是弯矩图形的简单拼合,如图 6.20 所示。

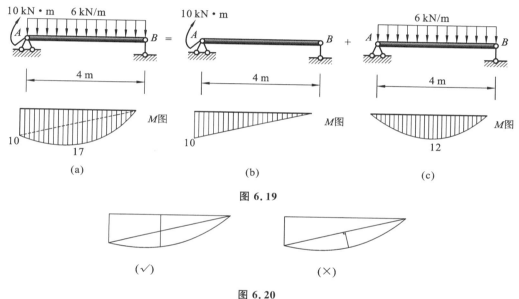

图 6.19

图 6.20

**例 6.11** 用叠加法画出图 6.21(a) 所示简支梁的弯矩图。

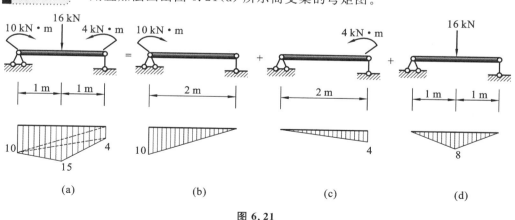

图 6.21

**解** 这个简支梁的荷载应分为三组;各自单独作用下的弯矩图,如图 6.21(b) 至图

6.21(d) 所示；最后的弯矩图如图 6.21(a) 所示。

这又属于"直线 ＋ 直线 ＝ 新的直线"。

掌握梁在简单荷载作用下的弯矩图是熟练运用叠加法的前提。叠加法是一种简便而又实用的方法，尤其是在今后画复杂结构的弯矩图时，更是十分重要。

## 三、区段叠加法画弯矩图

根据荷载情况可将梁分为若干分段，任意分段梁均可当作简支梁，按简支梁的叠加法来求得该段的弯矩图，而将各分段的弯矩图相加，便得到了全梁的弯矩图，这就是区段叠加法。

**例 6.12** 用区段叠加法画出图 6.22(a) 所示简支梁的弯矩图。

**解** （1）计算支座反力

$$R_A = 24 \text{ kN}(\uparrow), \quad R_B = 16 \text{ kN}(\uparrow)$$

（2）将梁分为 $AD$、$DE$、$EB$ 三段，如图 6.22(b) 至图 6.22(d) 所示，需计算 $M_D$ 与 $M_E$。

$D$ 处截开取左：　　　　$M_D = 24 \times 2 - 20 \times 1 = 28 \text{ kN} \cdot \text{m}$

$E$ 处截开取右：　　　　$M_E = 16 \times 1 = 16 \text{ kN} \cdot \text{m}$

（3）用同段的叠加法分别画出各分段的弯矩图，如图 6.22(b) 至图 6.22(d) 所示。

（4）拼接各分段的弯矩图，便得到全梁的弯矩图，如图 6.22(e) 所示。

在熟悉区段叠加法后，可以将梁分段后直接在总图上画各段的弯矩图，省去画各分段及其弯矩图的中间过程。

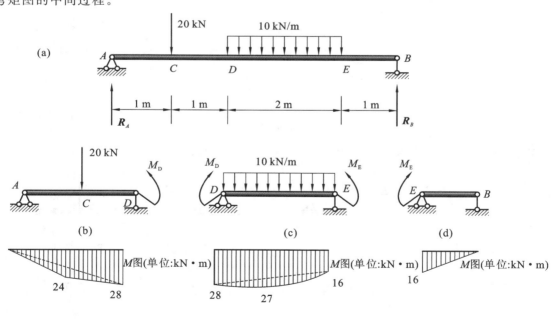

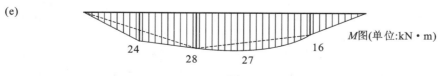

**图 6.22**

# 任务 6 静定平面刚架内力图

## 一、静定平面刚架的相关概念

刚架是由若干梁和柱用全部或部分刚结点连接组成的结构。当刚架的各杆轴线都在同一平面内而外力也可简化到这个平面内时,这样的刚架称为平面刚架。

由于刚结点具有约束杆端相对转动的作用,能承受和传递弯矩,削减弯矩的峰值,使弯矩分布较均匀,故比较节省材料。另外,刚架依靠刚结点维持几何不变性,无需斜向支撑,因此具有内部空间大、使用及制作方便等优点。因此,刚架在工民建、水利工程、桥梁工程等领域运用广泛。

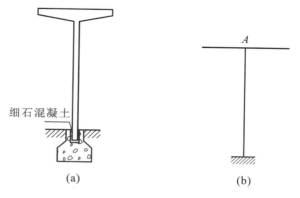

图 6.23

如图 6.23(a) 所示为车站站台的支撑雨棚的 T 形刚架,其立柱与基础的连接可视为固定端支座。此刚架称为悬臂刚架,其计算简图如图 6.23(b) 所示。

如图 6.24(a) 所示为一装配式刚架固定于基础上,立柱与基础的连接视为固定铰支座。此刚架称为两铰刚架,其计算简图如图 6.24(b) 所示。

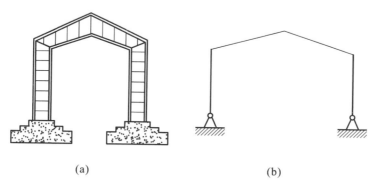

图 6.24

如图 6.25(a) 所示为一现浇刚架嵌固于基础上,立柱与基础同样视为固定铰支座。此刚架称为三铰刚架,其计算简图如图 6.25(b) 所示。

如图 6.26(a) 所示为一现浇多层多跨刚架,其所有结点都是刚结点,其计算简图如图 6.26(b) 所示。

常见的静定平面刚架有悬臂刚架,简支刚架和三铰刚架,此外,这三种刚架也可组成组合刚

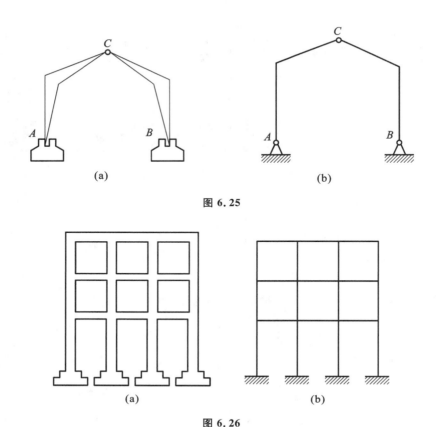

图 **6.25**

图 **6.26**

架,它们的计算简图分别如图 6.27(a) 至图 6.27(d) 所示。

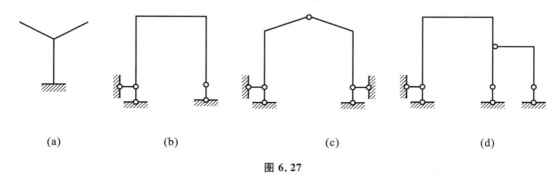

图 **6.27**

## 二、静定平面刚架的内力分析及内力图绘制

静定平面刚架的内力有:弯矩 $M$、剪力 $F_Q$、轴力 $F_N$。其内力计算方法与静定梁基本相同,求出支座反力后利用平衡条件求控制截面内力。绘制内力图则多采用叠加原理,具体步骤如下。

(1) 由整体或某些部分的平衡条件求出支座反力或连接铰处的约束反力。

(2) 根据荷载情况,将刚架分解成若干杆段。由平衡条件,按截面法求出各杆端内力。也可以利用简洁计算法直接求内力,即截面内力等于其中一侧刚架相关外力的代数和。

（3）刚架内力图一般采用区段叠加的方法，首先计算控制截面的内力，然后再叠加相应荷载的内力值，最后连线成图。

上述步骤中，求杆端内力是较为关键的一步。在刚架中，剪力和轴力正、负号规定与梁相同，但弯矩通常不规定正、负号，而只规定弯矩图的纵距应画在杆件的受拉一侧。

为明确表示杆端内力，一般用双下标：第一个下标表示内力所属的截面，第二个下标表示截面所在杆件的另一端。例如 $M_{CD}$ 表示 $CD$ 杆 $C$ 端截面的弯矩。

**例 6.13**　试绘制图 6.28（a）所示悬臂刚架的内力图。

**解**　悬臂刚架的内力计算一般可以从自由端开始，截取研究对象计算各杆段的杆端内力，在计算内力前一般不必求出支座反力。

（1）作 $F_N$ 图。用截面法先求出各杆端轴力。

$$F_{NAB} = F_{NBA} = (-10 \times 2 - 10)\ \text{kN} = -30\ \text{kN}$$
$$F_{NBC} = F_{NCB} = 0$$
$$F_{NBD} = F_{NDB} = 0$$

根据各杆端轴力作 $F_N$ 图，如图 6.28（b）所示。轴力图可画在杆件的任一侧，但需注明正负号。

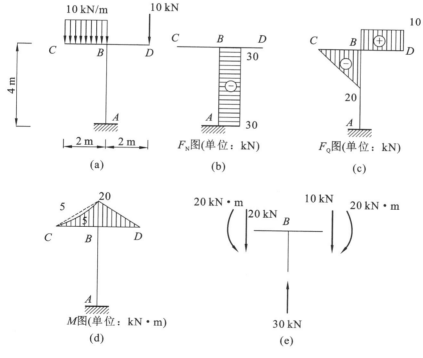

图 6.28

（2）作 $F_Q$ 图。从刚架自由端 $C$、$D$ 算起，用截面法先求出各杆端剪力。

$$F_{QCB} = 0$$
$$F_{QBC} = (-10 \times 2)\ \text{kN} = -20\ \text{kN}$$
$$F_{QDB} = F_{QBD} = 10\ \text{kN}$$
$$F_{QAB} = F_{QBA} = 0$$

根据各杆端剪力作 $F_Q$ 图,如图 6.28(c) 所示。剪力图可画在杆件的任一侧,但需注明正负号。对于横梁,习惯将正剪力画在上边。

(3) 作 $M$ 图。用截面法计算各杆端弯矩,依次截断各杆端截面,并以自由端为研究对象,由于刚架弯矩并未规定正负号,可假定一侧弯矩方向为正(对于横杆上的弯矩,仍假设下拉为正,竖杆弯矩假设右拉为正),然后截开截面后按正向布置弯矩,待列出平衡方程并解出结果后,由结果的正负符号即可判断出弯矩作用下的杆件的真实受拉侧。各杆端弯矩经计算,结果如下:

$$M_{CB} = 0$$
$$M_{BC} = (-10 \times 2 \times 1) \ \text{kN} \cdot \text{m} = -20 \ \text{kN} \cdot \text{m}(\text{上侧受拉})$$
$$M_{DB} = 0$$
$$M_{BD} = (-10 \times 2) \ \text{kN} \cdot \text{m} = -20 \ \text{kN} \cdot \text{m}(\text{上侧受拉})$$
$$M_{BA} = M_{AB} = (-10 \times 2 \times 1 + 10 \times 2) \ \text{kN} \cdot \text{m} = 0$$

根据各端弯矩作 $M$ 图,如图 6.28(d) 所示。其中 $CB$ 段按区段叠加法的思路,可视为两端受集中力偶作用叠加均布荷载作用,因此 $CB$ 中间段的控制弯矩可求得 $M_{CB中} = \left( \dfrac{0-20}{2} + \dfrac{10 \times 2^2}{8} \right) \ \text{kN} \cdot \text{m} = -5 \ \text{kN} \cdot \text{m}(\text{上侧受拉})$。弯矩图画在受拉侧,无需注明正负符号。

**例 6.14**  试绘制图 6.29(a) 所示简支刚架的内力图。

**解**  (1) 计算支座反力。取整个刚架为研究对象,假设反力方向如图 6.29(a) 所示。由平衡条件得:

$$\sum X = 0 \qquad R_{Ax} = 10 \ \text{kN}(\rightarrow)$$
$$\sum Y = 0 \qquad R_{Ay} = 45 \ \text{kN}(\uparrow)$$
$$\sum M_A = 0 \qquad R_B = 35 \ \text{kN}(\uparrow)$$

(2) 作 $F_N$ 图。作轴力图时,根据已知的荷载和反力,逐杆计算其轴力。

$$F_{NAC} = F_{NCA} = -45 \ \text{kN}$$
$$F_{NCD} = F_{NDC} = -10 \ \text{kN}$$
$$F_{NBD} = F_{NDB} = -35 \ \text{kN}$$

绘制轴力图如图 6.29(b) 所示。

(3) 作 $F_Q$ 图。逐杆计算杆端剪力。

$$F_{QAC} = F_{QCA} = -10 \ \text{kN}$$
$$F_{QCD} = 45 \ \text{kN}$$
$$F_{QDC} = -35 \ \text{kN}$$
$$F_{QDE} = F_{QED} = 10 \ \text{kN}$$
$$F_{QEB} = F_{QBE} = 0$$

将杆端剪力连线成图,如图 6.29(c) 所示。

(4) 作 $M$ 图。

作弯矩图时,逐杆按截面法计算,经整理后结果如下:

$AC$ 杆:$M_{AC} = 0$,$M_{CA} = (-10 \times 4) \ \text{kN} \cdot \text{m} = -40 \ \text{kN} \cdot \text{m}(\text{左侧受拉})$

$CD$ 杆:$M_{CD} = -40 \ \text{kN} \cdot \text{m}(\text{上侧受拉})$,$M_{DC} = -20 \ \text{kN} \cdot \text{m}(\text{上侧受拉})$

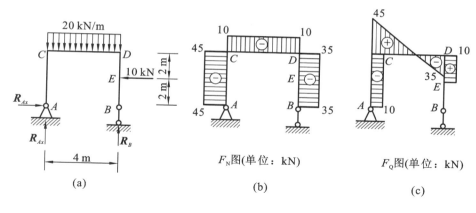

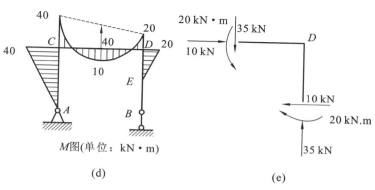

图 6.29

$BD$ 杆:该杆可分为 $BE$ 和 $ED$ 两个无荷载区段。

$BE$ 段:$M_{BE} = M_{EB} = 0$。

$ED$ 段:$M_{ED} = 0$,$M_{DE} = (10 \times 2)$ kN $\cdot$ m $= 20$ kN $\cdot$ m(右侧受拉)。

根据各端弯矩连线作 $M$ 图,如图 6.29(d) 所示。其中 $CD$ 段按区段叠加法的思路,可视为两端受集中力偶作用叠加均布荷载作用,因此 $CB$ 中间段的控制弯矩可求出:

$$M_{CD中} = \left( \frac{-40-20}{2} + \frac{20 \times 4^2}{8} \right) \text{kN} \cdot \text{m} = 10 \text{ kN} \cdot \text{m}(下侧受拉)$$

弯矩图画在受拉侧,无需注明正负符号。

**例 6.15** 试绘制图 6.30(a) 所示三铰刚架的内力图。

**解** (1) 根据平衡条件,分别以整体和部分为研究对象,计算支座 $A$、$B$ 的反力及铰 $C$ 处的受力,如图 6.30(b)、图 6.30(c) 所示。

(2) 作轴力 $F_N$ 图。如图 6.30(d) 所示。

$$F_{NAD} = F_{NDA} = 7 \text{ kN}$$

$$F_{NDE} = F_{NED} = -6.5 \text{ kN}$$

$$F_{NBE} = F_{NEB} = -7 \text{ kN}$$

(3) 作剪力 $F_Q$ 图。如图 6.30(e) 所示。

$$F_{QAD} = F_{QDA} = 3.5 \text{ kN}$$

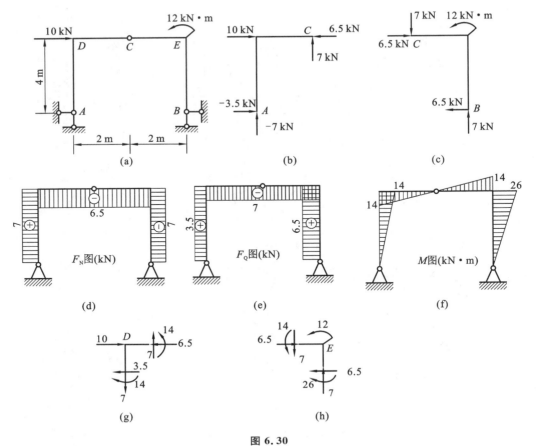

图 6.30

$$F_{QDE} = F_{QED} = -7 \text{ kN}$$
$$F_{QBE} = F_{QEB} = 6.5 \text{ kN}$$

（4）画弯矩 $M$ 图。如图 6.30(f) 所示。

$AD$ 杆：$M_{AD} = 0, M_{DA} = (3.5 \times 4) \text{ kN} \cdot \text{m} = 14 \text{ kN} \cdot \text{m}$,（右侧受拉）。

$DC$ 杆：$M_{DC} = (3.5 \times 4) \text{ kN} \cdot \text{m} = 14 \text{ kN} \cdot \text{m}$（下侧受拉）,$M_{CD} = 0$。

$CE$ 杆：$M_{CE} = 0, M_{EC} = (12 - 6.5 \times 4) \text{ kN} \cdot \text{m} = -14 \text{ kN} \cdot \text{m}$（上侧受拉）。

$BE$ 杆：$M_{BE} = 0, M_{EB} = (6.5 \times 4) \text{ kN} \cdot \text{m} = 26 \text{ kN} \cdot \text{m}$（右侧受拉）。

可根据刚架结点平衡进行校核以检验计算是否正确,如图 6.30(g)、图 6.30(h) 所示。作刚架弯矩图时应注意：

（1）刚结点处力矩应平衡（刚结点可传递弯矩）；

（2）铰结点处弯矩必为零；

（3）无荷载的区段弯矩图为直线；

（4）有均布荷载的区段,弯矩图为曲线,曲线的凸向与均布荷载的指向一致；

（5）利用弯矩、剪力与荷载集度之间的微分关系；

（6）运用叠加法。

熟记以上几点,不但可迅速判断弯矩图正确性,还可以在不求或少求支座反力情况下,迅速画出弯矩图。

6.1 什么是剪力?什么是弯矩?剪力和弯矩的正负号如何规定?

6.2 什么叫剪力方程和弯矩方程?

6.3 荷载、弯矩、剪力之间有何关系?作内力图时如何运用?

6.4 剪力为零处,弯矩是否一定是极值?梁受均布荷载作用时,剪力为零的截面,其弯矩是否是全梁的极值?

6.5 刚架结点处的弯矩图有何特点?

6.6 什么是平面弯曲,其受力特点和变形特点是什么?如图 6.31 所示作用集中力 $F$。当作用位置不同时,梁是否发生平面弯曲?为什么?

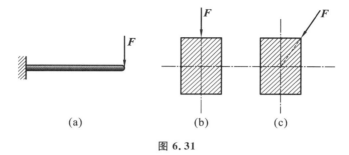

图 6.31

6.7 计算图 6.32 所示各梁指定截面上的剪力和弯矩。

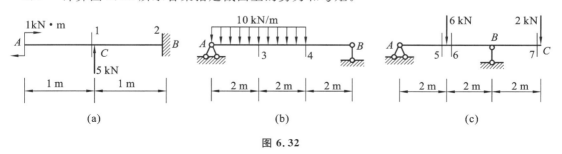

图 6.32

6.8 利用列内力方程法作图 6.33 所示各梁的剪力图和弯矩图。

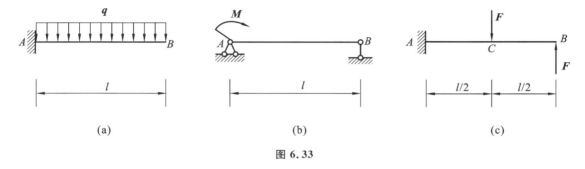

图 6.33

6.9 用积分法作图 6.34 所示各梁的剪力图和弯矩图,并确定 $|M|_{max}$。

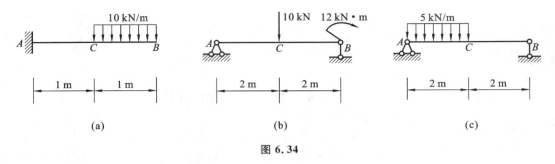

图 6.34

6.10　用叠加法作图 6.35 中各梁的弯矩图。

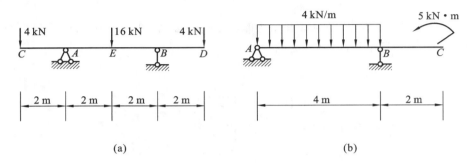

图 6.35

6.11　用区段叠加法作图 6.36 所示各梁的弯矩图。

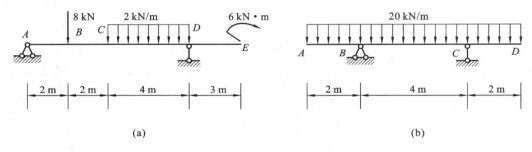

图 6.36

6.12　试绘制图 6.37 所示的各刚架的内力图。

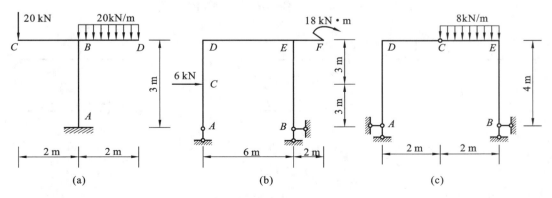

图 6.37

# 模块 7

# 弯曲应力与强度计算

**基本要求**：了解弯曲正应力和剪应力的分布规律；掌握最大正应力计算；掌握弯曲强度条件及运用；了解提高抗弯强度的措施。

**重点**：弯曲强度条件及运用。

**难点**：弯曲正应力和剪应力的分布规律。

梁在荷载作用下，横截面上一般都有弯矩和剪力，相应地在梁的横截面上有正应力和剪应力。弯矩是垂直于横截面的分布内力的合力偶矩；而剪力是切于横截面的分布内力的合力。所以，弯矩只与横截面上的正应力 $\sigma$ 相关，而剪力只与剪应力 $\tau$ 相关。本模块研究正应力 $\sigma$ 和剪应力 $\tau$ 的分布规律，从而对平面弯曲梁的强度进行计算。

# 任务 1 纯弯曲时梁横截面上的正应力

平面弯曲情况下，一般梁横截面上既有弯矩又有剪力，如图 7.1 所示梁的 $AC$、$DB$ 段。而在 $CD$ 段内，梁横截面上剪力等于零，而只有弯矩，这种情况称为纯弯曲。

以矩形截面梁为例，观察其在纯弯曲时的变形现象，研究纯弯曲正应力在横截面上的分布情况。

取一弹性较好的梁（如橡胶梁），在梁的表面画上与梁轴平行的纵向线及垂直于梁轴的横向线，以形成小方格，如图 7.2(a) 所示。然后使梁发生弯曲变形，如图 7.2(b) 所示，即可观察到以下现象：

（1）变形后各横向线仍然为直线，只是相对旋转了一个角度，且与变形后的梁轴曲线保持垂直，即小矩形格仍为直角；

（2）各纵向线都弯成弧线，上部（凹边）的纵向线缩短，下部（凸边）的纵向线伸长；

（3）在纵向线伸长区，梁的宽度减小，而在纵向线缩短区，梁的宽度增加，这种情况与轴向拉、压时的变形相似。

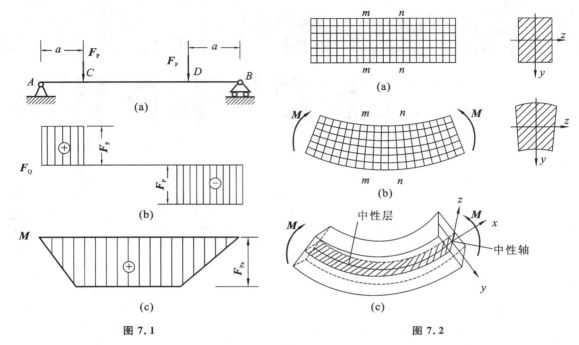

图 7.1　　　　　　　　　　　　　　图 7.2

可以认为梁内部的变形情况与梁外部的变形情况一样，作如下的分析与假设。

（1）平面假设　　梁的各横向线所代表的横截面，在变形前是平面，变形后仍为平面；

（2）单向受力假设　　将梁看成由无数根纵向纤维组成，各纤维只受到轴向拉伸或压缩，不存在相互挤压。

纵向线的伸长与缩短，表明了梁内各点分别受到纵向拉伸或压缩。梁由受拉伸长逐渐过渡到受压缩短，梁内一定有一既不伸长也不缩短的层，该层既不受拉也不受压，称为中性层。中性层与横截面的交线称为中性轴，如图 7.2(c) 所示。中性轴通过截面的形心并与竖向对称轴垂直。由此可知，梁弯曲时，各横截面绕梁中性轴做微小的转动，使梁发生了纵向伸长或缩短，而中性轴上的各点变形为零，距中性轴最远的上下边缘变形最大，其余各点的变形与该点到中性轴的距离成正比，如图 7.3 所示。

由单向受力假设，推导得梁横截面上各点的正应力计算公式：

$$\sigma = \frac{My}{I_z} \tag{7.1}$$

式中：$M$—— 截面上的弯矩；

　　　$y$—— 应力计算点到中性轴的距离；

　　　$I_z$—— 截面对中性轴的惯性矩。

式(7.1)说明梁横截面上任一点的正应力与该截面的弯矩 $M$ 及该点到中性轴的距离 $y$ 成正比，与该截面对中性轴的惯性矩成反比；正应力沿截面高度成线性分布，中性轴上各点的正应力为零（见图 7.3）。

用式(7.1)计算梁的正应力时，弯矩 $M$ 及某点到中性轴的距离 $y$ 均以绝对值代入，而正应力

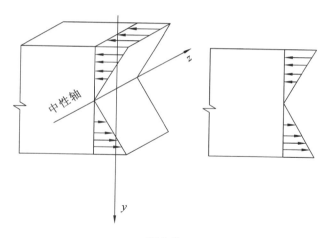

图 7.3

的正负号由梁的变形确定。以中性轴为界,梁变形后的凸出边是拉应力,取正号;凹入边是压应力,取负号。

由正应力计算公式的推导可知,它的适用条件是:① 纯弯曲梁;② 梁的最大正应力不超过材料的比例极限。但正应力计算公式也适用于以下情况。

(1) 细长梁($L/h > 5$) 的非纯弯曲情况。一般情况下受横向力作用的梁,其横截面上不仅有正应力,还有剪应力。当梁跨度与横截面高度之比 $L/h > 5$ 时,剪应力的存在对正应力的影响很小,可以忽略不计,因此适用式(7.1)。

(2) 有纵向对称面的其他截面形式的梁。如圆形、圆环形、工字形和 $T$ 形截面等,在发生平面弯曲时,仍然适用式(7.1)。

**例 7.1** 图 7.4(a) 所示简支梁承受均布荷载 $q = 5$ kN/m,梁的截面为矩形,$b = 100$ mm,$h = 160$ mm,跨度 $L = 4$ m。试计算跨中截面 $a$、$b$、$c$ 三点处的正应力。

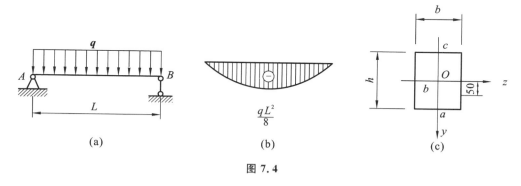

图 7.4

**解** (1) 画出梁的弯矩图如图 7.4(b) 所示,跨中弯矩

$$M = \frac{1}{8}qL^2 = \left( \frac{1}{8} \times 5 \times 4^2 \right) \text{ kN} \cdot \text{m} = 10 \text{ kN} \cdot \text{m}$$

(2) 计算正应力:用式 $\sigma = \dfrac{My}{I_z}$ 计算各点的正应力。

$$I_z = \frac{bh^3}{12} = \left(\frac{100 \times 160^3}{12}\right) \text{ mm}^4 = 3.413 \times 10^7 \text{ mm}^4$$

各点至中性轴的距离为

$$y_a = \frac{h}{2} = 80 \text{ mm}, \quad y_b = 50 \text{ mm}, \quad y_c = 80 \text{ mm}$$

$$\sigma_a = \frac{My_a}{I_z} = \left(\frac{10 \times 10^6 \times 80}{3.413 \times 10^7}\right) \text{ MPa} \approx 23.44 \text{ MPa（拉应力）}$$

$$\sigma_b = \frac{My_b}{I_z} = \left(\frac{10 \times 10^6 \times 50}{3.413 \times 10^7}\right) \text{ MPa} \approx 14.65 \text{ MPa（拉应力）}$$

$$\sigma_c = \frac{My_c}{I_z} = \left(\frac{10 \times 10^6 \times 80}{3.413 \times 10^7}\right) \text{ MPa} \approx 23.44 \text{ MPa（压应力）}$$

注意：为避免计算时符号混淆，计算正应力时的各个要素均按绝对值代入，正应力是拉应力还是压应力根据点所在的区域判断。

# 任务 2 梁的正应力强度条件

## 一、梁的正应力强度条件

有了梁的正应力计算公式后，便可以计算梁中的最大正应力，建立正应力强度条件，对梁进行强度计算。弯曲变形的梁，最大弯矩 $M_{max}$ 所在的截面是危险截面，该截面上距中性轴最远的边缘 $y_{max}$ 处的正应力最大，是危险点

$$\sigma_{max} = \frac{M_{max} y_{max}}{I_z} = \frac{M_{max}}{\dfrac{I_z}{y_{max}}}$$

令 $W_z = \dfrac{I_z}{y_{max}}$，$W_z$ 为抗弯截面系数，于是，最大弯曲正应力即为

$$\sigma_{max} = \frac{M_{max}}{W_z} \tag{7.2}$$

保证梁内最大正应力不超过材料的许用应力，就是梁的强度条件，可分两种情况表达如下：

（1）材料的抗拉和抗压能力相同，正应力强度条件为

$$\sigma_{max} = \frac{M_{max}}{W_z} \leqslant [\sigma] \tag{7.3}$$

（2）材料的抗拉和抗压能力不同时，常将梁的截面做成上、下与中性轴不对称的形式，如图 7.5 所示的 T 形截面。这时梁的正应力强度条件为

$$\begin{cases} \sigma_{max}^+ = \dfrac{M_{max}}{W_1} \leqslant [\sigma_l] \\[2mm] \sigma_{max}^- = \dfrac{M_{max}}{W_2} \leqslant [\sigma_y] \end{cases} \tag{7.4}$$

式中：$W_1 = \dfrac{I_z}{y_1}$，$W_2 = \dfrac{I_z}{y_2}$；

$\sigma_{max}^{+}$—— 最大拉应力；

$\sigma_{max}^{-}$—— 最大压应力；

$[\sigma_l]$—— 许用拉应力；

$[\sigma_y]$—— 许用压应力。

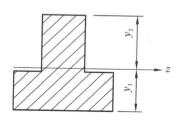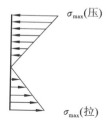

图 7.5

## 二、梁的正应力强度条件的应用

根据强度条件可解决有关强度方面的三类问题：

（1）校核强度。已知梁的截面尺寸、形状、材料及所受荷载情况下（即已知 $W_z$、$[\sigma]$、$M_{max}$），对梁的正应力校核。

$$\sigma_{max} = \frac{M_{max}}{W_z} \leqslant [\sigma]$$

**例 7.2** 图 7.6（a）中所示工字钢 No.10，跨度 $L = 4$ m，跨中承受集中荷载 $F = 20$ kN 作用。已知许用应力 $[\sigma] = 280$ MPa，不计梁的自重，试校核梁的正应力强度。

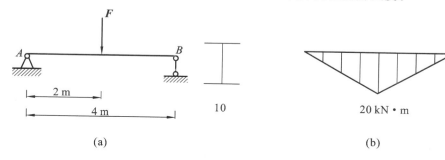

(a)                      (b)

图 7.6

**解** 1.最大弯矩发生在跨中截面，如图 7.6（b）所示，其值为

$$M_{max} = \frac{1}{4}FL = \left(\frac{1}{4} \times 20 \times 4\right) \text{kN} \cdot \text{m} = 20 \text{ kN} \cdot \text{m}$$

（2）计算抗弯截面系数 $W_z$。由型钢表查得工字钢 No.10 的抗弯截面系数

$$W_z = 49 \text{ cm}^3$$

（3）校核正应力强度。

$$\sigma_{max} = \frac{M_{max}}{W_z} = \left(\frac{20 \times 10^6}{49 \times 10^3}\right) \text{MPa} = 408 \text{ MPa} > [\sigma] = 280 \text{ MPa}$$

此梁不满足正应力强度条件，应考虑替换更大型号的工字钢。

（2）选择梁的截面。已知梁的材料及所受荷载时（即已知$[\sigma]$、$M_{max}$），可根据强度条件确定抗弯截面系数。

$$W_z \geqslant \frac{M_{max}}{[\sigma]} \tag{7.5}$$

再根据梁的截面形状进一步确定截面的具体尺寸。

**例 7.3** 某简支木梁，如图 7.7 所示，已知其横截面为圆形，木材的许用应力$[\sigma]=$12 MPa。试确定该梁的横截面直径 $d$。

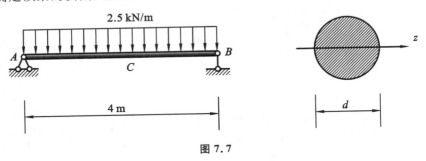

**图 7.7**

**解** （1）计算最大弯矩，最大弯矩发生在跨中截面

$$M_{max} = \frac{ql^2}{8} = \left(\frac{2.5 \times 4^2}{8}\right) \text{kN} \cdot \text{m} = 5 \text{ kN} \cdot \text{m}$$

（2）根据强度条件确定计算需要的抗弯截面系数：

$$W_z \geqslant \frac{M_{max}}{[\sigma]} = \left(\frac{5 \times 10^6}{12}\right) \text{mm}^3 \approx 4.17 \times 10^5 \text{ mm}^3$$

（3）确定截面尺寸

已知圆的抗弯截面系数为：

$$W_z = \frac{\pi d^3}{32}$$

$$W_z = \frac{\pi d^3}{32} \geqslant 4.17 \times 10^5 \text{ mm}^3$$

$$d \geqslant \sqrt[3]{\frac{4.17 \times 10^5 \times 32}{\pi}} \text{ mm} \approx 162 \text{ mm}$$

为施工方便，直径应取为 10 的整倍数，同时必须大于 162 mm，因此，直径可取 $d = 170$ mm。

（3）计算许用荷载。已知梁的截面尺寸及材料时（即已知 $W_z$、$[\sigma]$），先根据强度条件计算此梁能承受的最大弯矩。

$$M_{max} \leqslant W_z[\sigma] \tag{7.6}$$

再由 $M_{max}$ 与荷载的关系计算出容许荷载。

**例 7.4** 悬臂梁 $AB$ 如图 7.8(a) 所示，长 $L = 2$ m，在自由端有一集中荷载 $F$，横截面为矩形，其中 $b = 100$ mm，$h = 120$ mm。已知钢的许用应力$[\sigma] = 180$ MPa，略去梁的自重，试计算集中荷载 $F$ 的许用荷载值。

**解** 梁的弯矩图如图 7.8(b) 示，最大弯矩在靠近固定端处，其绝对值为

$$M_{max} = FL = 2F$$

由式(7.4)可知，矩形截面的抗弯截面系数为

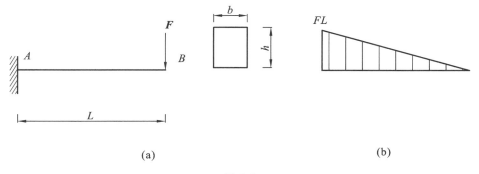

图 7.8

$$W_z = \frac{bh^2}{6} = \left(\frac{100 \times 120^2}{6}\right) \text{mm}^3 = 2.4 \times 10^5 \text{ mm}^3 = 2.4 \times 10^{-4} \text{ m}^3$$

由式(7.6)得

$$2F \leqslant 2.4 \times 10^{-4} \times 180 \times 10^6 \text{ N} \cdot \text{m}$$

因此,可知 $F$ 的许用荷载值为

$$[F]_{\max} = \left(\frac{2.4 \times 10^{-4} \times 180 \times 10^6}{2}\right) \text{N} = 21.6 \text{ kN}$$

# 任务 3 梁的剪应力及剪应力强度条件

当进行平面弯曲梁的强度计算时,一般来说,弯曲正应力是支配梁弯曲变形的主要因素,但在某些情况上,例如,当梁的跨度很小或在支座附近有很大的集中力作用,这时梁的最大弯矩比较小,而剪力却很大,如果梁截面窄且高或是薄壁截面,这时剪应力可达到相当大的数值,剪应力就不能忽略了。下面介绍几种常见截面上弯曲剪应力的分布规律和计算公式。

## 一、矩形截面梁的剪应力

如图 7.9(a)所示为矩形截面梁横截面上剪应力的一些规律:

(1)剪应力 $\tau$ 的方向与剪力 $F_Q$ 相同;

(2)与中性轴距离相等的各点剪应力相等;

根据以上假设,推导出的剪应力计算公式为:

$$\tau = \frac{F_Q S_z^*}{I_z b} \tag{7.7}$$

式中:$\tau$—— 横截面上距中性轴为 $y$ 处各点的剪应力;

　　$F_Q$—— 该截面上的剪应力;

　　$I_z$—— 整个横截面对中性轴 $z$ 的惯性矩;

　　$b$—— 所求剪应力处的横截面宽度;

　　$S_z^*$—— 横截面上距中性轴为 $y$ 处以上(或以下)部分横截面面积对中性轴的静矩。

上式表明矩形截面梁横截面上的剪应力沿截面高度呈抛物线变化。截面的上、下边缘

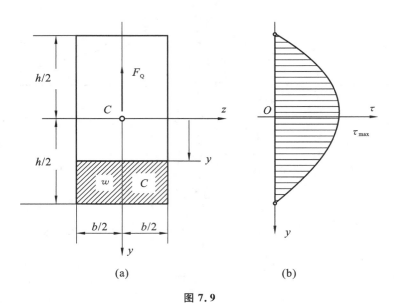

图 7.9

$\left(y = \pm \dfrac{h}{2}\right)$，剪应力 $\tau = 0$；在中性轴（$y = 0$），剪应力最大，其值为：

$$\tau_{\max} = 1.5 \frac{F_Q}{A} \tag{7.8}$$

## 二、工字形截面梁的剪应力

工字形截面梁由腹板和翼缘组成，其横截面如图 7.10 所示。中间狭长部分为腹板，上、下扁平部分为翼缘。梁横截面上的剪应力主要分布于腹板上，翼缘部分的剪应力情况比较复杂，数值很小，可以不予考虑。由于腹板比较狭长，因此可以假设：腹板上各点处的弯曲剪应力平行于腹

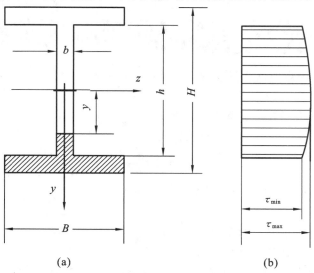

图 7.10

板侧边,并沿腹板厚度均匀分布。根据上述假设,并采用前述矩形截面梁的分析方法,得腹板上 $y$ 处的弯曲剪应力为:

$$\tau = \frac{F_Q S_z^*}{I_z b}$$

式中,$I_z$—— 整个工字形截面对中性轴 $z$ 的惯性矩;

$S_z^*$—— $y$ 处横线一侧的部分截面对该轴的静矩;

$b$—— 腹板的宽度。

当腹板的宽度 $b$ 远小于翼缘的宽度 $B$ 时,可以认为在腹板上剪应力大致是均匀分布的。可用腹板的截面面积除剪力 $F_Q$,近似地得到表示腹板的剪应力,即

$$\tau = \frac{F_Q}{bh_1} \tag{7.9}$$

式中,$h_1$ 为腹板高度,其余同前。

## 三、圆形截面梁的最大剪应力

对于圆形截面梁来说,横截面上剪应力情况比较复杂。但最大剪应力仍发生在中性轴上,其值为

$$\tau_{\max} = \frac{4}{3} \frac{F_Q}{A} \tag{7.10}$$

式中,$F_Q/A$ 是梁横截面上平均剪应力。

**例 7.5** 如图 7.11 所示简支梁跨中受集中力 $F = 20 \text{ kN}$,已知梁的跨径如图所示,梁的横截面尺寸 $b = 100 \text{ mm}$,$h = 180 \text{ mm}$。试比较梁的最大正应力和最大剪应力。

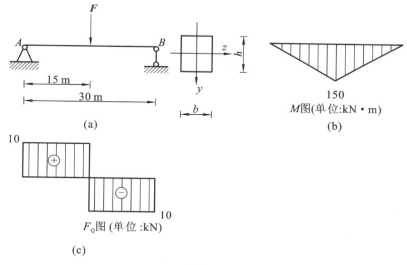

图 7.11

**解** （1）求出最大剪力值和最大弯矩值

如图所示,最大弯矩值出现在跨中截面:

$$M_{\max} = \frac{FL}{4} = \left( \frac{20 \times 30}{4} \right) \text{ kN} \cdot \text{m} = 150 \text{ kN} \cdot \text{m}$$

如图所示,最大剪力值出现在前后半段:

$$F_{Qmax} = 10 \text{ kN}$$

(2) 求 $\sigma_{max}$ 和 $\tau_{max}$。

最大正应力

$$\sigma_{max} = \frac{M_{max}}{W_z} = \left( \frac{150 \times 10^6}{\dfrac{1}{6} \times 100 \times 180^2} \right) \text{MPa} = 278 \text{ MPa}$$

最大剪应力

$$\tau_{max} = 1.5 \frac{F_Q}{A} = \left( 1.5 \times \frac{10 \times 10^3}{100 \times 180} \right) \text{MPa} \approx 0.83 \text{ MPa}$$

故

$$\frac{\sigma_{max}}{\tau_{max}} = \frac{278}{0.83} \approx 335$$

由此可以看出,梁的最大正应力比最大剪应力大得多,所以有时在校核实体梁的强度时,可以忽略剪应力的影响。

## 四、梁的剪应力强度条件

以上讨论了几种常见截面梁的剪应力及最大剪应力计算公式,梁的剪应力强度条件为:

$$\tau_{max} \leqslant [\tau] \tag{7.11}$$

在一般细长的非薄壁截面梁中,最大弯曲正应力远大于最大弯曲剪应力,其强度的计算通常由正应力强度条件控制。但是,下列几种情况,必须同时对正应力和剪应力强度进行校核:

(1) 当梁的跨度很小(一般 $\frac{L}{h} < 5$),或在支座附近有较大的集中荷载时,梁的弯矩小而剪力大。

(2) 某些组合截面钢梁(如组合工字梁)中,其腹板宽度与高度之比小于一般型钢截面的相应比值时,腹板的剪应力值很大。

(3) 木梁顺纹方向。由于木材在顺纹方向的抗剪能力差,当横截面中性层上产生较大的剪应力时,可使木梁沿中性层顺纹方向破坏。

值得注意的是,梁截面上离中性轴最远的上、下边缘处各点有最大正应力而剪应力为零,在中性轴上各点有最大剪应力而正应力为零,截面上其余各点既有正应力又有剪应力。

**例 7.6** 外伸梁受力、截面尺寸及形心位置如图 7.12(a)和图 7.12(b)所示。材料的许用拉应力为 $[\sigma_l] = 35$ MPa,许用压应力为 $[\sigma_y] = 80$ MPa,许用剪应力为 $[\tau] = 5$ MPa,试校核该梁的正应力和剪应力强度。

**解** (1) 画梁的剪力图和弯矩图,分别如图 7.12(c)、图 7.12(d)所示。

由剪力图可知,$C$ 截面有最大剪力

$$F_{Qmax} = 20 \text{ kN}$$

由弯矩图可知,$B$ 截面有最大正弯矩,$C$ 截面有最大负弯矩。

(2) 根据截面尺寸及形心位置,计算 $I_z$ 和 $S_{zmax}^*$

$$I_z = \sum (I_{zi} + a_i^2 A_i)$$

$$= \left( \frac{30 \times 170^3}{12} + 30 \times 170 \times 54^2 + \frac{200 \times 30^3}{12} + 200 \times 30 \times 46^2 \right) \text{mm}^4 = 40.3 \times 10^6 \text{ mm}^4$$

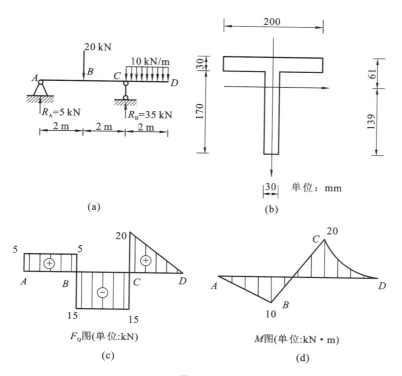

图 7.12

$$S_{z\max}^* = \left(139 \times 30 \times \frac{139}{2}\right) \text{ mm}^3 = 290 \times 10^3 \text{ mm}^3$$

（3）校核梁的正应力强度

$B$ 截面：

上边缘处最大压应力

$$\sigma_{y\max} = \frac{M_B y_1}{I_z} = \left[\frac{10 \times 10^6 \times (200 - 139)}{40.3 \times 10^6}\right] \text{ MPa} \approx 15.1 \text{ MPa} < [\sigma_y]$$

下边缘处最大拉应力

$$\sigma_{l\max} = \frac{M_B y_2}{I_z} = \left(\frac{10 \times 10^6 \times 139}{40.3 \times 10^6}\right) \text{ MPa} \approx 34.5 \text{ MPa} < [\sigma_l]$$

$C$ 截面：

上边缘处最大拉应力

$$\sigma_{l\max} = \frac{M_C y_1}{I_z} = \left[\frac{20 \times 10^6 \times (200 - 139)}{40.3 \times 10^6}\right] \text{ MPa} \approx 30.3 \text{ MPa} < [\sigma_l]$$

下边缘处最大压应力

$$\sigma_{y\max} = \frac{M_C y_2}{I_z} = \left(\frac{20 \times 10^6 \times 139}{40.3 \times 10^6}\right) \text{ MPa} \approx 69 \text{ MPa} < [\sigma_y]$$

经校核，满足正应力强度。

（4）校核剪应力强度

$$\tau_{\max} = \frac{F_{Q\max} S_{z\max}^*}{I_z b} = \left(\frac{20 \times 10^3 \times 290 \times 10^3}{40.3 \times 10^6 \times 30}\right) \text{ MPa} \approx 4.80 \text{ MPa} < [\tau]$$

经校核,满足剪应力强度。

本例说明:

(1) 当材料的抗拉与抗压强度不同,截面上、下又不对称时,对梁内最大正弯矩和最大负弯矩所在截面均应校核。

(2) 当材料许用剪应力远远小于许用拉压应力时,尽管最大剪应力相对最大正应力较小,也应进行校核。

# 任务 4  提高梁的抗弯强度的主要措施

前面已指出,在横力弯曲中,控制梁强度的主要因素是梁的最大正应力,梁的正应力强度条件

$$\sigma_{max} = \frac{M_{max}}{W_Z} \leqslant [\sigma]$$

为梁设计的主要依据,由这个条件可看出,对于一定长度的梁,在承受一定荷载的情况下,应设法适当地安排梁所受的力,使梁最大的弯矩绝对值降低,同时选用合理的截面形状和尺寸,使抗弯截面模量 $W_Z$ 值增大,以达到设计出的梁满足节约材料和安全适用的要求。关于提高梁的抗弯强度问题,分别进行以下几方面讨论。

## 一、合理安排梁的支座与荷载

在工程实际容许的情况下,提高梁强度的一个重要措施是合理安排梁的支座和加荷载方式。图 7.13(a) 所示简支梁,承受均布载荷 $q$ 作用,如果将梁两端的铰支座各向内移动少许,例如移动 $\frac{l}{5}$,如图 7.13(b) 所示,则后者的最大弯矩仅为前者的 1/5。

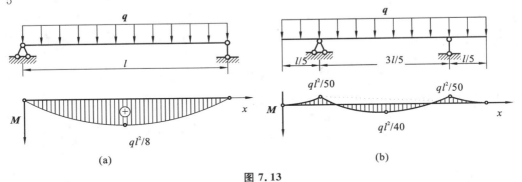

图 7.13

如图 7.14(a) 所示简支梁 $AB$,在跨度中点承受集中荷载 $F_P$ 作用,如果在梁的中部设置一长为 $\frac{l}{2}$ 的辅助梁 $CD$(见图 7.14(b)),这时,梁 $AB$ 内的最大弯矩将减小一半。

上述实例说明,合理安排支座和加载方式,将显著减小梁内的最大弯矩。

## 二、采用合理的截面形状

梁所能承受的弯矩 $M$ 与抗弯截面系数 $W_Z$ 成正比,而材料多少又与截面面积 $A$ 成正比,合理的截面形状,是用较小的面积 $A$ 取得较大的抗弯截面系数 $W_Z$。也就是说 $\frac{W_Z}{A}$ 比值大的截面形状

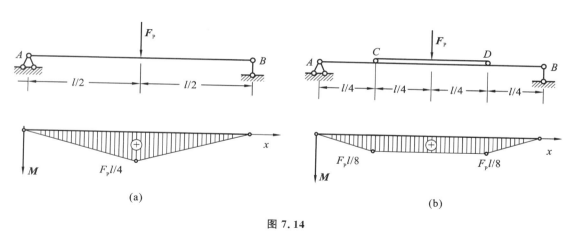

图 7.14

经济合理。下面对圆形、矩形、工字形截面在抗弯截面系数 $W_z$ 相等的条件下进行比较,表 7.1 列出了几种常见的截面形状及其 $W_z/A$ 的值。

表 7.1　圆形、矩形、工字形截面的 $\dfrac{W_z}{A}$ 值

| 序号 | 截面形状 | 截面尺寸 （mm） | $W_z(\text{mm}^3)$ | $A(\text{mm}^2)$ | $\dfrac{W_z}{A}(\text{mm})$ |
|---|---|---|---|---|---|
| 1 | | $d = 137$ | $250 \times 10^3$ | $148 \times 10^2$ | 16.9 |
| 2 | | $b = 72$ $h = 144$ | $250 \times 10^3$ | $104 \times 10^2$ | 24 |
| 3 | | 工字钢 20b | $250 \times 10^3$ | $39.5 \times 10^2$ | 63.3 |

　　从表中可以看出,矩形截面比圆形截面好,工字形截面比矩形截面好得多。使截面的大多数材料分布在距中性轴较远处,可获得较大的 $\dfrac{W_z}{A}$ 值。

从正应力分布规律分析,正应力沿截面高度线性分布,当离中性轴最远各点处的正应力,达到许用应力值时,中性轴附近各点处的正应力仍很小,中性轴附近的这部分材料没有得到充分利用。如果把中性轴附近的材料减少,而把大部分材料布置在距中性轴较远处,截面就显得合理。

根据上述原则,对于抗拉与抗压强度相同的塑性材料梁,宜采用对中性轴对称的截面,如工字形、圆环形、箱形等截面形式。而对于抗拉强度低于抗压强度的脆性材料梁,则最好采用中性轴偏于受拉一侧的截面,便如 T 字形和槽形截面等。如用铸铁制成的梁,常采用如图 7.15 所示的 T 形截面,若满足如下关系:

$$\frac{[\sigma_l]}{[\sigma_y]} = \frac{y_1}{y_2}$$

就能使危险截面上的受拉应力与受压应力同时达到容许应力。

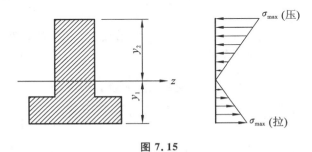

图 7.15

## 三、采用变截面梁

一般情况下,梁内不同横截面的弯矩不同。因此,在按最大弯矩所设计的等截面梁中,除最大弯矩所在截面外,其余截面的材料强度均未得到充分利用。因此,在工程实际中,常根据弯矩沿梁轴线的变化情况,将梁也相应设计成变截面的。横截面沿梁轴线变化的梁,称为变截面梁。如图 7.16(a)、图 7.16(b) 所示上下加焊盖板的板梁和悬挑梁,就是根据各截面上弯矩的不同而采用的变截面梁。如果将变截面梁设计为使每个横截面上最大正应力都等于材料的许用应力值,这种梁称为等强度梁。显然,这种梁的材料消耗最少、重量最轻,是最合理的。但实际上,由于加工制造等因素,一般只能近似地做到等强度的要求。图 7.16(c)、图 7.16(d) 所示的车辆上常用的叠板弹簧、鱼腹梁就是很接近等强度要求的形式。

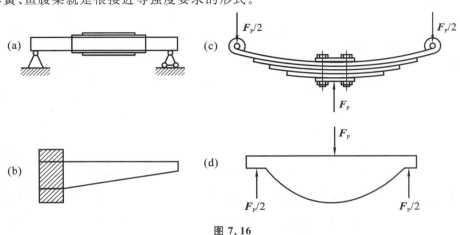

图 7.16

## 习题

7.1 推导梁平面弯曲正应力公式时有哪些假设?在什么条件下才是正确的?为什么要作这些假设?

7.2 提高梁的弯曲强度有哪些措施?

7.3 已知某梁的横截面是矩形,如图 7.17 所示,其中 $h = 200$ mm,$b = 100$ mm,试比较将横截面竖放和横放时的 $\frac{W_z}{A}$,思考如何布置更合理。

7.4 钢梁常采用对称于中性轴的截面形式,而铸铁常采用非对称于中性轴的截面形式,为什么?

7.5 求如图 7.18 所示悬臂梁 $C$ 截面上 $a$、$b$、$c$、$d$ 各点处的正应力,并画出该截面上正应力沿截面高度的分布图。(尺寸单位:mm)

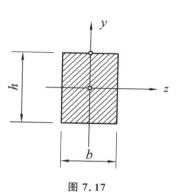

图 7.17

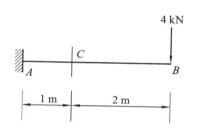

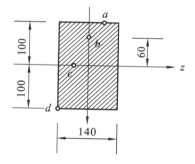

图 7.18

7.6 一简支木梁受力如图 7.19 所示。横截面为矩形,设高宽比 $h/b = 2$,已知材料的许用正应力 $[\sigma] = 10$ MPa,许用剪应力 $[\tau] = 1.5$ MPa。试确定截面尺寸。

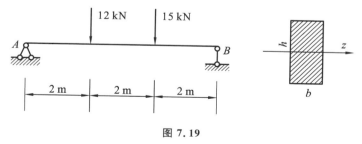

图 7.19

7.7 工字钢梁的荷载及尺寸如图 7.20 所示,其中 $P = 40$ kN。已知材料的许用应力 $[\sigma] = 170$ MPa。试校核该梁的正应力强度。

7.8 如图 7.21 所示的外伸梁,承受荷载 $F$ 作用。已知荷载 $F = 40$ kN,许用应力 $[\sigma] =$

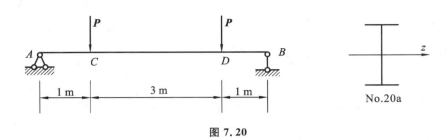

**图 7.20**

170 MPa,请选择工字钢型号。

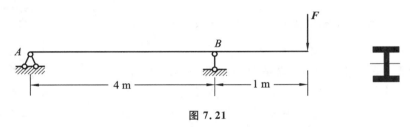

**图 7.21**

7.9 一简支木梁受力如图 7.22 所示。横截面为圆形,已知材料的许用应力$[\sigma]=20$ MPa。试按正应力强度条件确定许用荷载。(横截面尺寸单位:mm)

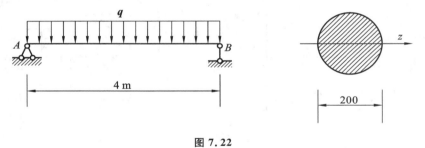

**图 7.22**

# 组合变形

**基本要求**：了解组合变形的概念；掌握组合变形分析方法；理解斜弯曲、偏心压缩的应力分布及计算方法；了解截面核心的概念。

**重点**：斜弯曲、偏心压缩的应力计算。

**难点**：组合变形分析方法；斜弯曲、偏心压缩的应力计算。

# 任务 1 组合变形概念

前面几章分别研究了杆件的轴向拉伸（压缩）、剪切、扭转和平面弯曲等基本变形，建立了相应的强度条件，并解决强度及刚度问题的计算。然而，实际工程结构中有些杆件的受力情况是复杂的，在多种荷载或不同方向的荷载作用下，构件往往会产生两种或两种以上的基本变形，这类变形称为组合变形。

如图 8.1（a）所示的高耸烟囱，除自重 $G$ 引起的轴向压缩变形外，同时还有水平风力 $q$ 引起的弯曲变形；如图 8.1（b）所示的工业厂房的承重柱同时承受屋架传下来的荷载 $F_1$ 和吊车荷载 $F_2$ 的作用，因其合力作用线与柱子的轴线不重合，使柱子同时发生轴向压缩变形和弯曲变形；如图 8.1（c）所示屋架上的檩条，由于荷载不是作用在檩条的纵向对称平面内，因而檩条产生了非平面弯曲变形的斜弯曲或双向弯曲。

在小变形且材料服从胡克定律的前提下，组合变形的计算可根据叠加原理进行简化，即在研究杆件的组合变形时杆件的尺寸按原始尺寸计算，而且组合变形中的每一种基本变形都是各自独立和互不影响的，因此计算组合变形时可以将几种基本变形分别单独计算，然后再叠加，即得组合变形杆件的内力、应力和变形。

组合变形的一般计算方法是：

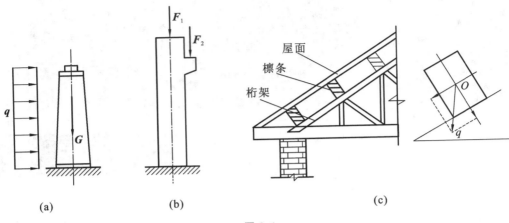

图 8.1

（1）将作用在杆件上的荷载分解或简化成几个等效荷载，使其各自对应一种基本变形；

（2）计算杆件在单一荷载下的应力或变形；

（3）利用叠加原理求出这些应力或变形的总和，从而得到杆件在原荷载作用下的应力或变形；

（4）分析杆件危险点的应力状态，选用适当的强度条件或刚度条件进行计算。

# 任务 2 斜弯曲

对于有纵向对称平面的梁，当所有外力或外力偶作用在梁的纵向对称面内时，梁将发生平面弯曲。如图 8.2(a) 所示矩形截面悬臂梁，其截面具有两个对称形心轴 $y$ 轴和 $z$ 轴。假定在截面形心作用一个集中力，作用线不与两形心轴重合。如果我们将载荷沿形心轴分解，此时梁在两个分力作用下，分别在水平对称平面（$xOz$ 平面）内和竖向对称平面（$xOy$ 平面）内发生平面弯曲，这类梁的弯曲变形称为斜弯曲，它是两个互相垂直方向的平面弯曲的组合。

我们以图 8.2(a) 所示悬臂梁为例来研究斜弯曲的内力及强度计算问题。

**1. 荷载分解**

建立如图所示坐标系，将外力沿 $y$ 轴、$z$ 轴分解，得

$$F_y = F\cos\theta$$
$$F_z = F\sin\theta$$

$F_y$ 将使梁在铅垂平面 $xOy$ 内发生平面弯曲，$F_z$ 将使梁在水平对称平面 $xOz$ 内发生平面弯曲。也就是说，斜弯曲的实质就是梁的两个相互垂直的平面弯曲的组合。

**2. 分别计算应力**

在距自由端为 $x$ 的横截面上，两个分力 $F_y$、$F_z$ 分别引起的内力弯矩为

$$M_z = F_y x = Fx\cos\theta$$
$$M_y = F_z x = Fx\sin\theta$$

由 $M_z$、$M_y$ 分别在 $K$ 点引起的正应力为

$$\sigma_{KM_z} = \pm\frac{M_z}{I_z}\cdot y = \pm\frac{Fx\cos\theta}{I_z}\cdot y$$

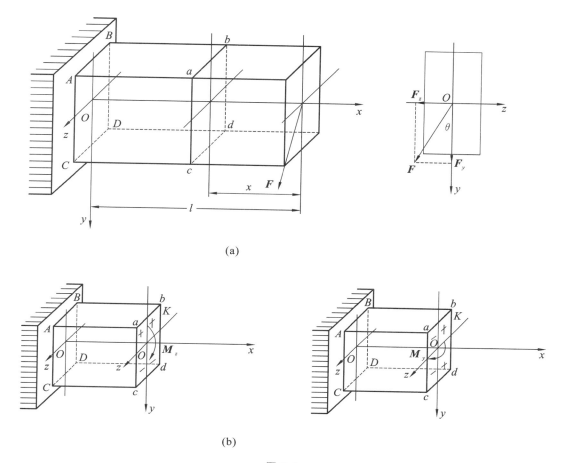

图 8.2

$$\sigma_{KM_y} = \pm \frac{M_y}{I_y} \cdot z = \pm \frac{Fx\sin\theta}{I_y} \cdot z$$

式中，$I_z$、$I_y$ 分别为横截面对 $z$ 轴和 $y$ 轴的惯性矩。应力的正负号可以通过平面弯曲的变形情况直接判断，如图 8.2(b) 所示。

### 3. 叠加法求应力

应用叠加法，求出 $K$ 点实际应力

$$\sigma_K = \sigma_{KM_z} + \sigma_{KM_y} = \pm \frac{Fx\cos\theta}{I_z} \cdot y \pm \frac{Fx\sin\theta}{I_y} \cdot z \tag{8.1}$$

在应用此公式时，可以先不考虑应力 $\sigma_{KM_z}$、$\sigma_{KM_y}$ 的正负号，公式中全部以绝对值代入式中，$\sigma_{KM_z}$、$\sigma_{KM_y}$ 的正负号可根据杆件弯曲变形情况确定，即求应力的点位于弯曲拉伸区，则该项应力为拉应力，取正号；若位于压缩区，则为压应力，取负号。最后按代数和求出 $K$ 点实际应力值。

### 4. 强度计算

进行强度计算时，必须首先确定危险截面和危险点的位置。对于图 8.2(a) 所示的悬臂梁，当 $x = l$ 时，弯矩达到最大值，因此，固定端截面就是危险截面。根据对变形的判断，可知 $B$ 点和 $C$ 点就是危险点，其中 $B$ 点处有最大拉应力，$C$ 点处有最大压应力，若材料的抗拉和抗压强度相等，则其强度条件为

$$\sigma_{\max} = \frac{M_{z\max}}{W_z} + \frac{M_{y\max}}{W_y} \leqslant [\sigma] \tag{8.2}$$

应该注意的是，如果材料的抗拉和抗压强度不相等，须分别对拉、压强度进行计算。

运用公式（8.2）可以对斜弯曲构件进行强度校核、选择截面尺寸和确定许可荷载。

**例 8.1** 如图 8.3 所示简支梁 $AB$，采用 No.28a 热轧工字钢，已知 $F = 10$ kN，$\theta = 30°$，$L = 4$ m，$[\sigma] = 160$ MPa。试校核该梁的强度。

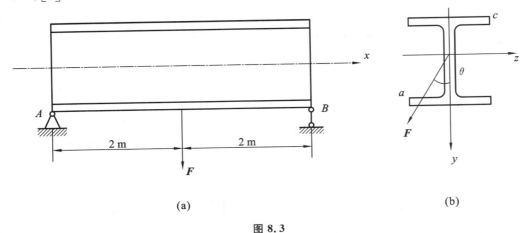

(a) (b)

图 8.3

**解** （1）外力分解。

由于外力 $F$ 通过截面形心，与形心轴 $y$ 成 $\theta = 30°$，故梁 $AB$ 产生斜弯曲变形。将力 $F$ 沿形心主轴 $y$、$z$ 方向分解，得

$$F_y = F\cos\theta = (10 \times \cos 30°)\ \text{kN} = 8.66\ \text{kN}$$

$$F_z = F\sin\theta = (10 \times \sin 30°)\ \text{kN} = 5\ \text{kN}$$

（2）内力分析。在梁跨中截面上，由 $F_y$ 和 $F_z$ 在 $xOy$ 平面和 $xOz$ 平面内引起的最大弯矩分别为：

$$M_{z\max} = \frac{F_y L}{4} = \left(8.66 \times \frac{4}{4}\right)\ \text{kN} \cdot \text{m} = 8.66\ \text{kN} \cdot \text{m}$$

$$M_{y\max} = \frac{F_z L}{4} = \left(5 \times \frac{4}{4}\right)\ \text{kN} \cdot \text{m} = 5\ \text{kN} \cdot \text{m}$$

（3）校核强度。由型钢表查得，No.28a 工字钢的两个抗弯截面系数分别为：

$$W_z = 508.15\ \text{cm}^3, \quad W_y = 56.565\ \text{cm}^3$$

梁 $AB$ 的危险点应为跨中截面上的 $a$ 和 $c$ 点，在 $a$ 点处为最大拉应力，在 $c$ 点处为最大压应力，且两者数值相等，其值为

$$\begin{aligned}
\sigma_{\max} &= \frac{M_{z\max}}{W_z} + \frac{M_{y\max}}{W_y} \\
&= \frac{8.66 \times 10^6}{508.15 \times 10^3}\ \text{MPa} + \frac{5 \times 10^6}{56.565 \times 10^3}\ \text{MPa} \\
&= 17.04\ \text{MPa} + 88.39\ \text{MPa} \\
&= 105.43\ \text{MPa}
\end{aligned}$$

$$\sigma_{\max} = 105.43\ \text{MPa} \leqslant [\sigma] = 160\ \text{MPa}$$

满足强度要求。

# 任务 3 偏心压缩

当作用于杆件上的压力与杆轴线平行但不重合时,杆件所发生的变形称为偏心压缩。这种外力称为偏心力,偏心力的作用点到截面形心的距离称为偏心距,常用 $e$ 表示(见图 8.4)。偏心压缩(拉伸)是工程实际中常见的组合变形形式。例如厂房边柱,在吊车梁作用下,会发生偏心压缩的变形。

根据偏心力作用点位置不同,常将偏心压缩分为单向偏心压缩和双向偏心压缩两种情况。

## 一、单向偏心压缩时的强度计算

当偏心压力 $F$ 作用在截面上的某一对称轴(例如 $y$ 轴)上的 $K$ 点时,杆件产生的偏心压缩称为单向偏心压缩,如图 8.4(a)所示,这种情况在工程实际中比较常见。

**1. 荷载分解**

将偏心压力 $F$ 向截面形心简化,得到一个轴向压力 $F$ 和一个 $m = Fe$ 的力偶,如图 8.4(b)所示。

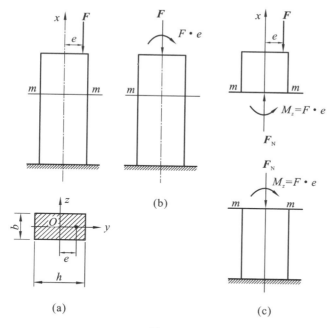

**图 8.4**

**2. 分别计算应力**

如图 8.4(c)所示,用截面法可求得任意横截面 $m—m$ 上的内力为

$$F_N = -F, \quad M_z = m = Fe$$

由外力简化和内力计算结果可知,偏心压缩为轴向压缩与平面弯曲的组合变形。如图 8.5(b)、图 8.5(c)所示,两种变形分别在 $K$ 点产生的应力为

$$\sigma_{KN} = \frac{F_N}{A}$$

$$\sigma_{KM} = \pm \frac{My_K}{I_z} = \pm \frac{Fey_K}{I_z}$$

**3. 叠加法求应力**

如图 8.5,根据叠加原理,将轴力 $F_N$ 对应的正应力 $\sigma_{KN}$ 与弯矩 $M$ 对应的正应力 $\sigma_{KM}$ 叠加起来,即得单向偏心压缩时任意横截面上任一点的正应力计算式

$$\sigma = \sigma_{KN} + \sigma_{KM} = \frac{F_N}{A} \pm \frac{Fey_K}{I_z} \tag{8.3}$$

用式(8.3)计算应力时,式中各量值均以绝对值代入,公式中第二项前的正负号可通过观察弯曲变形确定,该点在受拉区为正,在受压区为负。

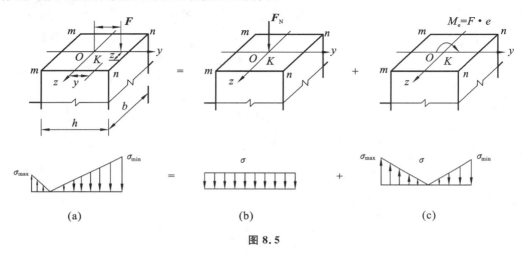

**图 8.5**

由应力分布图 8.5 可知,横截面上最大正应力和最小正应力分别发生在横截面上左、右两边缘上,其计算公式为:

$$\begin{cases} \sigma_{max} = -\dfrac{F}{A} + \dfrac{Fe}{W_z} \\ \sigma_{min} = -\dfrac{F}{A} - \dfrac{Fe}{W_z} \end{cases} \tag{8.4}$$

**4. 强度计算**

若不计柱的自重,则柱的各截面应力相同。其正应力强度条件为

$$\begin{cases} \sigma_{max} = -\dfrac{F}{A} + \dfrac{Fe}{W_z} \leqslant [\sigma]^+ \\ \sigma_{min} = -\dfrac{F}{A} - \dfrac{Fe}{W_z} \leqslant [\sigma]^- \end{cases} \tag{8.5}$$

式中:$[\sigma]^+$ 为材料许用拉应力,$[\sigma]^-$ 为材料许用压应力。

运用式(8.5)可以对单向偏心压缩构件进行强度校核、选择截面尺寸和确定许可荷载。

上述各式用于偏心拉伸时,须改变第一项的负号为正号。

**■ 例 8.2** 如图 8.6 所示矩形截面支撑柱,$F_1 = 100$ kN,$F_2 = 50$ kN,$F_2$ 的偏心距 $e = 0.2$ m。已知截面 $b \times h = (200 \times 300)$ mm²,试求柱截面中的最大拉应力和最大压应力各为多少?

**解** （1）内力计算

将荷载向截面形心简化，柱的横截面上轴向压力和弯矩分别为

$$F_N = F_1 + F_2 = (100 + 50) \text{ kN} = 150 \text{ kN}$$

$$M_z = F_2 \cdot e = 50 \times 0.2 \text{ kN} \cdot \text{m} = 10 \text{ kN} \cdot \text{m}$$

（2）计算最大拉应力和最大压应力

由式（8.4）得

$$\sigma_{max}^+ = -\frac{F_N}{A} + \frac{M_z}{W_z} = -\frac{150 \times 10^3}{200 \times 300} \text{ MPa} + \frac{10 \times 10^6}{\frac{200 \times 300^2}{6}} \text{ MPa}$$

$$= -2.5 \text{ MPa} + 3.33 \text{ MPa}$$

$$= 0.83 \text{ MPa}$$

$$\sigma_{max}^- = -\frac{F_N}{A} - \frac{M_z}{W_z} = -\frac{150 \times 10^3}{200 \times 300} - \frac{10 \times 10^6}{\frac{200 \times 300^2}{6}}$$

$$= -2.5 \text{ MPa} - 3.33 \text{ MPa}$$

$$= -5.83 \text{ MPa}$$

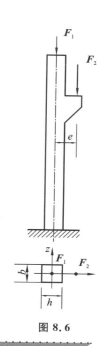

图 8.6

## 二、双向偏心压缩

当外力 $F$ 与柱的轴线平行，且作用线不通过截面任一形心轴，而是作用在横截面上任意位置 $K$ 点，如图 8.7（a）所示。此时柱产生的偏心压缩称为双向偏心压缩。这是偏心压缩的一般情况，其计算方法和步骤与单向偏心压缩相同。

若用 $e_y$ 和 $e_z$ 分别表示压力 $F$ 作用点到 $z$、$y$ 轴的距离，将外力向截面形心 $O$ 简化得一轴向压力 $F$ 和对 $y$ 轴的力偶矩 $M_y = Fe_z$，对 $z$ 轴的力偶矩 $M_z = Fe_y$，如图 8.7（b）所示。

由截面法可求得杆件任一截面上的内力有轴力 $F_N = -F$，弯矩 $M_y = m_y = Fe_z$ 和 $M_z = m_z = Fe_y$。由此可见，双向偏心压缩实质上是压缩与两个方向平面弯曲的组合。

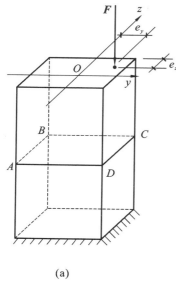
(a)

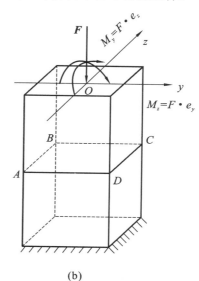
(b)

图 8.7

根据叠加原理,可得杆件横截面上任意一点 $K(y,z)$ 处正应力计算式为

$$\sigma_K = \sigma_{KN} + \sigma_{KM_y} + \sigma_{KM_z} = -\frac{N}{A} \pm \frac{M_y z}{I_y} \pm \frac{M_z y}{I_z}$$

$$= -\frac{F_N}{A} \pm \frac{Fe_z z}{I_y} \pm \frac{Fe_y y}{I_z} \tag{8.6}$$

最大和最小正应力发生在截面的角点 $A$、$C$,如图 8.7(b) 所示。

$$\begin{cases} \sigma_{max} = -\dfrac{F}{A} + \dfrac{M_y}{W_y} + \dfrac{M_z}{W_z} \\[3mm] \sigma_{min} = -\dfrac{F}{A} - \dfrac{M_y}{W_y} - \dfrac{M_z}{W_z} \end{cases} \tag{8.7}$$

上述各公式同样适用于偏心拉伸,但须将公式中第一项前负号改为正号。

## 三、截面核心

土木建筑工程中常用的砖、石、混凝土等脆性材料,它们的抗拉强度远远小于抗压强度,当设计和使用由这类材料制成的偏心受压构件时,要求横截面上不出现拉应力。由式(8.4)和式(8.7)可知,当偏心压力 $F$ 和截面形状、尺寸确定后,应力的分布只与偏心距有关。偏心距愈小,横截面上拉应力的数值也就愈小。因此,总可以找到包含截面形心在内的一个特定区域,当偏心压力作用在该区域内时,截面上就不会出现拉应力,这个区域称为截面核心。

如图 8.8 所示的矩形截面杆,当力作用点在形心 $y$ 轴上时,要使横截面上不出现拉应力,就应使

$$\sigma_{max}^+ = -\frac{F}{A} + \frac{Fe}{W_z} \leqslant 0$$

将 $A = bh$,$W_z = \dfrac{bh^2}{6}$ 代入上式可得

$$-1 + \frac{6e}{h} \leqslant 0$$

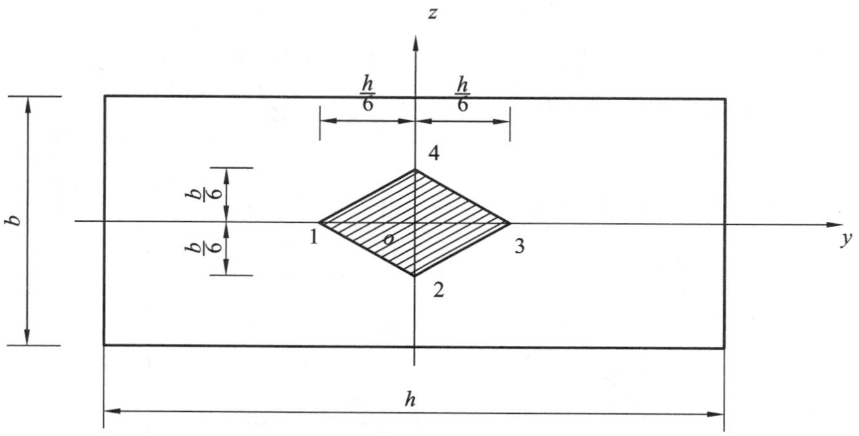

**图 8.8**

从而得 $e \leqslant \frac{h}{6}$，这说明当偏心压力作用在 $y$ 轴上 $\pm\frac{h}{6}$ 范围以内时，截面上不会出现拉应力。同理，当偏心压力作用在 $z$ 轴上 $\pm\frac{b}{6}$ 范围以内时，截面上也不会出现拉应力。可以证明将图中 1、2、3、4 点顺次用直线连接所得的菱形，即为矩形截面核心。常见截面的截面核心如图 8.9 所示。

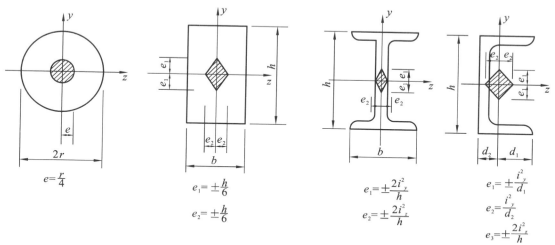

图 8.9

8.1 什么是组合变形?组合变形的计算步骤是怎样的?

8.2 什么是斜弯曲?它与平面弯曲有什么区别?

8.3 什么是单向偏心压缩?它与轴向压缩有什么区别?

8.4 图 8.10 所示各杆的 $AB$、$BC$、$CD$ 各段产生什么组合变形?

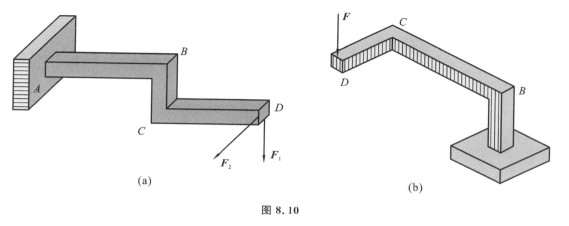

(a)　　　　　　　　　(b)

图 8.10

8.5 什么叫截面核心?为什么工程中将偏心压力作用点控制在受压杆件的截面核心范

围内？

8.6 矩形截面悬臂梁受力如图 8.11 所示,力 $F$ 过截面形心且与 $y$ 轴夹角 15°,$F = 2$ kN,$l = 2$ m,截面 $b \times h = 20 \times 40$ cm$^2$,试计算最大正应力和最小正应力。

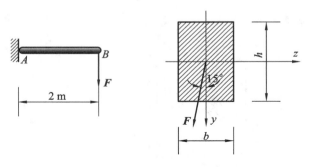

图 8.11

8.7 如图 8.12 所示简支梁 $AB$,采用 No.22a 热轧工字钢,已知 $F = 4$ kN,$\theta = 15°$,$L = 4$ m,$[\sigma] = 160$ MPa。试校核该梁的强度。

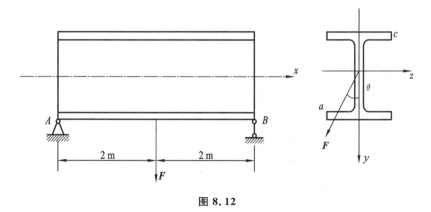

图 8.12

8.8 如图 8.13 所示正方形截面偏心受压柱,已知:$b \times h = 200$ mm $\times 400$ mm,$e = 100$ mm,$F = 100$ kN(柱自重不计)。试求该柱的最大拉应力与最大压应力。

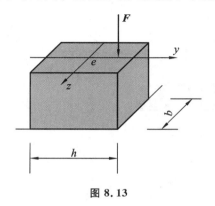

图 8.13

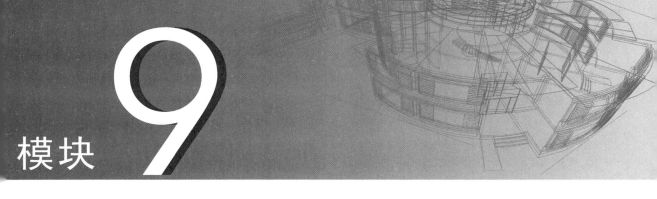

# 模块 9

# 压杆稳定

学习目标

**基本要求**:理解压杆稳定的概念;掌握细长压杆临界力的欧拉公式;掌握压杆的稳定计算方法;理解提高压杆稳定的措施。

**重点**:压杆失稳平面的判断;压杆稳定的计算方法。

**难点**:压杆稳定性的概念。

# 任务 1  压杆稳定性的概念

## 一、稳定问题的提出

前面在研究轴向拉压杆时表明:压杆只要满足强度条件,即

$$\sigma = F_N/A \leqslant [\sigma]$$

就可以保证压杆的正常工作。压杆的承载力只与杆件的材料和横截面积有关。

试验证明,这个结论只适用于短粗压杆,而细长压杆在轴向压力作用下,其破坏的形式却呈现出与强度问题截然不同的现象。如图 9.1 所示,两根截面面积同为 $A = (10 \times 30)$ mm²、长度不同的矩形红松木压杆,其中一根长 30 mm,另一根长 1000 mm。假定材料的抗压强度 $\sigma_b = 20$ MPa,根据强度理论两杆的极限承载力均为 $F = A\sigma_b = (10 \times 30 \times 20)$ N = 6 kN。实验结果是短杆在压力增加到约 6 kN 时因出现裂纹而破坏,而长杆在压力增加到约 0.3 kN(理论计算)

时发生弯曲,继续增加压力,弯曲迅速增大,杆件随即折断。

显然,短杆破坏属于强度破坏,长杆是由于丧失了其在直线形状下保持平衡状态的能力从而导致破坏。

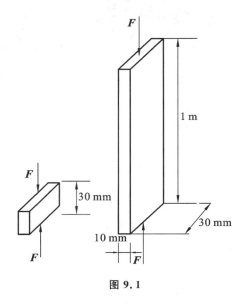

图 9.1

1907 年 8 月 9 日,距离加拿大魁北克城 14.4 km 处横跨圣劳伦斯河的大铁桥在施工中发生突然倒塌,倒塌持续时间约 10 秒钟,桥上 75 人坠河遇难。事后发现倒塌的原因是在施工中悬臂桁架西侧的下弦杆有两节失稳所致。

## 二、平衡状态的稳定性

取如图 9.2(a) 所示的等直细长杆,在其顶端施加轴向压力 $F$,使杆件在直线形状下处于平衡,此时,如果给杆以微小的侧向干扰力,使杆发生微小的弯曲,然后撤去干扰力,当杆件承受的轴向压力数值不同时,其结果也截然不同。当杆件承受的轴向压力 $F$ 小于某一特定数值 $F_{cr}$ 时,在撤去干扰力以后,杆能自动恢复到原有的直线平衡状态而保持平衡,如图 9.2(a) 所示,这种能保持原有的直线状态的平衡称为稳定的平衡;当杆承受的轴向压力数值 $F$ 逐渐增大到某一特定数值 $F_{cr}$ 时,即使撤去干扰力,杆件已不能回复到原来的直线状态,如图 9.2(b) 所示,杆件会在微弯形状下保持新的平衡,这时的直线状态的平衡称为临界平衡;当杆件承受的轴向压力数值 $F$ 逐渐增大到超过某一特定数值 $F_{cr}$ 时,即使撤去干扰力,杆件仍继续弯曲,产生显著的弯曲变形,直至发生突然折断,如图 9.2(c) 所示,则这种不能保持原有的直线状态的平衡称为不稳定的平衡。

上述现象表明,在轴向压力 $F$ 由小逐渐增大的过程中,压杆由稳定的平衡转变为不稳定的平衡,这种现象称为压杆丧失稳定性,简称压杆失稳。显然,压杆是否失稳取决于轴向压力的数值,压杆由直线状态的稳定平衡过渡到不稳定平衡时,所对应的特定数值的轴向压力称为压杆

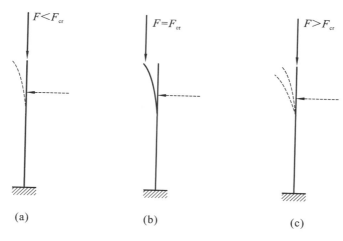

图 9.2

的临界力,用 $F_{cr}$ 表示。当压杆所受的轴向压力 $F$ 小于 $F_{cr}$ 时,杆件就能够保持稳定的平衡,而当压杆所受的轴向压力 $F$ 大于 $F_{cr}$ 时,杆件就不能保持稳定的平衡而失稳。

　　实际工程中的压杆如脚手架等,由于种种原因,不可能达到理想的轴心受压状态。制作的误差、材料的不均匀、周围物体的振动等都可能成为干扰力。所以,必须满足 $F < F_{cr}$,压杆才能避免失稳。

# 任务 2　细长压杆的临界力和临界应力

　　压杆临界力的大小可以实验测定或通过理论推导得到,其大小与压杆的长度、截面的形状与尺寸、材料以及两端的支承情况有关。

## 一、细长压杆临界力计算公式

　　通过实验或理论推导表明,不同约束条件下细长压杆临界力计算公式(欧拉公式)为

$$F_{cr} = \frac{\pi^2 EI}{(\mu l)^2} \tag{9.1}$$

式中:$E$——材料的弹性模量;

　　$I$——杆件横截面对形心轴的惯性矩。当杆端在各方向的支承情况相同时,取最小值 $I_{min}$;

　　$l$——压杆长度;

　　$\mu$——长度系数。

　　几种不同杆端约束情况下的长度系数 $\mu$ 值列于表 9.1 中。

表 9.1　压杆长度系数

| 支承情况 | 两端铰支 | 一端固定 一端自由 | 两端固定 | 一端固定 一端铰支 |
|---|---|---|---|---|
| $\mu$ 值 | 1.0 | 2 | 0.5 | 0.7 |
| 挠曲线形状 | 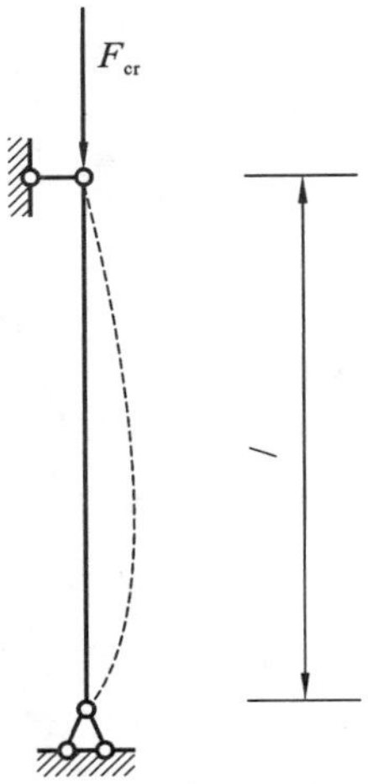 | 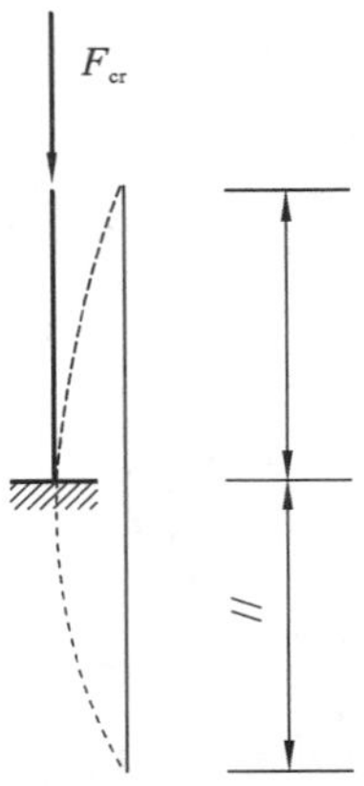 | 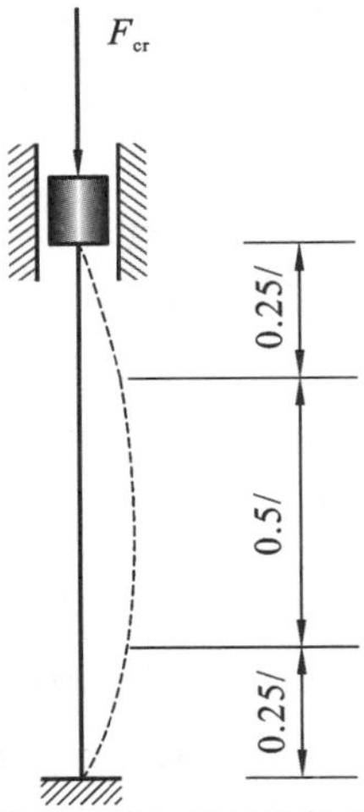 | 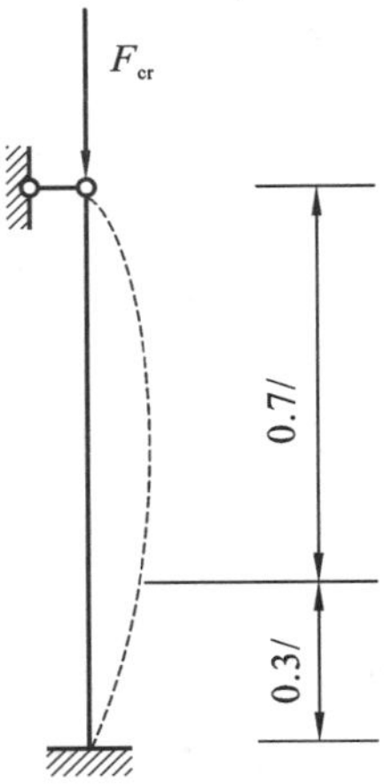 |

## 二、临界应力

当压杆在临界力 $F_{cr}$ 作用下而处于直线临界状态的平衡时,其横截面上的压应力等于临界力 $F_{cr}$ 除以横截面面积 $A$,称为临界应力,用 $\sigma_{cr}$ 表示,即

$$\sigma_{cr} = \frac{F_{cr}}{A}$$

将式(9.1)代入上式,得

$$\sigma_{cr} = \frac{\pi^2 EI}{(\mu l)^2 A}$$

若将压杆的惯性矩 $I$ 写成

$$I = i^2 A \text{ 或 } i = \sqrt{\frac{I}{A}}$$

式中 $i$ 称为压杆横截面的惯性半径。

于是临界应力可写为

$$\sigma_{cr} = \frac{\pi^2 E i^2}{(\mu l)^2} = \frac{\pi^2 E}{\left(\frac{\mu l}{i}\right)^2}$$

令

$$\lambda = \frac{\mu l}{i} \tag{9.2}$$

则压杆临界应力的欧拉公式为

$$\sigma_{cr} = \frac{\pi^2 E}{\lambda^2} \tag{9.3}$$

$\lambda$ 称为压杆的柔度或长细比,是一个无量纲的量,综合地反映了压杆的长度、截面的形状与尺寸以及支承情况对临界力的影响。从式(9.3)还可以看出,如果压杆的柔度值越大,杆件越细长,临界应力越小,压杆就越容易失稳。

## 三、欧拉公式的适用范围

欧拉公式是根据挠曲线近似微分方程导出的,而应用此微分方程时,材料必须服从虎克定理。因此,欧拉公式的适用范围应当是压杆的临界应力 $\sigma_{cr}$ 不超过材料的比例极限 $\sigma_P$,即:

$$\sigma_{cr} = \frac{\pi^2 E}{\lambda^2} \leqslant \sigma_P$$

有

$$\lambda \geqslant \pi \sqrt{\frac{E}{\sigma_P}}$$

若设 $\lambda_P$ 为压杆的临界应力达到材料的比例极限时的柔度值,即

$$\lambda_P = \pi \sqrt{\frac{E}{\sigma_P}} \tag{9.4}$$

则欧拉公式的适用范围为:

$$\lambda \geqslant \lambda_P \tag{9.5}$$

上式表明,当压杆的柔度不小于 $\lambda_P$ 时,才可以应用欧拉公式计算临界力或临界应力。这类压杆称为大柔度杆或细长杆,欧拉公式只适用于较细长的大柔度杆。从式(9.4)可知,$\lambda_P$ 的值取决于材料性质,不同的材料都有自己的 $E$ 值和 $\sigma_P$ 值,所以,不同材料制成的压杆,其 $\lambda_P$ 也不同。例如 Q235 钢,$\sigma_P = 200$ MPa,$E = 200$ GPa,由式(9.4)即可求得,$\lambda_P = 100$,所以 Q235 钢制成的压杆,只有在 $\lambda \geqslant 100$ 时才可以应用欧拉公式。

**例 9.1** 如图9.3所示,一端固定另一端自由的细长压杆,其杆长 $l = 2$ m,截面形状为矩形,$b \times h = (20 \times 40)$ mm$^2$,材料的弹性模量 $E = 200$ GPa。试计算该压杆的临界力和临界应力。若把杆件两端改为铰接,长度保持不变,则该压杆的临界力和临界应力又为多大?

**解** (1)当 $b \times h = (20 \times 40)$ mm$^2$ 时

① 计算压杆的柔度

$$\lambda = \frac{\mu l}{i} = \frac{2 \times 2000}{\frac{20}{\sqrt{12}}} \approx 692.8 > \lambda_c = 123$$

杆件是大柔度杆,可应用欧拉公式。

② 计算截面的惯性矩

$$I_{min} = I_y = \frac{hb^3}{12} = \frac{40 \times 20^3}{12} \text{ mm}^4 \approx 2.67 \times 10^4 \text{ mm}^4$$

③ 计算临界力和临界应力

查表 9.1 得 $\mu = 2$,临界力为

$$F_{cr} = \frac{\pi^2 EI}{(\mu l)^2} = \frac{\pi^2 \times 200 \times 10^9 \times 2.67 \times 10^{-8}}{(2 \times 2)^2} \text{ N}$$

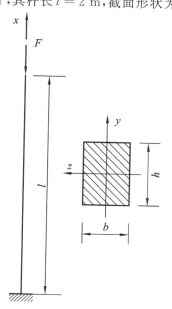

图 9.3

$$\approx 3\ 293.89\ \text{N} \approx 3.29\ \text{kN}$$

$$\sigma_{cr} = \frac{F_{cr}}{A} = \frac{3.29 \times 10^3}{20 \times 40}\ \text{MPa} \approx 4.11\ \text{MPa}$$

（2）当两端改为铰接时，$\mu = 1$，因其他条件不变，所以代入欧拉公式，可得

$$F_{cr} = \frac{\pi^2 EI}{(\mu l)^2} = \frac{\pi^2 \times 200 \times 10^9 \times 2.67 \times 10^{-8}}{(1 \times 2)^2}$$

$$\approx 13\ 175.56\ \text{N} \approx 13.18\ \text{kN}$$

$$\sigma_{cr} = \frac{F_{cr}}{A} = \frac{13.18 \times 10^3}{20 \times 40}\ \text{MPa} \approx 16.48\ \text{MPa}$$

从以上两种情况分析，其杆件长度和横截面积相时，不同的支承条件，计算得到的临界力不同。可见在材料用量相同的条件下，选择恰当的支承形式可以显著提高细长压杆的临界力。

# 任务 3 压杆稳定的实用计算

## 一、压杆的稳定条件

工程中常采用折减系数法对压杆进行稳定计算：

$$\sigma = \frac{F_N}{A} \leqslant \varphi[\sigma] \tag{9.6}$$

这与短粗轴拉压杆的强度条件相比，只是多了一个系数 $\varphi$。$\varphi$ 称为折减系数，亦称稳定系数，为小于 1 的正数。压杆的稳定条件可以理解为：压杆在强度破坏之前就因丧失稳定而破坏。折减系数 $\varphi$ 与压杆的材料有关，也与压杆的柔度 $\lambda$ 有关。压杆的折减系数表如表 9.2 所示。

表 9.2　压杆的折减系数表

| $\lambda$ | $\varphi$ | | | $\lambda$ | $\varphi$ | | |
|---|---|---|---|---|---|---|---|
| | Q235 钢 | 16 锰钢 | 木材 | | Q235 钢 | 16 锰钢 | 木材 |
| 0 | 1.000 | 1.000 | 1.000 | 110 | 0.536 | 0.384 | 0.248 |
| 10 | 0.995 | 0.993 | 0.971 | 120 | 0.466 | 0.325 | 0.208 |
| 20 | 0.981 | 0.973 | 0.932 | 130 | 0.401 | 0.279 | 0.178 |
| 30 | 0.958 | 0.940 | 0.883 | 140 | 0.349 | 0.242 | 0.153 |
| 40 | 0.927 | 0.895 | 0.822 | 150 | 0.306 | 0.213 | 0.133 |
| 50 | 0.888 | 0.840 | 0.751 | 160 | 0.272 | 0.188 | 0.117 |
| 60 | 0.842 | 0.776 | 0.668 | 170 | 0.243 | 0.168 | 0.104 |
| 70 | 0.789 | 0.705 | 0.575 | 180 | 0.218 | 0.151 | 0.093 |
| 80 | 0.731 | 0.627 | 0.470 | 190 | 0.197 | 0.136 | 0.083 |
| 90 | 0.669 | 0.546 | 0.370 | 200 | 0.180 | 0.124 | 0.075 |
| 100 | 0.604 | 0.462 | 0.300 | | | | |

## 二、压杆稳定的实用计算

利用压杆稳定条件可解决与稳定性有关的三类问题。

**1. 稳定校核**

已知压杆的长度、支承情况、材料、截面面积及作用力,可以检查压杆是否满足稳定条件。

$$\sigma = \frac{F_N}{A} \leqslant \varphi[\sigma] \tag{9.7}$$

**例 9.2** 如图 9.4 所示,支架由两根直径相同的 Q235 圆杆构成,直径 $d = 20$ mm,材料的许用应力 $[\sigma] = 170$ MPa,已知 $h = 0.5$ m,作用力 $F = 12$ kN。试在计算平面内校核杆 $AB$、$AC$ 的稳定性。

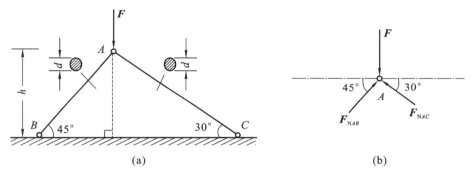

图 9.4

**解** (1)计算各杆承受的压力

取结点 $A$ 为研究对象,根据平衡条件列方程

$$\sum F_x = 0, F_{NAB} \cdot \cos 45^0 - F_{NAC} \cdot \cos 30^0 = 0 \qquad ①$$

$$\sum F_y = 0, F_{NAB} \cdot \sin 45^0 + F_{NAC} \cdot \sin 30^0 - F = 0 \qquad ②$$

联立 ①、② 解得二杆承受的压力分别为

$$F_{AB} = F_{NAB} = 0.896F = 10.75 \text{ kN}$$
$$F_{AC} = F_{NAC} = 0.732F = 8.78 \text{ kN}$$

(2)计算二杆的柔度

各杆的长度分别为

$$l_{AB} = \sqrt{2}h = \sqrt{2} \times 0.5 \text{ m} \approx 0.707 \text{ m}$$
$$l_{AC} = 2h = 2 \times 0.5 \text{ m} = 1 \text{ m}$$

则二杆的柔度分别为

$$\lambda_{AB} = \frac{\mu l_{AB}}{i} = \frac{\mu l_{AB}}{\dfrac{d}{4}} = \frac{4 \times 1 \times 0.707}{0.02} = 141.4$$

$$\lambda_{AC} = \frac{\mu l_{AC}}{i} = \frac{\mu l_{AC}}{\dfrac{d}{4}} = \frac{4 \times 1 \times 1}{0.02} = 200$$

（3）根据柔度查折减系数得

$$\varphi_{140} = 0.349$$

$$\varphi_{150} = 0.306$$

$$\varphi_{AB} = \varphi_{140} - \frac{\varphi_{140} - \varphi_{150}}{10} \times 1.4 = 0.343$$

$$\varphi_{AC} = 0.18$$

（4）按照稳定条件进行验算

$$\sigma_{AB} = \frac{F_N}{A} = \frac{10.75 \times 10^3}{\pi \times \left(\frac{0.02}{2}\right)^2} = 34.24 \text{ MPa} \leqslant \varphi [\sigma] = 0.343 \times 170 \text{ MPa} = 58.31 \text{ MPa}$$

$$\sigma_{AC} = \frac{F_N}{A} = \frac{8.78 \times 10^3}{\pi \times \left(\frac{0.02}{2}\right)^2} = 28.96 \text{ MPa} \leqslant \varphi [\sigma] = 0.18 \times 170 \text{ MPa} = 30.6 \text{ MPa}$$

因此，杆 $AB$、$BC$ 都满足稳定条件，结构稳定。

**2. 确定许用荷载**

已知压杆的长度、支承情况、材料、截面面积，依次计算出 $A$、$I$、$i$、$\lambda$，然后由表 9.2 查出 $\varphi$，最后按稳定条件求出许用荷载：

$$F_N \leqslant A[\sigma]\varphi \tag{9.8}$$

■ **例 9.3** 有一受压矩形楞木，截面尺寸 $b \times h = (50 \times 100)$ mm$^2$，高 $H = 3.6$ m，一端固定，一端铰支，已知木材的 $[\sigma] = 10$ MPa。试确定该楞木所能承受的轴向压力 $[F]$。

■ **解** （1）计算杆件柔度

$$I_{\min} = I_y = \frac{hb^3}{12} = \frac{100 \times 50^3}{12} \text{ mm}^4 \approx 1.04 \times 10^6 \text{ mm}^4$$

$$i_{\min} = \sqrt{\frac{I_y}{A}} = \sqrt{\frac{1.04 \times 10^6}{50 \times 100}} \text{ mm} \approx 14.42 \text{ mm}$$

$$\lambda = \frac{\mu l}{i_{\min}} = \frac{0.7 \times 3.6 \times 10^3}{14.42} \approx 174.76$$

（2）查表并计算折减系数

$$\varphi_{170} = 0.104$$

$$\varphi_{180} = 0.093$$

$$\varphi_{174.76} = \varphi_{170} - \frac{\varphi_{170} - \varphi_{180}}{10} \times 4.76 = 0.098$$

（3）确定轴向力 $[F]$

$$[F] \leqslant A[\sigma]\varphi = (50 \times 100 \times 10 \times 0.098) \text{ N} = 4\,900 \text{ N} = 4.9 \text{ kN}$$

**3. 设计截面**

由于截面未知，所以柔度 $\lambda$ 和折减系数 $\varphi$ 也未知。计算时一般先假设 $\varphi_1 = 0.5$，试选截面尺寸、型号，算得 $\lambda$ 后再查得 $\varphi_1'$。若二者相差较大，则再选二者的平均值重新试算，直至相差不大为止。选出截面后再进行稳定校核。

$$A \geqslant \frac{F_N}{\varphi[\sigma]} \tag{9.9}$$

**例 9.4** 　如图 9.5 所示一长度 $L = 4.2$ m，一端固定，一端铰支的压杆，受轴向压力 $F = 280$ kN 的作用，压杆采用普通工字钢制成，材料的许用应力 $[\sigma] = 170$ MPa，试选择工字钢的型号。

**解** 　采用试算法。

（1）设 $\varphi_1 = 0.5$，由式（9.8）得

$$A_1 \geqslant \frac{F}{\varphi_1 [\sigma]} = \frac{280 \times 10^3}{0.5 \times 170} \text{ mm}^2 \approx 3500 \text{ mm}^2$$

由型钢表查得需选用工字钢 20a，其基本数据 $A'_1 = 3\,550$ mm$^2$，$i_{\min} = i_y = 21.2$ mm，根据这些数据，计算压杆的柔度

$$\lambda = \frac{\mu l}{i_{\min}} = \frac{0.7 \times 4.2 \times 10^3}{21.2} \approx 139$$

查表 9.2，经计算得与此相应的折减系数 $\varphi'_1 = 0.354$，与 $\varphi_1 = 0.5$ 相差较大，需进行第二次试算。

（2）第二次试算取

$$\varphi_2 = \frac{\varphi_1 + \varphi'_1}{2} = 0.427$$

算得

$$A_2 \geqslant \frac{F}{\varphi_2 [\sigma]} = \frac{280 \times 10^3}{0.427 \times 170} \text{ mm}^2 \approx 3\,857 \text{ mm}^2$$

由型钢表查得所需工字钢的型号为 22a。其基本数据

$$A'_2 = 4200 \text{ mm}^2, \quad i_{\min} = i_y = 23.1 \text{ mm}$$

算得

$$\lambda_2 = \frac{\mu l}{i_{\min}} = \frac{0.7 \times 4.2 \times 10^3}{23.1} = 127$$

查表 9.2，经计算得与此相应的折减系数为 $\varphi'_2 = 0.417$。

与 $\varphi_2 = 0.427$ 接近，故可选用工字钢 22a。

（3）最后作一次稳定校核

$$\sigma = \frac{F}{A} = \frac{280 \times 10^3}{4200} \text{ MPa} \approx 66.7 \text{ MPa} < \varphi'_2 [\sigma] = 68.3 \text{ MPa}$$

满足稳定要求，故所选截面是合适的。

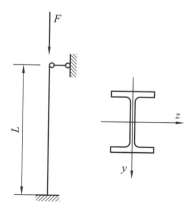

图 9.5

# 任务 3　提高压杆稳定性的措施

　　要提高压杆的稳定性，关键在于提高压杆的临界力。而压杆的临界力，与压杆的长度、横截面、支承条件以及所用材料等有关。因此，可以从以下几个方面考虑：

**1. 减小压杆的长度**

欧拉公式表明临界力与压杆长度的平方成反比。因此，在可能的情况下，减小压杆的长度可

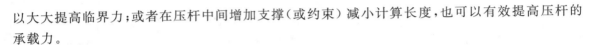

以大大提高临界力;或者在压杆中间增加支撑(或约束)减小计算长度,也可以有效提高压杆的承载力。

**2. 改善支撑条件**

长度系数 $\mu$ 反映了压杆的支承情况,应尽可能采用稳固的杆端约束,减小 $\mu$ 值,从而减小柔度 $\lambda$,从而提高压杆的稳定性。在相同条件下,从表9.1可知,一端固定、一端自由的压杆受力最不利,两端固定的压杆最有利。

**3. 选择合理的截面形状**

在面积相同的情况下,采用空心截面,可以增大惯性矩 $I$,继而增大惯性半径 $i$,减小柔度 $\lambda$,提高压杆的稳定性。另外,当压杆在各个平面内的支承条件相同时,压杆的稳定性取决于 $I_{\min}$ 所在方向。因此,应尽量使截面对各形心主轴的惯性矩相同,这样压杆在各个弯曲平面都具有相同的稳定性。综合以上两点,图9.6所示空心的截面都比较合理。

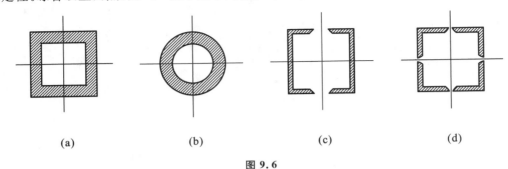

(a)       (b)       (c)       (d)

**图 9.6**

**4. 选择适当的材料**

对于大柔度压杆的临界力,与材料的弹性模量成正比。所以选择弹性模量较高的材料,就可以提高大柔度杆的临界力,也就提高了其稳定性。但是,对于钢材而言,各种钢材的弹性模量基本相同,所以,选用高强度钢并不能明显提高大柔度压杆的稳定性。而中、小柔度压杆的临界力则与材料的强度有关,采用高强度钢材,可以提高这类压杆抵抗失稳的能力。

9.1　如何区别压杆的稳定平衡与不稳定平衡?

9.2　对受轴向压力的直杆而言,为什么不能只考虑强度?

9.3　什么叫临界力?计算临界力的欧拉公式的应用条件是什么?

9.4　何谓压杆的柔度?它与哪些因素有关?

9.5　列举日常生活和工程实际中需要考虑压杆稳定的事例。

9.6　两端铰支的20a工字钢的细长压杆,已知杆长 $l = 6$ m,材料为 Q235 钢,其弹性模量 $E = 200$ GPa。试计算该压杆的临界力和临界应力。

9.7　三根圆形截面压杆,长度 $l = 2\ 000$ mm,直径 $d = 40$ mm,材料为 Q235 钢,$E = 200$ GPa,$\lambda_c = 123$。两端支承情况分别为 1 两端铰支,2 一端固定、一端自由,3 两端固定,试计算各压杆的临界力。

9.8 图 9.7 所示一矩形截面压杆,两端支承均为铰支,已知 $l = 3$ m,$b \times h = (100 \times 200)$ mm²,受轴向压力 $F = 50$ kN 作用,木材的许用应力$[\sigma] = 10$ MPa,试对该杆作稳定校核。

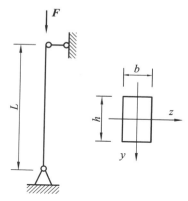

图 9.7

9.9 结构尺寸及受力如图9.8所示。木柱 $CD$ 为圆截面,直径 $d = 200$ mm,$[\sigma] = 10$ MPa,两端铰支。试作木柱 $CD$ 的稳定性校核。

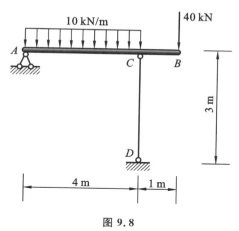

图 9.8

# 模块 10

# 结构的位移计算与刚度校核

**学习目标**

**基本要求**：了解位移概念；理解虚功原理；理解积分法求静定结构的位移；掌握图乘法；了解支座移动引起的位移计算方法；了解功的互等定理与位移互等定理；理解梁的刚度校核。

**重点**：图乘法。

**难点**：虚功原理；图乘法。

# 任务 1 概述

## 一、位移

结构或构件在荷载作用下，位置和形状都将发生改变，结构或构件上各点的位置也将发生相应的变动，这些相对于原来位置的改变称为结构的位移。此外，结构或构件在温度变化、支座移动、制造误差与材料收缩膨胀等其他因素作用下，也会产生位移。

位移分为线位移和角位移，截面形心移动的距离称为截面的线位移 $\Delta$、截面绕中性轴转动的角度称为截面的角位移 $\theta$。

如图 10.1 所示刚架 $ACB$，在荷载作用下发生图中虚线所示的变形，截面 $A$ 的形心 $A$ 点移到 $A'$ 点，线段 $AA'$ 称为 $A$ 点的线位移，记为 $\Delta_A$。将 $\Delta_A$ 沿水平和竖向分解，则其分量 $\Delta_{AH}$ 和 $\Delta_{AV}$ 分别称为 $A$ 点的水平线位移和竖向线位移。同时截面 $A$ 绕中性轴转动了一个角度，称为截面 $A$ 的角位移，用 $\theta_A$ 表示。

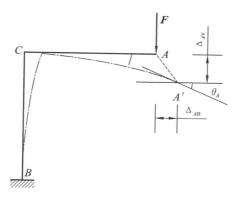

图 10.1

## 二、计算位移的目的

在工程设计和施工过程中,结构的位移计算是很重要的,概括地说,计算位移的目的有以下三个方面:

(1) 验算结构刚度。即验算结构的位移是否超过允许的位移限制值。

(2) 实际施工需要。在结构的制作、架设、养护过程中,有时需要预先知道结构的变形情况,以便采取一定的施工措施,因而也需要进行位移计算。

(3) 为超静定结构的计算打基础。在计算超静定结构内力时,除利用静力平衡条件外,还需要考虑变形协调条件,建立补充方程,以计算全部未知力。

# 任务 2 变形体虚功原理及结构位移计算的一般公式

## 一、变形体虚功原理

由物理知,力做功的大小用力和位移的乘积 $W = FS$ 表示,力和位移有必然的因果关系,此时力所做的功为实功。

如图 10.2(a) 所示的简支梁 $AB$ 在荷载 $F_1$ 的作用下,沿力 $F_1$ 作用方向产生的线位移用 $\Delta_{11}$ 表示。$\Delta_{11}$ 的第一下标表示位移的性质(点 1 沿力 $F_1$ 方向的位移),第二下标表示产生该位移的原因(由力 $F_1$ 引起)。

梁弯曲平衡后,再施加荷载 $F_2$,梁产生新的弯曲(见图 10.2(b))。位移 $\Delta_{12}$ 为力 $F_2$ 引起、在 $F_1$ 的作用方向产生的位移。力 $F_1$ 在位移 $\Delta_{12}$ 上作了功,功的大小为

$$W_{12} = F_1 \Delta_{12}$$

这种外力在其他因素(如其他力系、温度改变、支座移动等)所引起的位移上所做的功称为外力虚功 $W_{12}$。由于是其他因素产生的位移,可能与力 $F_1$ 的方向一致,也可能相反,因此虚功可以为正,也可以为负;在 $F_2$ 的加载过程中,$F_1$ 在简支梁 $AB$ 产生的内力也会在 $F_2$ 产生的变形做

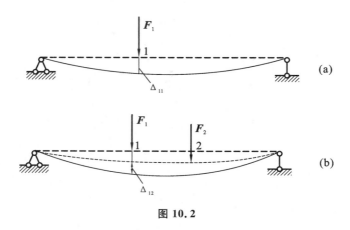

图 10.2

功,称为内力虚功 $W'_{12}$。

　　根据功和能的原理可知变形体的虚功原理:任何一个处于平衡状态的变形体,当其他力作用下发生位移时,变形体所受外力在其他力产生的位移上所作外力虚功的总和,等于变形体的内力在引起位移的相应变形上所内力虚功的总和。即

$$W_{12} = W'_{12}$$

## 二、结构位移计算的一般公式

　　如图 10.3(a) 所示结构在荷载 $F$ 作用下发生了如图中虚线所示的变形,求任一截面 $K$ 的水平位移 $\Delta_K$。

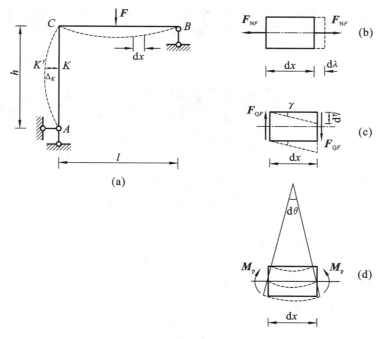

图 10.3

在结构上任取一微段 $dx$，则微段 $ds$ 上由荷载产生的内力 $F_{NF}$、$F_{QF}$、$M_F$ 作用下所引起的变形分别为 $d\varepsilon$、$d\gamma$、$d\theta$，如图 10.3(b) 至图 10.3(d) 所示，按材料力学相关公式，这些变形的计算分别为

$$d\varepsilon = \frac{F_{NF}}{EA}dx, \quad d\gamma = \frac{kF_{QF}}{GA}dx, \quad d\theta = \frac{M_F}{EI}dx$$

为计算 $K$ 点水平位移，我们在 $K$ 点虚设一水平单位力 $F_K = 1$，所图 10.4(a) 所示，则外力虚功为

$$W = F_K \Delta_K = \Delta_K$$

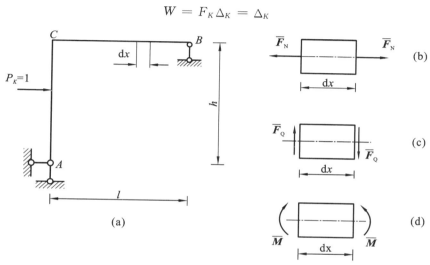

图 10.4

此时虚设单位力在微段 $dx$ 上引起的内力分别为 $\overline{F_N}$、$\overline{F_Q}$、$\overline{M}$，如图 10.4(b) 至图 10.4(d) 所示，则微段 $dx$ 的内力虚功 $dW'$ 为

$$dW' = \overline{F_N}d\varepsilon + \overline{F_Q}d\eta + \overline{M}d\theta$$

当结构由多根杆件组成时，分别用积分求出各杆的内力虚功，再总和起来就是结构的内力虚功：

$$W' = \sum \int \overline{F_N}d\varepsilon + \sum \int \overline{F_Q}d\eta + \sum \int \overline{M}d\theta$$

根据虚功原理，再代入相应的变形计算式，则有：

$$\Delta = \sum \int \frac{\overline{F_N}F_{NF}}{EA}dx + \sum \int \frac{K\overline{F_Q}F_{QF}}{GA}dx + \sum \int \frac{\overline{M}M_F}{EI}dx \tag{10.1}$$

在实际计算中，对于不同的结构类型，位移计算公式可以只考虑其中的一项或两项。

对于梁和刚架，位移主要是由弯矩引起的，可以略去轴力和剪力两项，可简化为

$$\Delta = \sum \int \frac{\overline{M}M_F}{EI}dx \tag{10.2}$$

在桁架中，因只有轴力作用，且同一杆件的轴力 $\overline{F_N}$、$F_{NF}$ 及 $EA$ 沿杆长 $l$ 均为常数，可简化为

$$\Delta = \sum \int \frac{\overline{F_N}F_{NF}}{EA}dx = \sum \frac{\overline{F_N}F_{NF}l}{EA} \tag{10.3}$$

# 任务 3 静定结构在荷载作用下的位移计算

## 一、用积分法求位移

积分法求位移就是利用计算位移公式,代入相应的内力方程直接进行积分以求得位移。其步骤如下:

(1) 求出在荷载作用下各杆段的内力方程;

(2) 在欲计算位移处虚设单位力,并分别列出各杆段的内力方程;

(3) 将上述内力方程按照不同结构类型,分别代入式(10.1)、式(10.2)、式(10.3),分段求出积分后再求总和,即得所求位移。所得结果为正,表明实际位移与虚设单位力的方向一致,结果为负则相反。

**例 10.1** 悬臂梁受力如图 10.5(a) 所示。试求自由端 $A$ 截面的竖向线位移 $\Delta_{AV}$。已知 $EI =$ 常数。

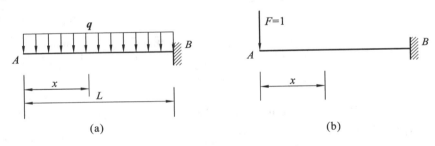

(a)                    (b)

**图 10.5**

**解** 梁只需考虑弯矩一项,故计算位移应用式(10.2)。列弯矩方程时,均以 $A$ 为原点,弯矩以下侧受拉为正。

(1) 列出实际荷载作用下 $M_F(x)$

$$M_F(x) = -\frac{1}{2}qx^2 \ (0 \leqslant x \leqslant L)$$

(2) 在 $A$ 点加一竖向单位力,如图 10.5(b) 所示。弯矩方程如下:

$$\overline{M}(x) = -x \ (0 \leqslant x \leqslant L)$$

(3) 根据式(10.2)积分即可算得 $\Delta_{AV}$:

$$\Delta_{AV} = \sum \int \frac{\overline{M}M_F}{EI}dx = \frac{1}{EI}\int_0^l \frac{1}{2}qx^3 dx = \frac{qL^4}{8EI} \ (\downarrow)$$

**例 10.2** 悬臂刚架 $ABC$,在 $C$ 端作用集中荷载 $F$ 如图 10.6(a) 所示,刚架的 $EI$ 为常数。求悬臂端 $C$ 截面的水平位移。

**解** (1) 列实际状态下弯矩方程,设使刚架内侧受拉的弯矩为正弯矩,外侧受拉的

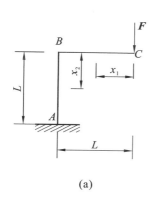
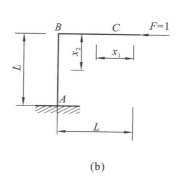

(a)　　　　　　　　　　　(b)

图 10.6

弯矩为负弯矩。$CB$ 段以 $C$ 为原点，$X_1$ 向左为正；$BA$ 段以 $B$ 为原点，$X_2$ 向下为正，则各杆段的弯矩方程为：

$CB$ 段：
$$M_F = -Fx_1 \quad (0 \leqslant x_1 \leqslant L)$$

$BA$ 段：
$$M_F = -FL \quad (0 \leqslant x_2 \leqslant L)$$

（2）在 $C$ 点虚设一单位力 $F = 1$，列出虚设状态弯矩方程（各设定同上）：

$CB$ 段：
$$\overline{M} = 0 \quad (0 \leqslant x_1 \leqslant L)$$

$BA$ 段：
$$\overline{M} = x_2 \quad (0 \leqslant x_2 \leqslant L)$$

（3）根据式（10.2）积分即可算得

$$\Delta_{CH} = \sum \int \frac{M_F \overline{M}}{EI} \mathrm{d}x = \frac{1}{EI} \int_0^L (-FL)(x_2) \mathrm{d}x = -\frac{FL^3}{2EI} \quad (\rightarrow)$$

计算结果为负值，说明 $\Delta_{CH}$ 与虚设单位力方向相反。

**例 10.3**　　试求图 10.7（a）所示屋架结点 $D$ 竖向位移 $\Delta_{DV}$。设各杆 $E = 2.1\,\mathrm{GPa}$，$A = 1\,000\,\mathrm{mm}^2$。

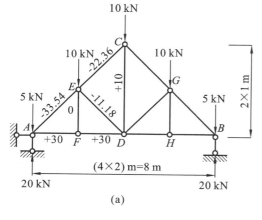
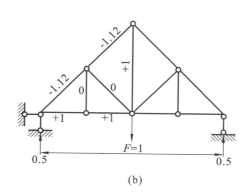

(a)　　　　　　　　　　　(b)

图 10.7

**解**　　（1）求出实际荷载作用下，屋架各杆的轴力 $F_{Ni}$，因结构与荷载对称，只需计算半个屋架的杆件，并将各杆内力画在图 10.7（a）左半部。

（2）在结点 $D$ 虚设一单位力 $\overline{F}=1$，并求出各杆此时轴力 $\overline{N_i}$ 如图 10.7(b) 所示。

（3）将所求各杆轴力 $F_{Ni}$、$\overline{N_i}$ 填入表 10.1。

表 10.1

| 杆　　件 | $L(\mathrm{m})$ | $N_{Fi}(\mathrm{kN})$ | $\overline{N_i}(\mathrm{kN})$ | $\overline{N_i}F_{NFi}L$ |
|---|---|---|---|---|
| $AE$ | 2.236 | $-33.54$ | $-1.12$ | 84 |
| $EF$ | 2.236 | $-22.36$ | $-1.12$ | 56 |
| $AF$ | 2 | 30 | 1 | 60 |
| $FD$ | 2 | 30 | 1 | 60 |
| $EF$ | 1 | 0 | 0 | 0 |
| $ED$ | 2.236 | $-11.18$ | 0 | 0 |
| $CD$ | 2 | 10 | 1 | 20 |
| 合计 | | | | 280 |

$$\Delta_{DV} = \sum \frac{\overline{N}F_{NF}L}{EA} = \frac{(2\times280-20)\times10^3\ \mathrm{kN^2 \cdot mm}}{210KN/\mathrm{mm^2}\times1000\ \mathrm{mm^2}} = 2.57\ \mathrm{mm}(\downarrow)$$

## 二、用图乘法求位移

当梁或刚架各杆满足下述条件

（1）杆轴为直线；

（2）各杆的 $EI=$ 常数；

（3）$\overline{M}$ 和 $M_F$ 两个弯矩图中至少有一个直线图形；

那么可以用图乘法简化计算。

设某结构杆段 $AB$ 为等截面直杆，$EI$ 为常数，其 $M_F$ 图和 $\overline{M}$ 图如图 10.8 所示。

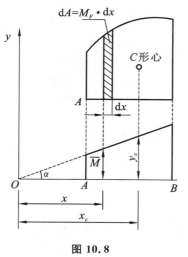

图 10.8

取 $\overline{M}$ 图的基线为 $x$ 轴，以 $\overline{M}$ 图的延长线与 $x$ 轴的交点 $O$ 为原点，建立 $xoy$ 坐标系。则有

$$\overline{M} = x\tan\alpha$$

代入式（10.2）

$$\Delta = \frac{1}{EI}\int_A^B \overline{M}M_F\mathrm{d}x = \frac{\tan\alpha}{EI}\int_A^B xM_F\mathrm{d}x = \frac{\tan\alpha}{EI}\int_A^B x\mathrm{d}A$$

式中，$\mathrm{d}A$ 是 $M_F$ 图中的微分面积（图 10.8 中的阴影线所示面积），$x\mathrm{d}A$ 是这个微面积对 $y$ 轴的静矩，因而积分 $\int_A^B x\mathrm{d}A$ 就表示 $M_F$ 图的全面积 $A$ 对纵轴 $y$ 的静矩。若 $M_F$ 图的形心为 $C$，对应 $\overline{M}$ 图的坐标为 $(x_c, y_c)$，根据静矩定理，此积分应等于 $M_F$ 图的全面积 $A$ 乘以其形心到 $y$ 轴的距离 $x_c$。即

$$\int_B^A x\mathrm{d}A = Ax_c$$

因为

$$x_c \tan\alpha = y_c$$

所以

$$\Delta = \frac{1}{EI} \int_B^A \overline{M} M_F \, dx = \frac{A y_c}{EI}$$

即两个弯矩图相乘的积分,等于其中一个弯矩图的面积 $A$(通常取曲线图形的面积)乘以此图形面积的形心所对应的另一弯矩图(必须是直线图形)的纵标 $y_c$。

于是,当结构有多根杆件时,位移计算公式就可写成

$$\Delta = \sum \frac{A y_c}{EI} \qquad\qquad (10.4)$$

这就是图乘法的位移计算公式。应用图乘法计算时应注意以下几点:

(1) 必须符合前面三个条件;

(2) $y_c$ 必须取自直线图中,而面积 $A$ 可取自直线图形也可取自曲线图形;

(3) 面积 $A$ 与 $y_c$ 在杆轴线同侧时,$A$ 与 $y_c$ 的乘积取正号;$A$ 与 $y_c$ 在杆轴线异侧时,$A$ 与 $y_c$ 的乘积取负号;

(4) 几种常见弯矩图的面积和形心位置如图 10.9 所示。

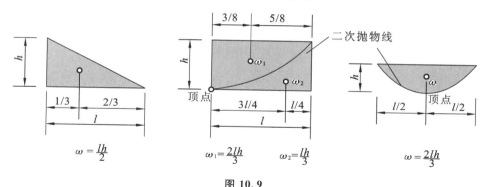

图 10.9

(5) 两个梯形相乘时(见图 10.10),可不必找出梯形的形心,将其中一个梯形分解为两个三角形(或分解为一个矩形和一个三角形),再分别图乘再叠加结果。

$$\Delta = \frac{A_1 y_{c1} + A_2 y_{c2}}{EI}$$

式中:$y_{c1} = \dfrac{2}{3}c + \dfrac{1}{3}d$,$y_{c2} = \dfrac{1}{3}c + \dfrac{2}{3}d$。

(6) 若 $M_F$ 或 $\overline{M}$ 图的竖标不在基线的同一侧,如图 10.11 所示,仍可将 $M_F$ 图分解为两个三角形 $ABC$ 和 $ABD$。

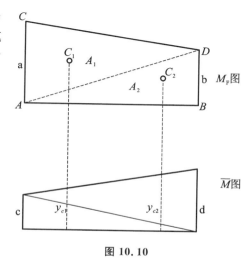

图 10.10

$$\Delta = \frac{A_1 y_{c1} + A_2 y_{c2}}{EI}$$

式中：$y_{c1} = \frac{2}{3}c - \frac{1}{3}d$，$y_{c2} = \frac{2}{3}d - \frac{1}{3}c$。

（7）由几段直线组成的折线图形或 $EI$ 分段不同时，应分段计算。如图 10.12 所示。

$$\Delta = \frac{A_1 y_{c1} + A_2 y_{c2} + A_3 y_{c3}}{EI}$$

具体计算时，因 $A_1$、$A_2$、$A_3$ 的面积及形心位置难求，需要继续分解图形。

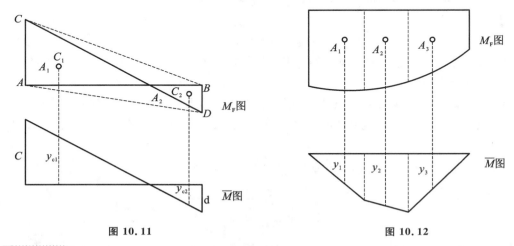

图 10.11　　　　　　　　　　　图 10.12

**例 10.4**　试求图 10.13(a) 所示简支梁 $A$ 端角位移 $\theta_A$ 和梁跨中 $C$ 截面的竖向线位移 $\Delta_{CV}$。$EI$ 为常数。

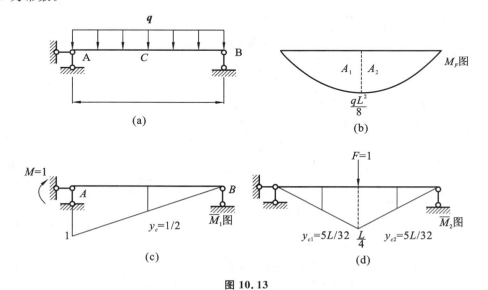

图 10.13

**解**　（1）求 $A$ 端的角位移 $\theta_A$

① 画出荷载作用下的弯矩图如 10.13(b) 所示；

② 在 $A$ 端虚设单位力偶 $M = 1$，并画出 $\overline{M}_1$ 图，如图 10.13(c) 所示；

③ 计算 $M_F$ 面积 $A$ 及其形心所对应的 $\overline{M}_1$ 图的 $y_c$，并由式 (10.3) 得

$$A = \frac{2}{3} L \times \frac{qL^2}{8}, \quad y_c = \frac{1}{2}$$

$$\theta_A = \frac{A y_c}{EI} = \frac{1}{EI} \left( \frac{2}{3} L \times \frac{qL^2}{8} \right) \times \frac{1}{2} = \frac{qL^3}{24EI}$$

（2）求梁中点的竖向位移 $\Delta_{CV}$

① 在梁中点 $C$ 虚设竖向单位力 $\overline{F} = 1$，并画出 $\overline{M}_2$ 图如图 10.13(d) 所示；

② 因 $\overline{M}_2$ 图为折线型，故分解为两个对称三角形，分别计算 $A_1$ 和 $y_{c1}$，并由式 (10.3) 得

$$A_1 = \frac{2}{3} \times \frac{L}{2} \times \frac{qL^2}{8}, \quad y_{c1} = \frac{5L}{32}$$

$$\Delta_{CV} = \frac{1}{EI} \left[ \left( \frac{2}{3} \times \frac{L}{2} \times \frac{qL^2}{8} \right) \times \frac{5}{32} L \right] \times 2 = \frac{5qL^4}{384EI} \quad (\downarrow)$$

**例 10.5** 试求图 10.14(a) 所示刚架 $C$ 端的竖向位移 $\Delta_{CV}$。各杆 $EI$ 相同且为常数。

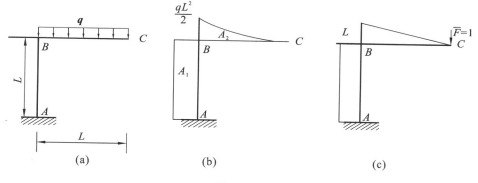

图 10.14

**解** （1）作实际荷载 $M_F$ 图，如图 10.14(b) 所示；

（2）在 $C$ 处虚设竖向单位力 $F = 1$，并画出 $\overline{M}$ 图，如图 10.14(c) 所示；

（3）计算各段弯矩面积 $A$ 和形心坐标 $y_c$，由式 (10.3) 得

$$A_1 = \frac{qL^2}{2} \times L, \quad y_{c1} = L$$

$$A_2 = \frac{1}{3} \times \frac{qL^2}{2} \times L, \quad y_{c2} = \frac{3}{4} \times L$$

$$\Delta_{CV} = \frac{A_1 y_{c1} + A_2 y_{c2}}{EI} = \frac{1}{EI} \left( \frac{qL^2}{2} \times L \times L + \frac{1}{3} \times \frac{qL^2}{2} \times L \times \frac{3}{4} \times L \right) = \frac{5qL^4}{8EI} (\downarrow)$$

**例 10.6** 试求图 10.15(a) 所示外伸梁 $ABC$ 的 $C$ 端转角位移 $\theta_C$。各梁段的 $EI$ 相同且为常数。

**解** （1）作实际荷载 $M_F$ 图，如图 10.15(b) 所示；

（2）在 $C$ 点虚设单位力偶 $M = 1$，并画出 $\overline{M}$ 图，如图 10.15(c) 所示；

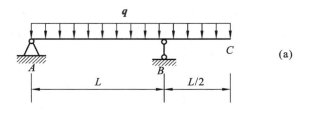

(a)

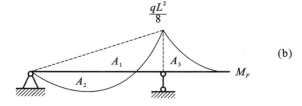

(b)

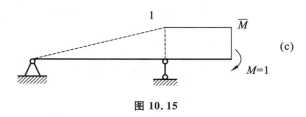

(c)

**图 10.15**

（3）将 *AB* 段弯矩图分解为一个三角形 $A_1$ 和一个抛物线 $A_2$，由式（10.3）得

$$A_1 = \frac{1}{2} \times \frac{qL^2}{8} \times L, y_{c1} = \frac{2}{3}$$

$$A_2 = \frac{2}{3} \times \frac{qL^2}{8} \times L, y_{c2} = \frac{1}{2}$$

$$A_3 = \frac{1}{3} \times \frac{qL^2}{8} \times \frac{L}{2}, y_{c3} = 1$$

$$\Delta_{CV} = \frac{A_1 y_{c1} - A_2 y_{c2} + A_3 y_{c3}}{EI}$$

$$= \frac{1}{EI}\left(\frac{1}{2} \times \frac{qL^2}{8} \times L \times \frac{2}{3} - \frac{2}{3} \times \frac{qL^2}{8} \times L \times \frac{1}{2} + \frac{1}{3} \times \frac{qL^2}{8} \times \frac{L}{2} \times 1\right)$$

$$= \frac{qL^3}{48EI}$$

# 任务 4 静定结构在支座移动时的位移计算

静定结构由于支座移动（如地基不均匀沉陷）或者制造、安装误差都会产生位移，但不会对结构或构件产生内力，也不产生变形。如图 10.16（a）所示刚架，由于 *A* 支座产生位移，使整个结构产生了位移，但位移后，各杆仍保持直线形状，所以杆件没有变形和内力的产生，这就是静定

结构的特点。

如求图 10.16(a) 所示结构上 $K$ 点竖向位移,直接用虚功原理求出。

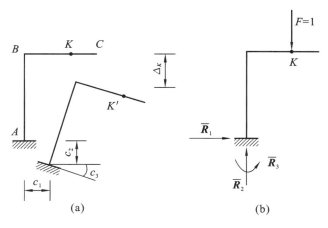

图 10.16

支座 $A$ 的位移可分解为 $c_1$、$c_2$、$c_3$。在 $K$ 点虚设一单位力,与实际位移 $c_1$、$c_2$、$c_3$ 相对应的支座反力分别为 $\overline{R_1}$、$\overline{R_2}$、$\overline{R_3}$。此时结构的外力虚功为

$$W = F\Delta + \sum \overline{R}C$$

静定结构由于支座移动结构内部不产生变形,因此结构的内力应等于零,同时 $F = 1$,则有

$$F\Delta + \sum \overline{R}C = 0$$

$$F\Delta = -\sum \overline{R}C \tag{10.5}$$

**例 10.7** 已知简支梁跨度为 $L$,支座 $B$ 发生竖直沉降,沉降量为 $\Delta$,如图 10.17(a) 所示。试求梁中点 $C$ 的竖向线位移。

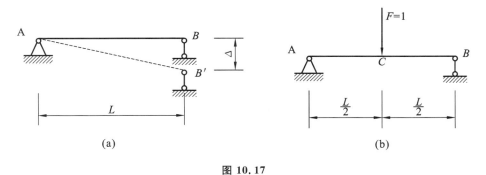

图 10.17

**解** (1) 结构实际位移是支座 $B$ 的竖向位移 $\Delta$,无其余位移。

(2) 在 $C$ 点虚设单位力 $F$,如图 10.17(b) 所示。因支座 $A$ 无位移,故只需计算出支座 $B$ 的反力 $\overline{R_B}$,根据对称性可得

$$\overline{R_B} = \frac{1}{2}$$

（3）将支座 $B$ 位移 $\Delta$、反力 $\overline{R_B} = \dfrac{1}{2}$ 代入式（10.4），得

$$\Delta_{CV} = -(-\overline{R_B} \times \Delta)$$

$$= -\left(-\frac{1}{2} \times \Delta\right)$$

$$= \frac{1}{2}\Delta$$

小括弧中的负号表示 $\overline{R_B}$ 的方向与实际位移 $\Delta$ 的方向相反。计算结果为正，说明 $\Delta_{CV}$ 与虚设单位力方向一致

# 任务 4 功的互等定理

## 一、功的互相等定理

图 10.18 所示结构的两种状态，分别作用 $F_1$ 和 $F_2$，称之为第一状态和第二状态。

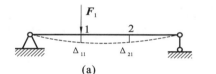
(a)

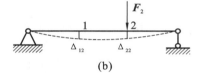
(b)

**图 10.18**

如果把第一状态作为力状态，把第二状态作为位移状态，根据虚功原理，第一状态的外力在第二状态相应移上所做的外力虚功，等于第一状态的内力在第二状态相应变形上所做的内力虚功，即：

$$F_1\Delta_{12} = \int \frac{M_1 M_2 \,\mathrm{d}x}{EI}$$

如果以第二状态为力状态，第一状态为位移状态，则第二状态的外力在第一状态在相应位移上所做的外力虚功，等于第二状态的内力在第一状态相应变形上所做的内力虚功，即：

$$F_2\Delta_{21} = \int \frac{M_2 M_1 \,\mathrm{d}x}{EI}$$

比较上面两式，则有

$$F_1\Delta_{12} = F_2\Delta_{21} \tag{10.6}$$

这表明，第一状态的外力在第二状态的相应位移上所做的外力虚功，等于第二状态的外力在第一状态的相应位移上所做的外力虚功，这就是功的互等定理。

## 二、位移互等定理

在功的互等定理中，假如两个状态中的荷载都为单位力（$F_1 = 1, F_2 = 1$）时，同时把单位力

引起的位移为小写字母($\delta_{12}$,$\delta_{21}$)表示(见图 10.19(a)、图 10.19(b)),则功的互等定理表达为:

$$1 \times \delta_{12} = \delta_{21} \times 1$$

即

$$\delta_{12} = \delta_{21} \tag{10.7}$$

这就是位移互等定理:第二个单位力所引起的第一个单位力作用点沿其方向的位移,等于第一个单位力所引起的第二个单位力作用点沿其方向的位移。

位移互等定理是功的互等定理在前述条件下的应用。单位荷载可以是广义单位力,相应的位移系数亦为广义位移。此时 $\theta_{12}$ 与 $\delta_{12}$ 二者数值相等(见图 10.20(a)、图 10.20(b))。

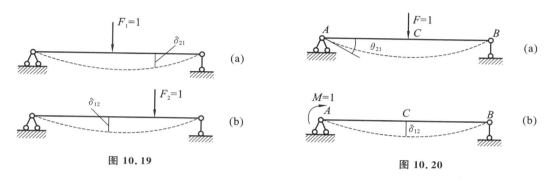

图 10.19                                图 10.20

# 任务 5  梁的刚度校核

梁平面弯曲时,每个截面都产生位移,如图 10.21 所示。横截面形心在垂直于轴线方向的线位移称为挠度,用 $f$ 表示,规定 $f$ 向下为正。横截面的角位移称为转角 $\theta$,规定以顺时针转向为正。梁的挠度和转角可以通过积分法和图乘法计算求得。

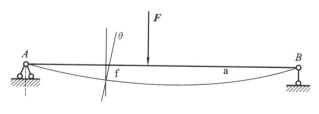

图 10.21

当梁的位移过大时,梁就不能正常工作。比如桥梁的挠度过大,车辆通过时将发生很大的振动。在实际工程中必须将位移限制在允许的范围内。对于梁的挠度,其容许值以容许的挠度 $f$ 与梁跨长 $L$ 之比 $\left[\dfrac{f}{L}\right]$ 为标准,梁的刚度条件可表示为

$$\frac{f}{L} \leqslant \left[\frac{f}{L}\right] \tag{10.8}$$

对于不同类型的梁差别较大,一般规定在 $\dfrac{1}{250} \sim \dfrac{1}{1\,000}$ 之间。根据构件的不同用途在有关的

规范中有具体规定。

　　一般来说,土建工程中的构件如果满足强度条件,那么刚度条件一般也能满足。因此,在设计工作中,刚度要求比起强度要求来,常处于次要地位。但是,当正常工作条件对构件的位移限制很严,或按强度条件所选用的构件截面过于单薄时,刚度条件也可能起控制作用。

**例 10.8**　　如图 10.22 所示的简支梁 $AB$,采用 22a 工字钢,已知 $E = 210$ GPa, $\left[\dfrac{f}{L}\right] = \dfrac{1}{500}$,试校核该梁的刚度。

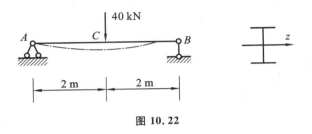

图 10.22

**解**　　(1) 查型钢表,22a 工字钢有关数据:

$$I_z = 3\ 400\ \text{cm}^4 = 34 \times 10^6\ \text{mm}^4$$

(2) 用图乘法计算 $C$ 点挠度

$$f = \frac{FL^3}{48EI}$$

(3) 由刚度条件校核梁的刚度

$$\frac{y_C}{L} = \frac{FL^2}{48EI} = \frac{40 \times 10^3 \times 4\ 000^2}{48 \times 210 \times 10^3 \times 34 \times 10^6} = \frac{1}{535.5}$$

$$\frac{f}{L} \leqslant \left[\frac{f}{L}\right] = \frac{1}{500}$$

所以,该梁满足刚度要求。

10.1　　什么是线位移?什么是角位移?什么是相对位移?

10.2　　何谓虚位移?何谓虚力?何谓变形体虚功原理?

10.3　　写出荷载作用下的位移计算公式,并说明式中各项的意义。

10.4　　图乘法的应用条件是什么?如何确定图乘结果的正负号?

10.5　　梁的刚度条件是什么?

10.6　　如图 10.23 所示各组弯矩图图乘时,面积 $A$ 和竖标 $y_c$ 的取法是否正确?

10.7　　试用积分法求图 10.24 所示悬臂梁 $B$ 点的角位移 $\theta_B$ 和竖向位移 $\Delta_{BV}$,$EI = $ 常量。

10.8　　试用积分法求图 10.25 所示简支梁 $B$ 点的角位移 $\theta_B$ 和 $C$ 点竖向位移 $\Delta_{CV}$,$EI = $ 常量。

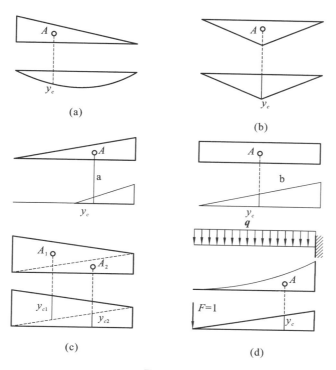

(a)

(b)

(c)

(d)

图 10.23

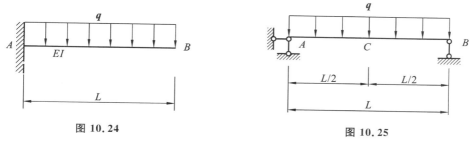

图 10.24

图 10.25

10.9 试用积分法求图 10.26 刚架 $C$ 点水平位移，各杆 $EI =$ 常量。

10.10 试计算如图 10.27 所示桁架的 $\Delta_{CV}$。各杆材料相同，$A = 20$ cm$^2$，$E = 210$ GPa。

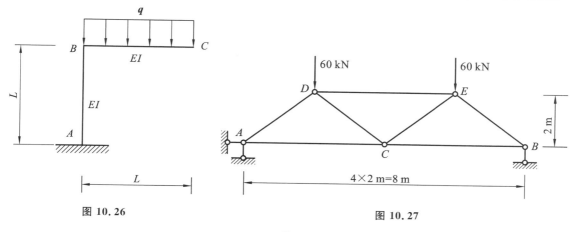

图 10.26

图 10.27

10.11 试用图乘法计算图 10.27 至图 10.29 所示的梁的竖向位移和转角。

10.12 用图乘法求图 10.28 所示悬臂梁 $C$ 截面的竖向位移 $\Delta_{CV}$ 和转角 $\theta_c$，$EI$ 为常数。

10.13 用图乘法求图 10.29 所示外伸梁 $C$ 截面的竖向位移 $\Delta_{CV}$ 和 $B$ 截面的转角 $\theta_B$，$EI$ 为常数。

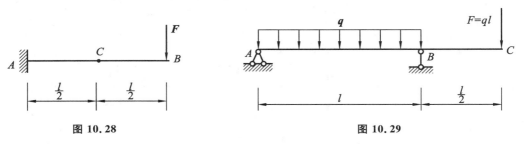

图 10.28                                        图 10.29

10.14 用图乘法求图 10.30 所示刚架 $B$ 截面的水平位移 $\Delta_{BH}$ 和 $A$ 截面的转角位移 $\theta_A$，$EI$ 为常数。

10.15 用图乘法计算图 10.31 所示简支刚架 $B$ 点的水平位移 $\Delta_{CH}$，各杆 $EI$ 常量。

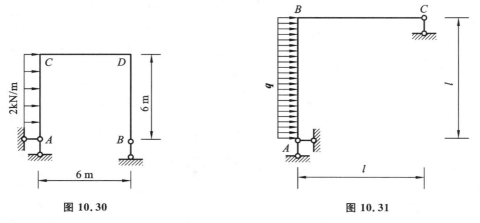

图 10.30                                        图 10.31

10.16 用图乘法求图 10.32 所示刚架铰 $C$ 截面的竖向位移 $\Delta_{CV}$ 和 $E$ 点水平位移 $\Delta_{EH}$，各杆 $EI$ 为常数且相等。

10.17 如图 10.33 所示简支梁用 20A 号工字钢制成，已知 $q = 4\ \mathrm{kN/m}$，$l = 6\ \mathrm{m}$，$E = 210\ \mathrm{GPa}$，$\left[\dfrac{f}{L}\right] = \dfrac{1}{400}$ 试校核梁的刚度？

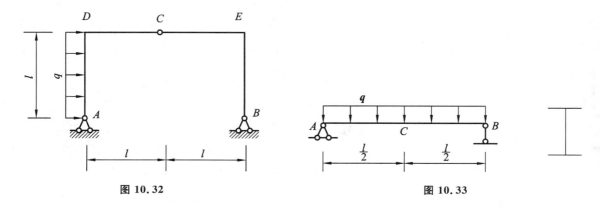

图 10.32                                        图 10.33

10.18　如图 10.34 所示刚架中,其支座 $B$ 有竖向沉降,沉降量为 $b$ ,试求 $C$ 点的水平位移 $\Delta_{CH}$ 。

10.19　如图 10.35 所示结构发生不均匀沉降,试求由此而产生的 $A$ 截面的转角 $\theta_A$ 。

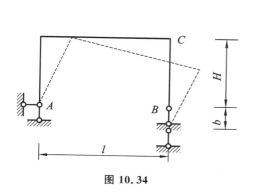

图 10.34

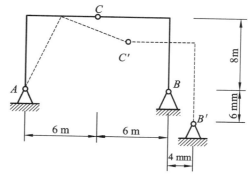

图 10.35

# 力法

学习目标

**基本要求**:掌握判断超静定次数的方法;理解力法的基本思路;掌握用力法计算超静定结构;理解用对称性简化计算。

**重点**:用力法计算超静定结构;用对称性简化计算。

**难点**:用力法计算超静定结构。

# 任务 1  超静定结构概念

## 一、超静定结构

超静定结构是几何不变且有多余约束的结构,其支座反力和各截面的内力不能完全由静力平衡条件唯一确定。如图 11.1 所示,在力 $F$ 作用下,仅由静力平衡条件是无法求解出支座反力与截面内力的,这样的结构属于超静定结构。

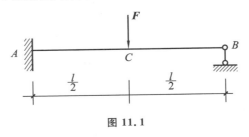

图 11.1

超静定结构与静定结构是两种不同类型的结构,超静定结构的特性见表11.1:

表 11.1 超静定结构与静定结构的不同

| | 静定结构 | 超静定结构 |
|---|---|---|
| 几何特性 | 几何不变体系,且无多余约束 | 几何不变体系,但有多余约束 |
| 静力特性 | 平衡条件可解全部内力与反力 | 平衡条件求不出所有内力和反力,必须考虑变形条件 |
| 非荷载的影响 | 不产生内力 | 产生内力 |
| 内力与刚度的关系 | 无关 | 荷载引起的内力与各杆刚度的比值有关,非荷载外因引起的内力与各杆刚度的绝对值有关 |

超静定结构最基本的计算方法有两种:一种是以多余约束反力为基本未知量的力法;另一种是以结点位移为基本未知量的位移法。此外还有各种派生出来的方法(如力矩分配法),这些方法将在后面逐一介绍。

## 二、超静定次数

超静定次数是指超静定结构中多余约束的个数或多余未知力的个数。从几何组成角度分析看,结构的超静定次数就是多余约束的个数;从静力平衡看,超静定次数就是运用平衡方程分析计算结构未知力时所缺少的方程个数,即多余未知力的个数。

即:结构的超静定次数 = 结构的多余约束个数 = 多余未知力的个数。

确定超静定次数最直接的方法是去掉多余约束,使原结构变成静定结构的方法,来确定超静定次数。去掉多余约束的方式有以下几种:

(1) 去掉一个可动铰支座或切断一根链杆,相当于去掉一个约束,如图 11.2 所示,图 11.2(a)超静定次数 2 次,图 11.2(b)超静定次数 1 次。

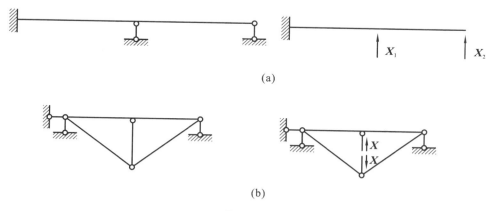

(a)

(b)

图 11.2

(2) 去掉一个固定铰支座或拆除一个单铰,相当于去掉两个约束,如图 11.3 所示,图 11.3(a)超静定次数 2 次,图 11.3(b)超静定次数 2 次。

(3) 去掉一个固定端支座或切断一根杆件,相当于去掉三个约束,如图 11.4 所示刚架结构超静定次数 3 次。

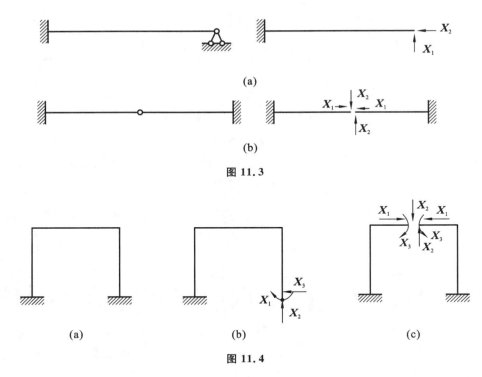

图 11.3

图 11.4

（4）将一个固定端支座改为铰支座，或者刚性连接变为铰接，相当于去掉一个约束，如图 11.5 所示刚架结构超静定次数 1 次。

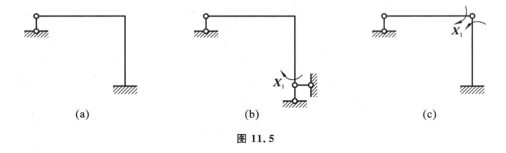

图 11.5

# 任务 2 力法原理

力法是计算超静定结构的最基本的方法之一。采用力法解超静定问题时，把超静定问题与静定问题联系起来，加以比较，从中找到由超静定过渡到静定的途径。

下面以图 11.6（a）所示超静定梁为例，来说明力法的基本原理。

## 一、力法的基本体系和基本未知量

图 11.6（a）所示超静定梁，具有一个多余约束，为一次超静定结构。若将支座 $B$ 作为多余约

束去掉,而代之以多余未知力 $X_1$,则得到图 11.6(b) 所示的静定结构。这种含有多余未知力和荷载的静定结构称为力法的基本体系。

如果求出 $X_1$,就可在基本结构上用静力平衡条件求出原结构的所有反力和内力,因此多余力是最基本的未知力,称为力法的基本未知量。求出多余未知力 $X_1$,是力法解决超静定问题的关键。

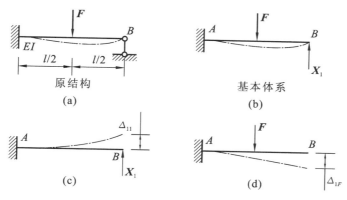

图 11.6

同一超静定结构,去掉多余约束可以有多种方法,进而也有多种基本体系形式。但无论哪种形式,所去掉的多余约束的数目必然是相同的。如图 11.7(a) 所示原结构,一个是悬臂梁(见图 11.7(b)),一个是简支梁(见图 11.7(c)),都是原结构的基本体系,去掉的多余约束都是 3 个。

注:基本体系必须是几何不变的静定结构。如图 11.8(a) 所示的刚架,去掉 $A$、$B$ 支座处的链杆会变成瞬变体系(见图 11.8(b)),这是绝对不允许的。

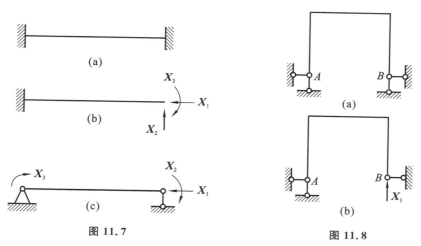

图 11.7　　　　　　　　　　图 11.8

## 二、力法的基本方程

怎样才能求出图 11.6(b) 中的基本未知量 $X_1$,显然不能利用平衡条件求出,必须补充新条件。

对比图 11.6(a) 原结构与图 11.6(b) 基本体系的变形情况可知,原结构在支座 $B$ 处由于有多余约束（竖向链杆）而不可能有竖向位移；而基本体系则因该约束已被去掉，在 $B$ 点处即可能产生位移；只有当 $X_1$ 的数值与原结构支座链杆 $B$ 实际发生的反力相等时，才能使基本体系在原有荷载 $F$ 和多余力 $X_1$ 共同作用下，$B$ 点的竖向位移等于零。所以，用来确定 $X_1$ 的条件是：基本结构在原有荷载和多余力共同作用下，在去掉多余约束处的位移应与原结构中相应的位移相等。

由上述可见，为了唯一确定超静定结构的反力和内力，必须同时考虑静力平衡条件和变形协调条件。

设以 $\Delta_{11}$ 和 $\Delta_{1F}$ 分别表示多余力 $X_1$ 和荷载 $F$ 单独作用在基本结构时，$B$ 点沿 $X_1$ 方向上的位移（见图 11.6(c)、图 11.6(d)）。符号 $\Delta$ 右下方两个角标的含义是：第一个角标表示位移的位置和方向；第二个角标表示产生位移的原因。例如 $\Delta_{11}$ 是在 $X_1$ 作用点沿 $X_1$ 方向由 $X_1$ 所产生的位移；$\Delta_{1F}$ 是在 $X_1$ 作用点沿 $X_1$ 方向由外荷载 $F$ 所产生的位移。为了求得 $B$ 点总的竖向位移，根据叠加原理，应有

$$\Delta_1 = \Delta_{11} + \Delta_{1F} = 0 \tag{11.1}$$

若以 $\delta_{11}$ 表示 $X_1$ 为单位力（即 $\overline{X}_1 = 1$）时，基本结构在 $X_1$ 作用点沿 $X_1$ 方向产生的位移，则有 $\Delta_{11} = \delta_{11} X_1$，于是上式可写成

$$\delta_{11} X_1 + \Delta_{1F} = 0 \tag{11.2}$$

$$X_1 = -\frac{\Delta_{1F}}{\delta_{11}} \tag{11.3}$$

由于 $\delta_{11}$ 和 $\Delta_{1F}$ 都是已知力作用在静定结构上相应位移，故均可用积分法或图乘法求得；从而多余未知力的大小和方向，即可由式(11.3)确定。

式(11.2)根据原结构的变形条件建立的用以确定 $X_1$ 的变形协调方程，称为力法基本方程。

通常采用图乘法计算位移，$\overline{M}_1$ 图（见图 11.9(a)）和 $M_F$ 图（见图 11.9(b)）分别是基本结构在 $\overline{X}_1 = 1$ 和荷载 $F$ 作用下的弯矩图。

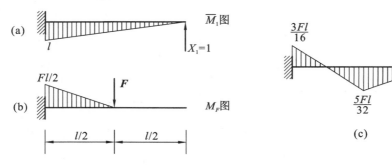

**图 11.9**

故：

$$\delta_{11} = \frac{1}{EI} \cdot \frac{l^2}{2} \cdot \frac{2l}{3} = \frac{l^3}{3EI}$$

$$\Delta_{1F} = -\frac{1}{EI} \left( \frac{1}{2} \cdot \frac{Fl}{2} \cdot \frac{l}{2} \right) \left( \frac{5l}{6} \right) = -\frac{5Fl^3}{48EI}$$

将 $\delta_{11}$ 和 $\Delta_{1F}$ 之值代入式(11.3)，即可解出多余力 $X_1$

$$X_1 = \frac{5}{16} F$$

多余力 $X_1$ 求出后，其余所有反力和内力都可用静力平衡条件确定。超静定结构的最后弯矩

图 $M$,可利用已经绘出的 $\overline{M_1}$ 和 $M_F$ 图按叠加原理绘出,即

$$M = \overline{M_1}X_1 + M_F$$

应用上式绘制弯矩图时,可将 $\overline{M_1}$ 图的纵标乘以 $X_1$ 倍,再与 $M_F$ 图的相应纵坐标叠加,即可绘出 $M$ 图如图 11.9(c) 所示。

综上所述可知,力法是以多余力作为基本未知量,去掉多余约束后的静定结构为基本体系,并根据去掉多余约束处的已知位移条件建立基本方程,将多余力首先求出,然后根据平衡条件求得其反力及内力。

# 任务 3 力法典型方程及应用

## 一、力法典型方程

力法计算超静定结构的关键在于根据变形协调条件建立力法方程,求解出多余未知力。任务 2 讨论的是一次超静定梁。下面以二次超静定刚架为例,说明如何建立多次超静定结构求解多余未知力的方程。

结合图 11.10(a) 所示刚架(二次超静定结构)进行讨论。取 $B$ 点两根链杆的反力 $X_1$ 和 $X_2$ 为基本未知量,则基本体系如图 11.10(b) 所示。

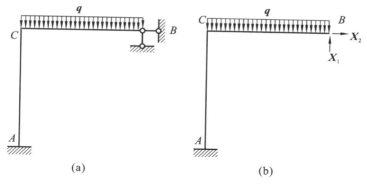

(a)                          (b)

**图 11.10**

为了确定 $X_1$ 和 $X_2$ 两个基本未知量,利用多余约束处的变形条件:

$$\Delta_1 = 0$$
$$\Delta_2 = 0$$

这里,$\Delta_1$ 是基本体系沿 $X_1$ 方向的位移,即 $B$ 点的竖向位移;$\Delta_2$ 是基本体系沿 $X_2$ 方向的位移,即 $B$ 点的水平位移。计算基本体系在荷载和未知力 $X_1$ 和 $X_2$ 共同作用下的位移 $\Delta_1$、$\Delta_2$,先分别计算基本结构在每种力单独作用下的位移如下:

(1) 荷载单独作用时,相应位移为 $\Delta_{1F}$、$\Delta_{2F}$(见图 11.11(a))

(2) 单位力 $X_1 = 1$ 单独作用时,相应位移为 $\delta_{11}$、$\delta_{21}$(见图 11.11(b));未知力 $X_1$ 单独作用时,相应位移为 $\delta_{11}X_1$、$\delta_{21}X_1$。

(3) 单位力 $X_2 = 1$ 单独作用时,相应位移为 $\delta_{11}$、$\delta_{21}$(见图 11.11(c));未知力 $X_1$ 单独作用时,相应位移为 $\delta_{12}X_2$、$\delta_{22}X_2$。

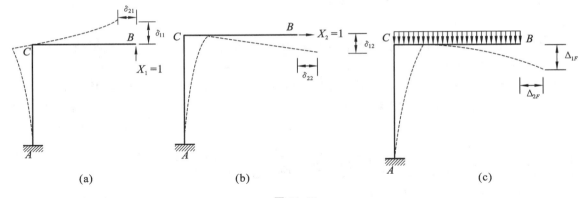

图 11.11

由叠加原理和变形条件得：

$$\Delta_1 = \delta_{11} X_1 + \delta_{12} X_2 + \Delta_{1F} = 0$$
$$\Delta_2 = \delta_{21} X_1 + \delta_{22} X_2 + \Delta_{2F} = 0$$

这就是求解多余未知力 $X_1$、$X_2$ 所要建立的力法典型方程。

由 11.2 可知基本方程求出多余未知力 $X_1$、$X_2$ 后，利用平衡条件便可求出原结构的支座反力和内力。可利用叠加原理求内力，例如任一截面的弯矩 $M$ 可用叠加公式计算：

$$M = \overline{M}_1 X_1 + \overline{M}_2 X_2 + M_F$$

$M_F$ 是荷载在基本结构任一截面产生的弯矩，$\overline{M}_1$ 和 $\overline{M}_2$ 分别是单位力 $X_1 = 1$ 和 $X_2 = 1$ 在基本结构同一截面产生的弯矩。

对于 $n$ 次超静定结构，力法的基本结构是从原结构中去掉 $n$ 个多余约束得到的静定结构，力法的基本未知量是与 $n$ 个多余约束对应的多余未知力 $X_1$、$X_2$、$\cdots$、$X_n$，相应地，也就有 $n$ 个已知位移条件。当原结构在去掉多余约束处的位移为零时，据此就可以建立如下 $n$ 个方程：

$$\Delta_1 = \delta_{11} X_1 + \delta_{12} X_2 + \cdots + \delta_{1n} X_n + \Delta_{1F} = 0$$
$$\Delta_2 = \delta_{21} X_1 + \delta_{22} X_2 + \cdots + \delta_{2n} X_n + \Delta_{2F} = 0$$
$$\cdots\cdots\cdots\cdots \qquad\qquad (11.4)$$
$$\Delta_n = \delta_{n1} X_1 + \delta_{n2} X_2 + \cdots + \delta_{nn} X_n + \Delta_{nF} = 0$$

无论超静定结构的类型、次数及所选基本结构如何，它们在荷载作用下所得的力法方程都与式（11.4）相同，故称为力法的典型方程。其物理意义是：基本结构在全部多余未知力和已知荷载共同作用下，在去掉多余约束处的位移与原结构中相应的位移相等。

方程组中，左上至右下对角线上的系数 $\delta_{ii}$，称为主系数，其他系数 $\delta_{ij}$ 称为副系数，最后一项 $\Delta_{iF}$ 称为自由项。各系数和自由项都可按求静定结构位移的方法（图乘法）求得。

解力法方程求得多余未知力后，其内力都可根据平衡条件求出，也可按叠加原理求出弯矩，即

$$M = \overline{M}_1 X_1 + \overline{M}_2 X_2 + \cdots\cdots + \overline{M}_n X_n + M_F \qquad\qquad (11.5)$$

式中：$\overline{M}_i$ 为 $X_i = 1$ 时基本体系的弯矩，$M_F$ 为荷载作用时基本体系的弯矩。

## 二、力法应用

根据 11.3.1 所述，力法计算内力的步骤如下：

（1）建立原结构的基本体系；

（2）建立力法典型方程；

（3）计算系数和自由项；

（4）解方程，求解多余未知力；

（5）画内力图。

**例 11.1**　用力法计算图 11.12(a) 所示刚架，画出弯矩图（各杆 $EI$ 相等，均为常数）。

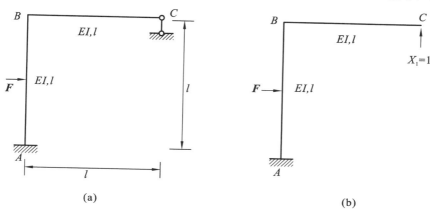

(a)　　　　　　　　　　　　　　　　(b)

**图 11.12**

**解**　（1）该刚架为 1 次超静定，多余未知力为 1 个，选取基本体系（见图 11.12(b)）。

（2）建立力法典型方程。支座 $C$ 处的竖向位移均为零，建立力法的典型方程如下：

$$\delta_{11}X_1 + \Delta_{1F} = 0$$

（3）绘制 $\overline{M}_1$ 图（见图 11.13）。计算各系数及自由项。

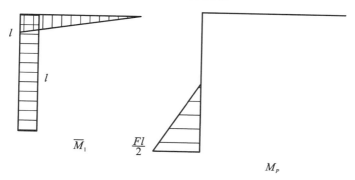

**图 11.13**

$$\delta_{11} = \frac{1}{EI}\left(\frac{l^2}{2}\times\frac{2l}{3}+l^3\right) = \frac{4l^3}{3EI}$$

$$\Delta_{1F} = -\frac{1}{EI}\left(\frac{1}{2}\times\frac{Fl}{2}\times\frac{l}{2}\times l\right) = -\frac{Fl^3}{8EI}$$

（4）利用力法方程求解未知力。由力法典型方程：

$$\frac{4l^3}{3EI}X_1 - \frac{Fl^3}{8EI} = 0$$

可得：

$$X_1 = \frac{3}{32}F$$

（5）利用叠加原理绘制弯矩图。

由叠加公式 $M = \overline{M}_1 X_1 + M_F$，求得各杆杆端弯矩值，绘出最后弯矩图，如图 11.14 所示。

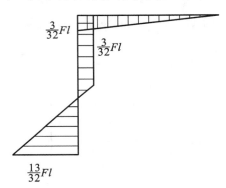

**图 11.14**

**例 11.2**　用力法计算图 11.15(a) 所示梁，画出弯矩图（各杆 $EI$ 相等，均为常数）

**解**　（1）该连续梁为 2 次超静定，未知力为 2 个，选取的基本体系如图 11.15(b) 所示。

（2）建立力法典型方程。支座 $B$、$C$ 处的竖向位移均为零，建立力法的典型方程如下：

$$\delta_{11} X_1 + \delta_{12} X_2 + \Delta_{1F} = 0$$
$$\delta_{21} X_1 + \delta_{22} X_2 + \Delta_{2F} = 0$$

（3）画出 $\overline{M}_1$、$\overline{M}_2$ 及 $M_F$ 图，如图 11.15(c) 至图 11.15(e) 所示，计算各系数及自由项。

$$\delta_{11} = \frac{1}{EI} \times \frac{3 \times 3}{2} \times 2 = \frac{9}{EI}$$

$$\delta_{12} = \frac{1}{EI} \times \frac{3 \times 3}{2} \times 5 = \frac{45}{2EI} = \delta_{21}$$

$$\delta_{22} = \frac{1}{EI} \times \frac{1}{2} \times 6 \times 6 \times \frac{2}{3} \times 6 = \frac{72}{EI}$$

$$\Delta_{1F} = \frac{1}{EI}\left(-\frac{72 \times 3 \times 2}{2} - \frac{18 \times 3 \times 1}{2} + \frac{2 \times 3 \times 4.5}{3} \times \frac{3}{2}\right) = -\frac{229.5}{EI}$$

$$\Delta_{2F} = \frac{1}{EI}\left(-\frac{1}{3} \times 6 \times 72 \times \frac{3}{4} \times 6\right) = -\frac{648}{EI}$$

（4）求解多余未知力。

将各系数和自由项代入力法典型方程得：

$$9 X_1 + 22.5 X_2 = 229.5 \text{ kN}, \quad X_1 = 13.72 \text{ kN}$$
$$22.5 X_1 + 72 X_2 = 648 \text{ kN}, \quad X_2 = 4.71 \text{ kN}$$

（5）画出梁的弯矩图。

利用 $M = \overline{M}_1 X_1 + \overline{M}_2 X_2 + M_F$，计算各梁端弯矩：

$$M_A = 3 X_1 + 6 X_2 - 72 = -2.57 \text{ kN} \cdot \text{m}$$
$$M_B = 3 X_2 - 18 = -3.86 \text{ kN} \cdot \text{m}$$

利用叠加原理，画出梁的最后弯矩图，如图 11.15(f) 所示。

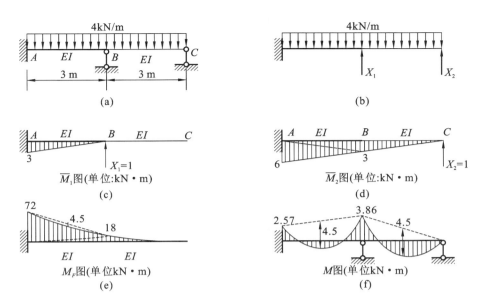

图 11.15

**例 11.3**　用力法计算图 11.16(a) 所示梁,画出弯矩图(各杆 $EI$ 相等,均为常数)。

**解**　(1) 该刚架为 3 次超静定,未知力为 3 个,选取基本体系(见图 11.16(b))。

(2) 建立力法典型方程。支座 $A$、$B$ 处的位移均为零,建立力法的典型方程如下:

$$\delta_{11} X_1 + \delta_{12} X_2 + \delta_{13} X_3 + \Delta_{1F} = 0$$
$$\delta_{21} X_1 + \delta_{22} X_2 + \delta_{23} X_3 + \Delta_{2F} = 0$$
$$\delta_{31} X_1 + \delta_{32} X_2 + \delta_{33} X_3 + \Delta_{3F} = 0$$

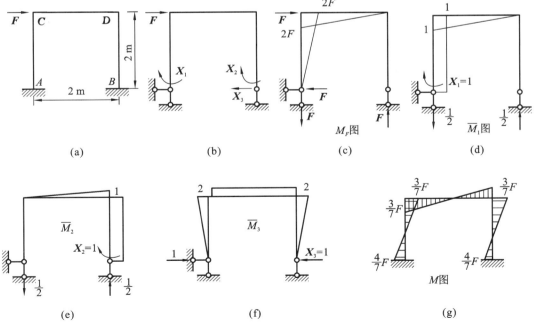

图 11.16

（3）画出 $\overline{M}_1$、$\overline{M}_2$、$\overline{M}_3$ 及 $M_F$ 图，如图 11.16（c）至图 11.16（f）所示，计算各系数及自由项。

$$\delta_{11} = \frac{1}{EI}\left(1 \times 2 \times 1 + \frac{1}{2} \times 1 \times 2 \times \frac{1 \times 2}{3}\right) = \frac{8}{3EI}$$

$$\delta_{22} = \frac{1}{EI}\left(1 \times 2 \times 1 + \frac{1}{2} \times 1 \times 2 \times \frac{1 \times 2}{3}\right) = \frac{8}{3EI}$$

$$\delta_{33} = \frac{1}{EI}\left(\frac{1}{2} \times 2 \times 2 \times \frac{2 \times 2}{3} \times 2 + 2 \times 2 \times 2\right) = \frac{40}{3EI}$$

$$\delta_{12} = \delta_{21} = -\frac{1}{EI}\left(\frac{1}{2} \times 1 \times 2 \times \frac{1 \times 1}{3}\right) = -\frac{1}{3EI}$$

$$\delta_{23} = \delta_{32} = \frac{1}{EI}\left(\frac{1}{2} \times 1 \times 2 \times 2 + 1 \times 2 \times 1\right) = \frac{4}{EI}$$

$$\delta_{13} = \delta_{31} = -\frac{1}{EI}\left(\frac{1}{2} \times 1 \times 2 \times 2 + 1 \times 2 \times 1\right) = -\frac{4}{EI}$$

$$\Delta_{1F} = \frac{1}{EI}\left(\frac{1}{2} \times 2F \times 2 \times \frac{1 \times 2}{3} + \frac{1}{2} \times 2F \times 2 \times 1\right) = \frac{10F}{3EI}$$

$$\Delta_{2F} = -\frac{1}{EI}\left(\frac{1}{2} \times 2F \times 2 \times \frac{1}{3}\right) = -\frac{2F}{3EI}$$

$$\Delta_{3F} = -\frac{1}{EI}\left(\frac{1}{2} \times 2F \times 2 \times 2 + \frac{1}{2} \times 2F \times 2 \times \frac{2 \times 2}{3}\right) = -\frac{20F}{3EI}$$

（4）求解多余未知力。

将各系数和自由项代入力法典型方程得：

$$\begin{cases} 8X_1 - X_2 - 12X_3 + 10F = 0 \\ -X_1 + 8X_2 + 12X_3 - 2F = 0 \\ -3X_1 + 3X_2 + 10X_3 - 5F = 0 \end{cases}$$

得

$$\begin{cases} X_1 = -\dfrac{4F}{7} \\ X_2 = -\dfrac{4F}{7} \\ X_3 = \dfrac{F}{2} \end{cases}$$

（5）画出梁的弯矩图。

由叠加公式 $M = \overline{M}_1 x_1 + \overline{M}_2 x_2 + \overline{M}_3 x_3 + M_F$，求得各杆杆端弯矩值，绘最后弯矩图，如图 11.16（g）所示。

# 任务 4  利用结构对称性简化计算

力法计算超静定结构时，结构的超静定次数愈高，多余未知力就越多，计算工作量也就越大。但在实际的建筑结构工程中，很多结构是对称的，我们可利用结构的对称性，适当地选取基本体系，使力法典型方程中等于零的副系数尽可能多，从而使计算工作得到简化。

当结构的几何形状、支座情况、杆件的截面及弹性模量等均对称于某一几何轴线时，则称此结构为对称结构。如图 11.17(a) 所示刚架为对称结构,可选取图 11.17(b) 所示的基本体系。即在对称轴处切开,以多余未知力 $X_1$,$X_2$,$X_3$ 来代替所去掉的三个多余联系。相应的单位力弯矩图和荷载弯矩图分别如图 11.17(c) 至图 11.17(f) 所示,其中 $X_1$ 和 $X_2$ 为对称未知力;$X_3$ 为反对称的未知力,显然 $\overline{M}_1$,$\overline{M}_2$ 图是对称图形;$\overline{M}_3$ 是反对称图形。由图形相乘可知:

$$\delta_{13} = \delta_{31} = \sum \int \frac{\overline{M}_1 \, \overline{M}_3 \, \mathrm{d}s}{EI} = 0$$

$$\delta_{23} = \delta_{32} = \sum \int \frac{\overline{M}_2 \, \overline{M}_3 \, \mathrm{d}s}{EI} = 0$$

故力法典型方程简化为:

$$\delta_{11} X_1 + \delta_{12} X_2 + \Delta_{1F} = 0$$
$$\delta_{21} X_1 + \delta_{22} X_2 + \Delta_{2F} = 0$$
$$\delta_{33} X_3 + \Delta_{3F} = 0$$

由此可知,力法典型方程将分成两组:一组只包含对称的未知力,即 $X_1$,$X_2$;另一组只包含反对称的未知力 $X_3$。因此,解方程组的工作得到简化。

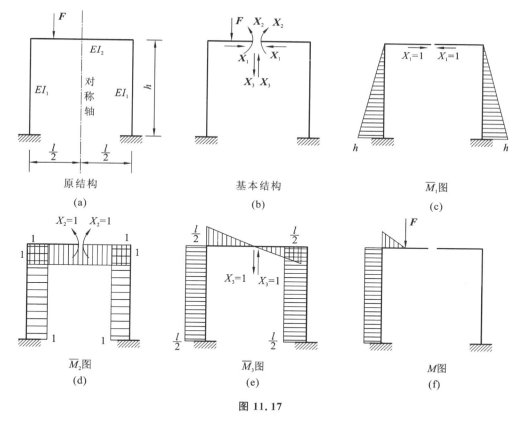

图 11.17

作用在结构上的外荷载是非对称的(见图 11.17(a) 和图 11.17(f)),若将此荷载分解为对称的和反对称的两种情况,如图 11.18(a)、图 11.18(b) 所示,则计算还可进一步得到简化。

(1) 外荷载对称时,使基本体系产生的弯矩图 $M'_F$ 是对称的,则得

$$\Delta_{3P} = \sum \int \frac{\overline{M}_3 M'_F \mathrm{d}s}{EI} = 0$$

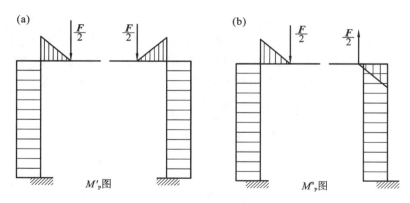

图 11.18　荷载的对称与反对称

从而得 $X_3 = 0$。这时只要计算对称多余未知力 $X_1$ 和 $X_2$。

（2）外荷载反对称时，使基本结构产生的弯矩图 $M''_F$ 是反对称的，则得

$$\Delta_{1P} = \sum \int \frac{\overline{M}_1 M''_F \, \mathrm{d}s}{EI} = 0$$

$$\Delta_{2P} = \sum \int \frac{\overline{M}_2 M''_F \, \mathrm{d}s}{EI} = 0$$

从而得：

$$X_1 = X_2 = 0$$

这时，只要计算反对称的多余未知力 $X_3$。

从上述分析可得到如下结论：

（1）在计算对称结构时，如果选取的多余未知力中一部分是对称的，另一部分是反对称的。则力法方程将分为两组，一组只包含对称未知力；另一组只包含反对称未知力。

（2）结构对称，若外荷载不对称时，可将外荷载分解为对称荷载和反对称荷载，而分别计算然后叠加。这时，在对称荷载作用下，反对称未知力为零，即只产生对称内力及变形；在反对称荷载作用下，对称未知力为零，即只产生反对称内力及变形。

所以，在计算对称结构时，我们可直接利用上述结论，可以使计算得到简化。

**例 11.4**　利用对称性，计算图 11.19（a）所示刚架，绘制弯矩图。

**解**　（1）该刚架为 3 次超静定，且结构及荷载均为对称。在对称轴处切开。取如图 11.19（b）所示的基本体系。由对称性的结论可知 $X_3 = 0$，只用考虑对称未知力 $X_1$ 及 $X_2$。

（2）由切开处的位移条件，建立典型方程

$$\delta_{11} X_1 + \delta_{12} X_2 + \Delta_{1F} = 0$$
$$\delta_{21} X_1 + \delta_{22} X_2 + \Delta_{2F} = 0$$

（3）作 $\overline{M}_1$，$\overline{M}_2$，$M_F$ 图（见图 11.19（c）至图 11.19（e）），利用图形相乘求系数和自由项，并解方程得 $x_1$，$x_2$。

$$\delta_{11} = 2 \left( \frac{1}{EI} \times 6 \times 1 \times 1 + \frac{1}{4EI} \times 6 \times 1 \times 1 \right) = \frac{15}{EI}$$

$$\delta_{22} = 2 \left( \frac{1}{EI} \times 6 \times 6 \times \frac{1}{2} \times \frac{2}{3} \times 6 \right) = \frac{144}{EI}$$

$$\delta_{12} = \delta_{21} = -2 \left( \frac{1}{EI} \times 6 \times 1 \times \frac{1}{2} \times 6 \right) = -\frac{36}{EI}$$

$$\Delta_{1F} = -2\left(\frac{1}{EI} \times 180 \times 6 \times 1 + \frac{1}{4EI} \times \frac{1}{3} \times 6 \times 180 \times 1\right) = -\frac{2\,340}{EI}$$

$$\Delta_{2F} = 2\left(\frac{1}{EI} \times 180 \times 6 \times \frac{1}{2} \times 6\right) = \frac{6\,480}{EI}$$

（4）求解多余未知力。

将各系数和自由项代入力法典型方程解得：

$$X_1 = 120 \text{ kN} \cdot \text{m}$$

$$X_2 = -15 \text{ kN}$$

（5）由叠加公式 $M = \overline{M}_1 X_1 + \overline{M}_2 X_2 + M_F$，求得各杆杆端弯矩值，绘出最后弯矩图 $M$，如图 11.18（f）所示。

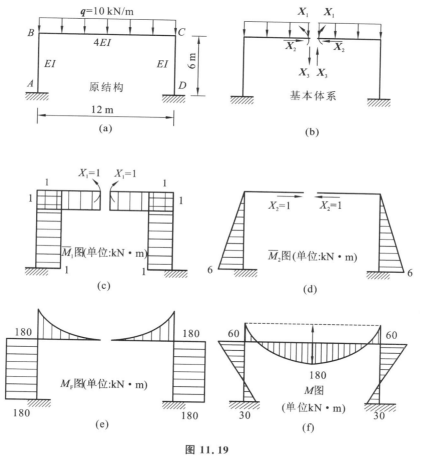

图 11.19

**例 11.5** 利用对称性，计算图 11.20（a）所示刚架，并绘出最后弯矩图（各杆 $EI$ 相等，均为常数）

**解** （1）该刚架为 2 次超静定，且结构及荷载均为对称。在对称轴处切开。取如图 11.20（b）所示的基本体系。由对称性的结论可知 $X_2 = 0$，只用考虑对称未知力 $X_1$。

（2）由切开处的位移条件，建立典型方程：

$$\delta_{11} X_1 + \Delta_{1F} = 0$$

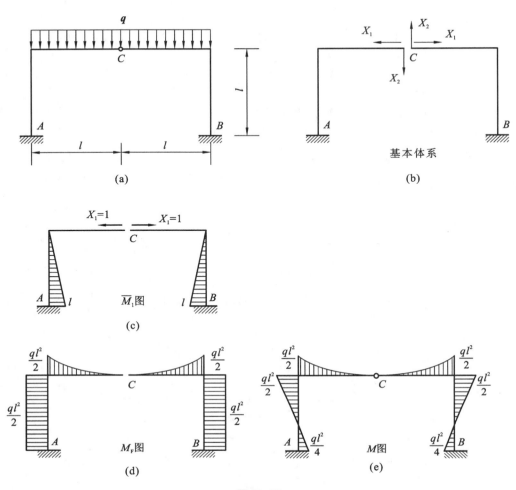

图 11. 20

（3）画出 $\overline{M}_1$ 及 $M_P$ 图，如图 11. 20（c）、图 11. 20（d）所示，计算各系数及自由项。

$$\delta_{11} = \frac{2}{EI} \times \frac{l \times l}{2} \times \frac{2l}{3} = \frac{2l^3}{3EI}$$

$$\Delta_{1F} = \frac{-2}{EI} \times \frac{l^2}{2} \times \frac{ql^2}{2} = -\frac{ql^4}{2EI}$$

（4）求解多余未知力。

将各系数和自由项代入力法典型方程解得：

$$X_1 = 3ql/4$$

（5）画出刚架的弯矩图，由叠加公式 $M = \overline{M}_1 x_1 + M_F$，求得各杆杆端弯矩值，绘最后弯矩图 $M$，如图 11. 20（e）所示。

# 任务 5　支座移动时超静定结构的计算

超静定结构由于有多余约束存在，因此只要能使结构产生变形的因素（例如支座移动、温度改变、制造误差及材料的收缩膨胀等)都会使结构产生内力。这是超静定结构的重要性之一。

在使用力法计算超静定结构在支座移动所引起的内力时,建立力法方程的原理与荷载作用的情况相同。在不同的外因作用下,如取相同的基本结构,则所建立的力法方程中它们位移系数是一样的,因为这些系数是反映结构自身固有的力学特征。而力法方程中自由项的计算是不同的。

超静定结构在支座移动时所引起的内力计算中,首先应注意建立力法方程时变形协调条件的确定。如原结构在拆除多余约束处有不为零的已知位移值 $C_i$,则变形协调条件为 $\Delta_i = \pm C_i$;当 $C_i$ 位移方向与相应位置的多余力 $X_i$ 方向相同时等号右边取正号,反之,取负号这时该力法方程右边不为零。基本体系支座移动所引起的在多余力 $X_i$ 方向的位移 $\Delta_{iC}$,可由前面介绍的求位移公式(10.4)计算求出。

由于支座移动在基本体系中不引起内力,故最终弯矩按下式叠加计算:

$$M = X_1 \overline{M_1} + X_2 \overline{M_2} + \cdots + X_n \overline{M_n}$$

**例 11.6** 图 11.21(a) 所示为一等截面梁,已知支座 $A$ 转动角度为 $\theta$,试绘出该梁的弯矩图。

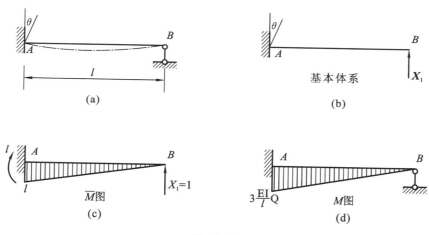

图 11.21

**解** 1. 该梁为一次超静定,选取基本结构如图 11.21(b) 所示。

(2)建立力法典型方程

按照基本结构在去掉多余约束处的位移与原结构相同的条件,即 $\Delta_1 = 0$,建立力法典型方程如下:

$$\delta_{11} X_1 + \Delta_{1C} = 0$$

式中,自由项 $\Delta_{1C}$ 是基本结构由于支座移动而引起的沿 $X_1$ 方向的位移。

(3)计算系数和自由项。

系数 $\delta_{11}$ 的计算同前。绘出基本结构在 $X_1 = 1$ 作用下的弯矩图 $\overline{M_1}$,并求出相应的反力,如图 11.21(c) 所示。

$$\delta_{11} = \frac{l^3}{3EI}$$

自由项 $\Delta_{1C}$ 可通过式(11.4)计算

$$\Delta_{1C} = -\theta l$$

（4）求多余未知力。

将系数和自由项代入力法典型方程，得

$$\frac{l^3}{3EI}X_1 - \theta l = 0$$

解方程得

$$X_1 = \frac{3EI\theta}{l^2}$$

（5）绘制弯矩图。

最后的内力是由多余未知力引起的。因此，最后弯矩按 $M = \overline{M}_1 X_1$ 计算，弯矩图如图 11.21（d）所示。

# 任务 6 单跨超静定梁的杆端弯矩和杆端剪力

根据单跨静定梁远端的约束不同，可将单跨超静定梁分为三种：远端固定、远端铰支和远端定向，如图 11.22 所示。

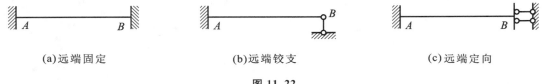

(a)远端固定　　　　　　(b)远端铰支　　　　　　(c)远端定向

**图 11.22**

单跨超静定梁的杆端弯矩和杆端剪力是由荷载、杆端位移（线位移及角位移）产生的。通过力法方程可以求得杆端弯矩和杆端剪力。

## 一、杆端内力和杆端位移的正负号规定

杆端位移和杆端内力的正负号规定见表 11.2、图 11.23、图 11.24。

**表 11.2　杆端位移和杆端内力的正负号规定**

| 分　类 | | | 正　负　规　定 |
|---|---|---|---|
| 杆端位移 | 转角 | | 使杆端产生顺时针转动（或有转动趋势）为正，反之为负 |
| | 结点线位移 | | |
| 杆端内力 | 剪力 | | |
| | 弯　矩 | 相对于杆端 | |
| | | 相对于支座或相对于结点 | 逆时针转动为正 |

如图 11.23 所示，各杆端位移均为正向。

如图 11.24 所示，各杆端剪力和弯矩均为正向。

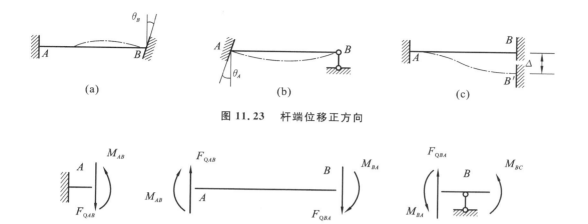

图 11.23　杆端位移正方向

(a)相对支座　　　　　　　(b) 相对杆端　　　　　　　(c)相对结点

图 11.24　杆端剪力和弯矩正方向

## 二、杆端内力

　　当单跨超静定梁受到荷载作用又发生支座位移时,通过查表 11.3,利用叠加原理,列出杆端内力与支座位移和荷载之间的关系式,这些关系式称为转角位移方程。

表 11.3　等截面单跨超静定梁的杆端弯矩和杆端剪力

| 序号 | 梁的简图 | 杆端弯矩 | | 杆端剪力 | |
|---|---|---|---|---|---|
| | | $M_{AB}$ | $M_{BA}$ | $F_{QAB}$ | $F_{QBA}$ |
| 1 | 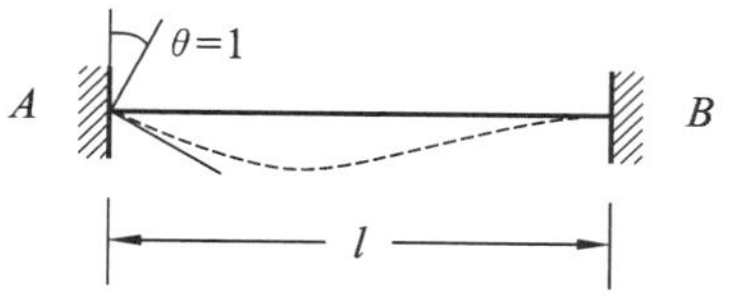 $A$ $\theta=1$ $B$ $l$ | $4i$ $i=\dfrac{EI}{l}$(下同) | $2i$ | $-\dfrac{6i}{l}$ | $-\dfrac{6i}{l}$ |
| 2 | 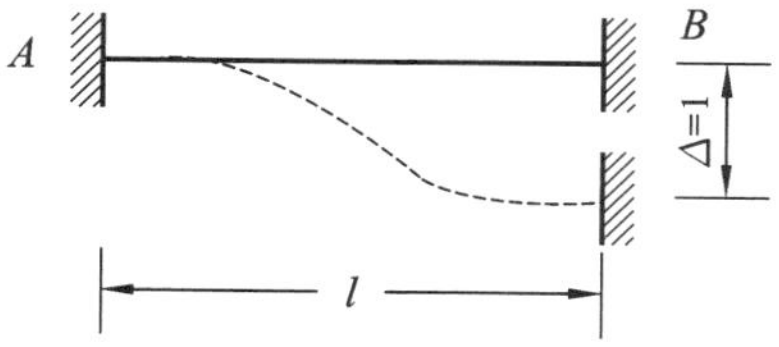 $A$ $B$ $\Delta=1$ $l$ | $-\dfrac{6i}{l}$ | $-\dfrac{6i}{l}$ | $\dfrac{12i}{l^2}$ | $\dfrac{12i}{l^2}$ |
| 3 | 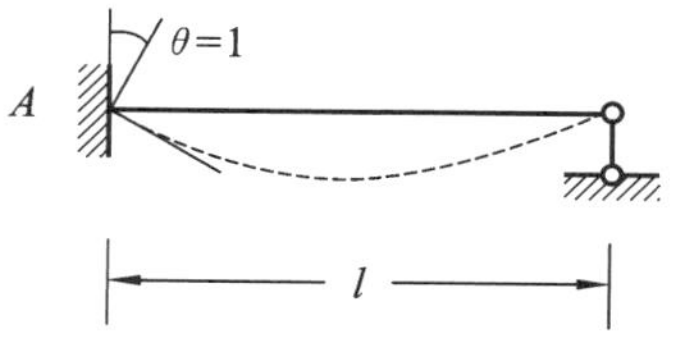 $A$ $\theta=1$ $B$ $l$ | $3i$ | $0$ | $-\dfrac{3i}{l}$ | $-\dfrac{3i}{l}$ |

续表

| 序号 | 梁的简图 | 杆端弯矩 | | 杆端剪力 | |
|---|---|---|---|---|---|
| | | $M_{AB}$ | $M_{BA}$ | $F_{QAB}$ | $F_{QBA}$ |
| 4 | 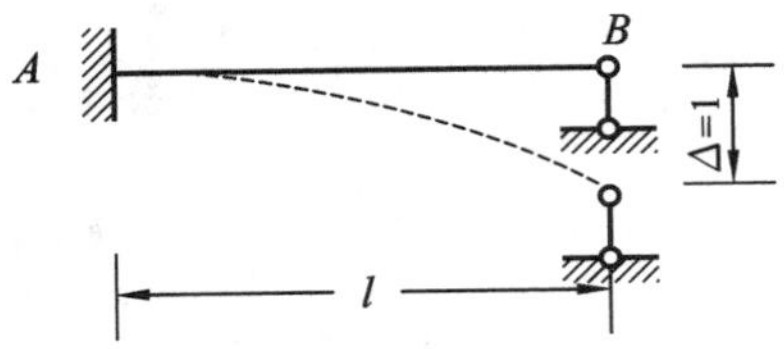 | $-\dfrac{3i}{l}$ | $0$ | $\dfrac{3i}{l^2}$ | $\dfrac{3i}{l^2}$ |
| 5 | 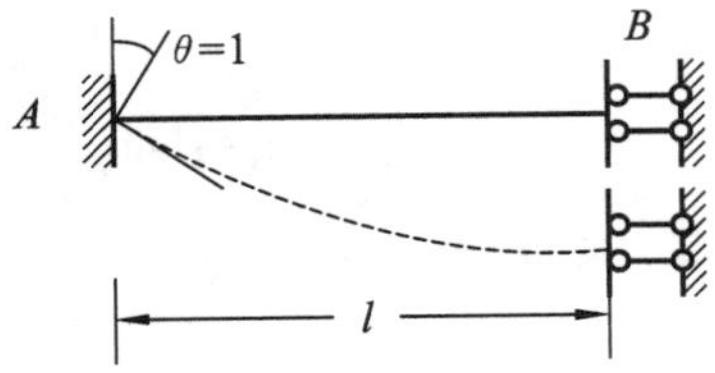 | $i$ | $-i$ | $0$ | $0$ |
| 6 | 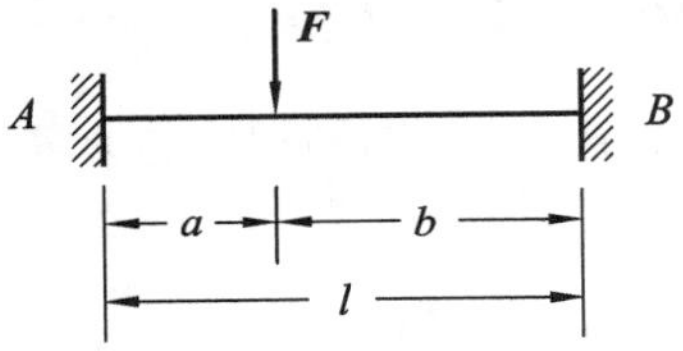 | $-\dfrac{Fab^2}{l^2}$ | $\dfrac{Fa^2b}{l^2}$ | $\dfrac{Fb^2}{l^2}\left(1+\dfrac{2a}{l}\right)$ | $\dfrac{Pa^2}{l^2}\left(1+\dfrac{2b}{l}\right)$ |
| 7 | 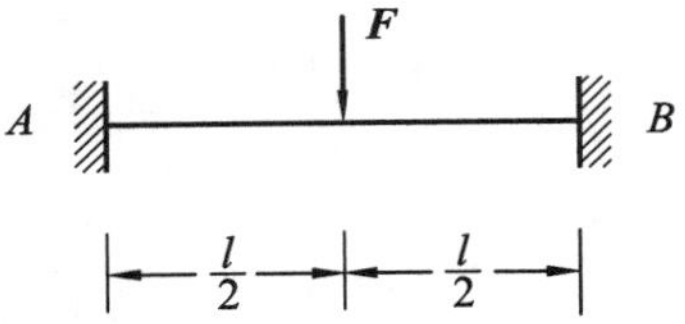 | $-\dfrac{Fl}{8}$ | $\dfrac{Fl}{8}$ | $\dfrac{F}{2}$ | $-\dfrac{F}{2}$ |
| 8 | 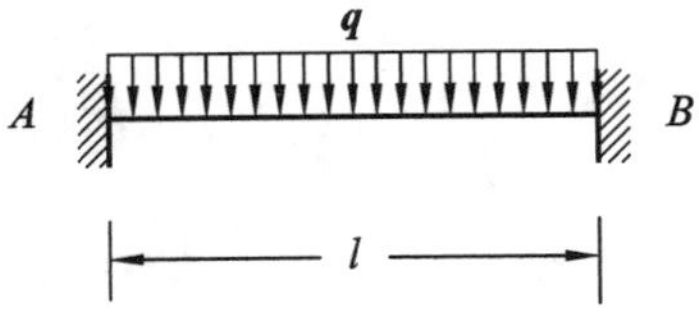 | $-\dfrac{ql^2}{12}$ | $\dfrac{ql^2}{12}$ | $\dfrac{ql}{2}$ | $-\dfrac{ql}{2}$ |
| 9 | 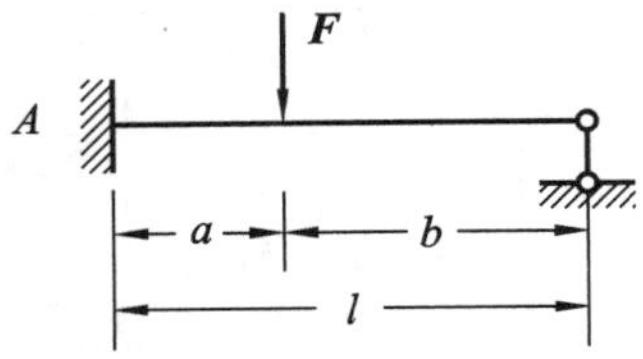 | $-\dfrac{Fab(l+b)}{2l^2}$ | $0$ | $\dfrac{Fb}{2l^3}(3l^2-b^2)$ | $-\dfrac{Fa^2}{2l^3}(3l-a)$ |

续表

| 序号 | 梁的简图 | 杆端弯矩 | | 杆端剪力 | |
|---|---|---|---|---|---|
| | | $M_{AB}$ | $M_{BA}$ | $F_{QAB}$ | $F_{QBA}$ |
| 10 | | $-\dfrac{3Fl}{16}$ | $0$ | $\dfrac{11F}{16}$ | $-\dfrac{5F}{16}$ |
| 11 | | $-\dfrac{ql^2}{8}$ | $0$ | $\dfrac{5ql}{8}$ | $-\dfrac{3ql}{8}$ |
| 12 | | $-\dfrac{Fa(l+b)}{2l}$ | $-\dfrac{Fa^2}{2l}$ | $F$ | $0$ |
| 13 | | $-\dfrac{3Fl}{8}$ | $-\dfrac{Fl}{8}$ | $F$ | $0$ |
| 14 | | $-\dfrac{Fl}{2}$ | $-\dfrac{Fl}{2}$ | $F$ | $F$ |
| 15 | | $-\dfrac{ql^2}{3}$ | $-\dfrac{ql^2}{6}$ | $ql$ | $0$ |
| 16 | | $\dfrac{M}{2}$ | $M$ | $-\dfrac{3M}{2l}$ | $-\dfrac{3M}{2l}$ |

注:① 表中 $i$ 为杆件的线刚度,$i=\dfrac{EI}{l}$。

如图 11.25 所示,单跨超静定梁,受到均布荷载 $q$ 作用的同时,梁的两端支座分别发生转角 $\theta_A$、$\theta_B$,并且产生相对线位移为 $\Delta$,按叠加原理,列出杆端弯矩的转角位移方程:

$$M_{AB} = 4i\theta_A + 2i\theta_B - \frac{6i}{l}\Delta - \frac{ql^2}{12}$$

$$M_{BA} = 2i\theta_A + 4i\theta_B - \frac{6i}{l}\Delta + \frac{ql^2}{12}$$

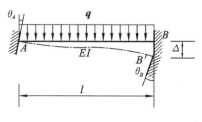

**图 11.25**

方程中 $4i\theta_A$、$2i\theta_B$、$\frac{6i}{l}\Delta$ 分别为角位移、线位移引起的杆端内力,其中 $4i$、$2i$、$\frac{6i}{l}$ 称为刚度系数,因为它们只与杆件的几何尺寸及材料性能有关,所以也被称为形常数。$-\frac{ql^2}{12}$、$\frac{ql^2}{12}$ 为仅由荷载引起的杆端弯矩,称为固端弯矩;仅由荷载引起的单跨超静定梁的杆端剪力,称为固端剪力。因为它们是仅与荷载形式有关的常数,所以又称为载常数。

11.1　静定结构与超静定结构的不同之处。

11.2　力法求解超静定结构内力的思路是什么?什么是基本体系、基本未知量?基本未知量如何确定?

11.3　力法典型方程的意义是什么?其中系数和自由项的物理意义是什么?

11.4　怎样利用结构的对称性简化计算?为什么对称结构在对称荷载作用下,反对称多余未知力等于零?反之,对称结构在反对称荷载作用下,对称的多余未知力等于零?

11.5　在使用力法计算超静定结构在支座移动所引起的内力与荷载作用引起的内力时,有何不同?

11.6　试确定如图 11.26 所示结构是静定结构还是超静定结构,并确定超静定结构次数。

11.7　试用力法计算图 11.27 所示结构,并作弯矩图。

11.8　试用力法计算图 11.28 所示刚架,并作弯矩图。

11.9　作图 11.29 所示对称刚架的弯矩、剪力和轴力图。

11.10　试作图 11.30 所示结构由于支座位移引起的弯矩图。

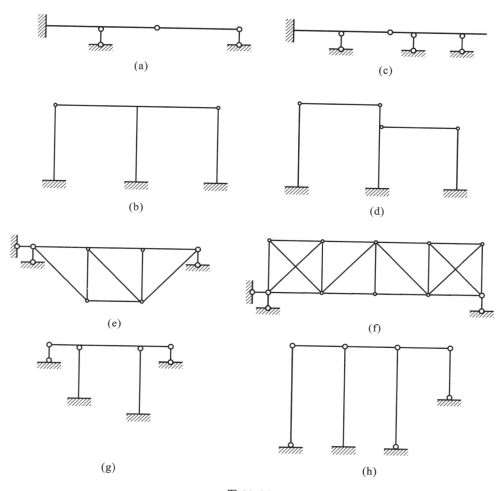

图 11.26

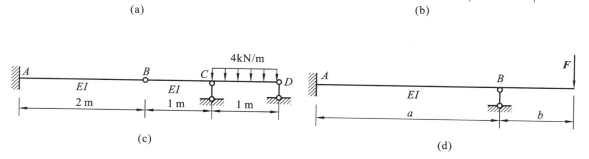

图 11.27

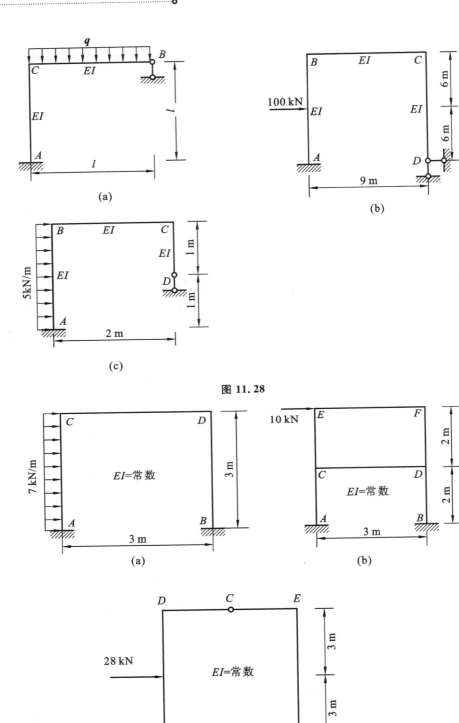

图 11.28

图 11.29

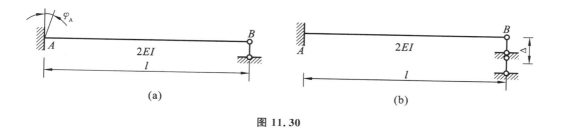

图 11.30

**基本要求**：掌握位移法基本未知量的确定方法；理解位移法方程的建立；掌握用位移法计算荷载作用下超静定梁、刚架和排架的内力计算，并绘制弯矩图。

**重点**：位移法基本未知量；位移方程。

**难点**：确定位移法基本未知量。

# 任务 1 位移法基本概念

力法计算超静定结构时，由于基本未知量的数目等于超静定次数，对于实际工程结构来说，超静定次数往往很高，应用力法计算就很烦琐。下面我们介绍用位移法计算超静定结构，它是以结点位移作为基本未知量求解超静定结构的方法。利用位移法既可以计算超静定结构，也可以计算静定结构。对于高次超静定结构，运用位移法计算通常也比力法简便。同时，学习位移法也帮助我们加深对结构位移概念的理解，为学习力矩分配法打下必要的基础。

## 一、位移法基本变形假设

位移法的计算对象是由等截面直杆组成的杆系结构，例如刚架、连续梁。在计算中认为结构仍然符合小变形假定。同时位移法假设：

（1）各杆端之间的轴向长度在变形前后保持不变；

（2）刚性结点所连各杆端的截面转角是相同的。

## 二、位移法的基本未知量

位移法的基本未知量是结点位移。结点是指结构各杆件的联结点。结点位移分为结点角位移和结点线位移,运用位移法计算时,首先要明确基本未知量。

**1. 结点角位移**

结点分为刚结点和铰结点,而铰结点对各杆端截面的相对角位移无约束作用,因此只有刚结点处才有未知量的角位移。统计一下独立结构的刚结点数,每一个独立刚结点有一个转角位移,角位移数等于整个结构的独立刚结点数。

图 12.1(a)所示三跨连续梁,$B$、$C$ 结点为刚结点,该梁有 2 个角位移。图 12.1(b)所示刚架,$B$、$C$ 结点为刚结点,该结构有 2 个角位移。

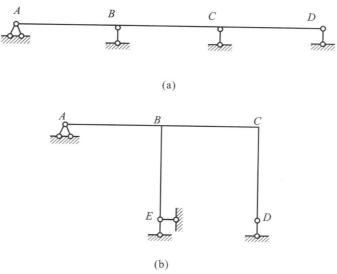

(a)

(b)

**图 12.1　结点角位移**

**2. 结点线位移**

位移法中的结点线位移是指独立结点线位移,以图 12.2 所示结构的 $A$、$B$ 结点为例,忽略杆件的轴向变形,$A$、$B$ 两结点所产生水平线位移相等,求出其中一个结点的水平线位移,另一个也就已知了,即两个结点线位移中只有一个是独立的,另一个是与它相关的。

在实际计算中,独立结点线位移的数目可采用铰接法来判定。铰接法是指把结构中所有的刚性结点改变为铰结点后,添加辅助链杆的方法使铰接体系变为几何不变体,添加的链杆数就是独立结点线位移数(见图 12.3)。

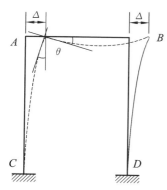

**图 12.2　独立结点线位移**

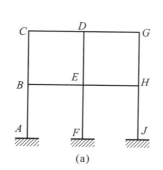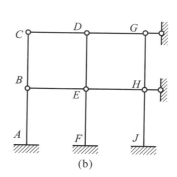

(a)　　　　　　　(b)

**图 12.3　铰接法**

# 任务 2 位移法基本原理

位移法的基本思路是选取结点位移为基本未知量,把每段杆件视为独立的单跨超静定梁,然后根据其位移以及荷载写出各杆端弯矩的表达式,再利用静力平衡条件求解出位移未知量,进而求解出各杆端弯矩。下面以图 12.4 所示的刚架结构为例,在荷载作用下,其变形如图中虚线所示,该刚架没有结点线位移,只有刚结点 $A$ 处的角位移,记为 $\theta_A$,顺时针为正。

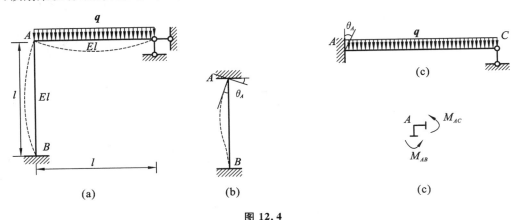

图 12.4

将刚架拆为两个单杆。如图 12.4(b) 所示,$AB$ 杆 $B$ 端为固定支座,$A$ 端为刚结点,视为固定支座,所以 $AB$ 杆为两端固定的杆件,没有荷载作用,只有 $A$ 端有角位移 $\theta_A$;如图 12.4(c) 所示,$AC$ 杆 $C$ 端为固定铰支座,视为垂直于杆轴线的可动铰支座,$A$ 端为刚结点,视为固定支座,所以 $AC$ 杆为一端固定、一端铰支的杆件,作用均布荷载,$A$ 端同样有一个角位移 $\theta_A$。

查表 11.3,可得各杆的杆端弯矩表达式:

$$M_{BA} = 2i\theta_A$$
$$M_{AB} = 4i\theta_A$$
$$M_{AC} = 3i\theta_A - \frac{ql^2}{8}$$
$$M_{CA} = 0$$

取隔离体如图 12.4(d) 所示,根据

$$\sum M_A = 0$$
$$M_{AB} + M_{AC} = 0$$

把上面 $M_{AB}$、$M_{AC}$ 的表达式代入:

$$4i\theta_A + 3i\theta_A - \frac{ql^2}{8} = 0$$

解得:

$$i\theta_A = \frac{ql^2}{56}$$

再 $i\theta_A$ 把回各杆端弯矩式得到：

$$M_{BA} = \frac{ql^2}{28} \quad \text{（顺时针、右侧受拉）}$$

$$M_{AB} = \frac{ql^2}{14} \quad \text{（顺时针、左侧受拉）}$$

$$M_{AC} = -\frac{ql^2}{14} \quad \text{（逆时针、上侧受拉）}$$

$$M_{AC} = 0$$

根据杆端弯矩及区段叠加法，可画出弯矩图。如图 12.5 所示。

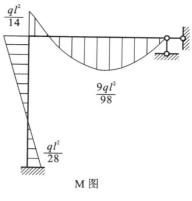

M 图

图 12.5

# 任务 3 位移法的应用

利用位移法求解超静定结构的一般步骤如下：

（1）确定基本未知量；

（2）将结构拆成几个超静定（或个别静定）的单跨梁；

（3）查表 11.3，列出各杆端位移方程；

（4）根据平衡条件建立平衡方程（对有转角位移的刚结点取力矩平衡方程；有结点线位移时，则考虑线位移方向的静力平衡方程）；

（5）解出未知量，求出杆端内力；

（6）画出内力图。

**例 12.1** 用位移法画图 12.6(a)所示连续梁的弯矩图（$F = 2ql$ 各杆刚度 $EI$ 为常数）。

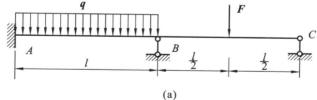

(a)

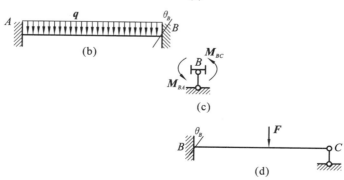

(b)

(c)

(d)

图 12.6

**解**　（1）确定基本未知量。

此连续梁只有一个刚结点 $B$，转角位移个数为 1，记作 $\theta_B$，整个梁无线位移，因此，基本未知量只有 $B$ 结点角位移 $\theta_B$。

（2）将连续梁拆成两个单跨超静定梁，如图 12.6(b)、图 12.6(d) 所示。

（3）转角位移方程：

$$M_{AB} = 2i\theta_B - \frac{ql^2}{12}$$

$$M_{BA} = 4i\theta_B + \frac{ql^2}{12}$$

$$M_{BC} = 3i\theta_B - \frac{3Fl}{12} = 3i\theta_B - \frac{3ql^2}{8}$$

$$M_{CB} = 0$$

（4）考虑刚结点 $B$ 的力矩平衡，由

$$\sum M_B = 0$$

$$4i\theta_B + 3i\theta_B - \frac{7ql^2}{24} = 0$$

$$i\theta_B = \frac{1}{24}ql^2$$

（5）求出各杆的杆端弯矩：

$$M_{AB} = 0$$

$$M_{BA} = \frac{ql^2}{4}$$

$$M_{BC} = -\frac{ql^2}{4}$$

$$M_{CB} = 0$$

（6）根据杆端弯矩求出杆端剪力，并作出弯矩图，如图 12.7 所示。

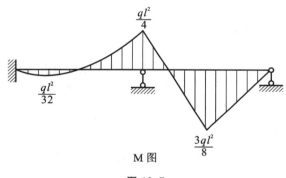

M 图

**图 12.7**

**例 12.2**　用位移法画图 12.8 所示刚架的弯矩图（各杆刚度 $EI$ 为常数）。

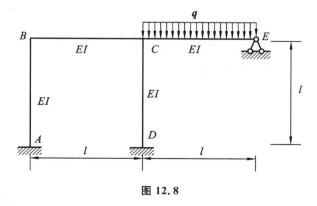

**图 12.8**

**解**　（1）确定基本未知量。

此刚架有 $B$、$C$ 两个刚结点,所以有两个转角位移,分别记作 $\theta_B$、$\theta_C$。

（2）将刚架拆成单杆,如图 12.9 所示。

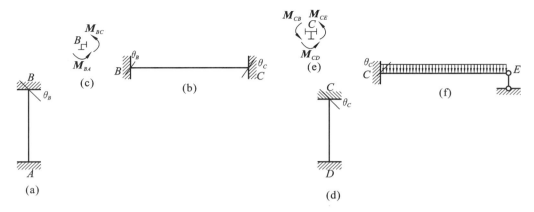

**图 12.9**

（3）写出转角位移方程（各杆的线刚度均相等）：

$$M_{AB} = 2i\theta_B$$

$$M_{BA} = 4i\theta_B$$

$$M_{BC} = 4i\theta_B + 2i\theta_C$$

$$M_{CB} = 2i\theta_B + 4i\theta_C$$

$$M_{CD} = 4i\theta_C$$

$$M_{DC} = 2i\theta_C$$

$$M_{CE} = 3i\theta_C - \frac{ql^2}{8}$$

（4）考虑刚结点 $B$、$C$ 的力矩平衡,建立平衡方程,如图 12.9(c)、图 12.9(e) 所示。

由

$$\sum M_B = 0$$
$$M_{BA} + M_{BC} = 0$$

即：

$$8i\theta_B + 2i\theta_C = 0$$

由

$$\sum M_C = 0$$
$$M_{CB} + M_{CD} + M_{CE} = 0$$

即：

$$2i\theta_B + 11i\theta_C - \frac{ql^2}{8} = 0$$

将上两式联立,解得两未知量为：

$$i\theta_B = -\frac{ql^2}{336}$$

$$i\theta_C = \frac{ql^2}{84} \quad （负号说明 \theta_B 是逆时针转）$$

（5）代入转角位移方程求出各杆端弯矩：

$$M_{AB} = 2i\theta_B = -\frac{ql^2}{118}$$

$$M_{BA} = 4i\theta_B = -\frac{ql^2}{84}$$

$$M_{BC} = 4i\theta_B + 2i\theta_C = \frac{ql^2}{84}$$

$$M_{CB} = 2i\theta_B + 4i\theta_C = \frac{7ql^2}{168}$$

$$M_{CD} = 4i\theta_C = \frac{ql^2}{21}$$

$$M_{DC} = 2i\theta_C = \frac{ql^2}{42}$$

$$M_{CE} = 3i\theta_C - \frac{ql^2}{8} = -\frac{5ql^2}{56}$$

（6）画出弯矩图，如图 12.10 所示。

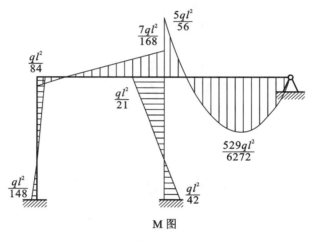

**M 图**

**图 12.10**

**例 12.3** 用位移法画图 12.11(a) 所示排架结构的弯矩图。

**解** 这种结构称为铰接排架，常用于单层工业厂房的设计中。

（1）确定基本未知量。铰接排架中没有刚结点，其横梁位置是厂房的屋架，轴向变形不予考虑。所以，各柱顶的水平位移均为 $\Delta$。

（2）建立各杆的转角位移方程。查表 11.3，列出各柱顶剪力的转角位移方程：

$$F_{Q1} = \frac{3i}{l^2}\Delta = \frac{EI}{9}\Delta$$

$$F_{Q2} = \frac{3i}{l^2}\Delta = \frac{2EI}{9}\Delta$$

$$F_{Q3} = \frac{3i}{l^2}\Delta = \frac{EI}{9}\Delta$$

（3）建立位移法的基本方程。如图 12.11(b) 所示，由柱顶的水平投影方程 $\sum X = 0$ 可得：

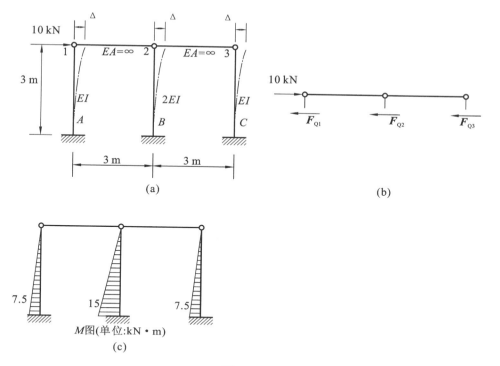

(a)

(b)

(c)

图 12.11

$$F_{Q1} + F_{Q2} + F_{Q3} = 10$$

即：

$$\frac{EI}{9}\Delta + \frac{2EI}{9}\Delta + \frac{EI}{9}\Delta = 10$$

解得：

$$\Delta = \frac{45}{2EI}$$

（4）求各杆的杆端内力。将 $\Delta$ 代入各柱顶剪力的转角位移方程可得：

$$F_{Q1} = \frac{15}{6} \quad F_{Q2} = 5 \quad F_{Q3} = \frac{15}{6}$$

（5）画出铰接排架的弯矩图，如图 12.11（c）所示。

习题

12.1　位移法的基本未知量有哪些?结点角位移和独立结点线位移的数目怎样确定?

12.2　位移法计算超静定结构,怎样得到基本结构?与力法计算时所选取基本体系的思路有什么本质的不同?

12.3　试确定图 12.12 所示结构用位移法计算时的基本未知量。

12.4　用位移法计算图 12.13 所示连续梁的弯矩图(各杆 $EI$ 为常数)。

12.5　用位移法计算图 12.14 所示刚架的弯矩图(各杆 $EI$ 为常数)。

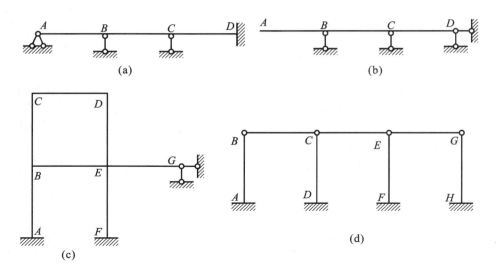

图 12.12

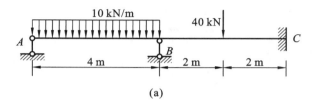

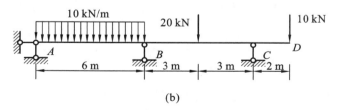

图 12.13

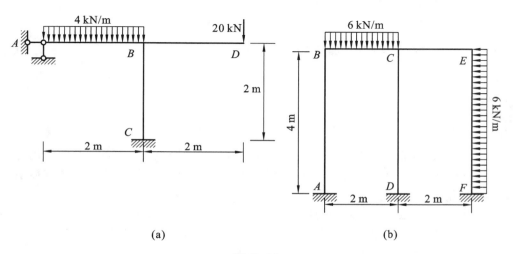

图 12.14

12.6 用位移法计算图 12.15 所示排架的弯矩图(各杆 $EI$ 为常数)。

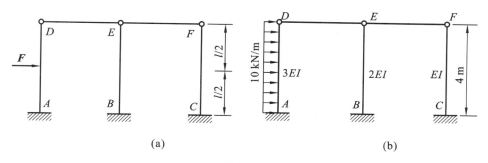

(a)                    (b)

图 12.15

# 力矩分配法

## 学习目标

**基本要求**:理解转动刚度、分配系数、传递系数的概念;掌握用力矩分配法计算荷载作用下连续梁和无侧移刚架。

**重点**:力矩分配法的运用。

**难点**:力矩分配法的运用。

# 任务 1 力矩分配法的基本概念

采用力法和位移法计算超静定结构时,一般都需要组成和解算联立方程,当基本未知量数目较多时,解算联立方程工作非常繁重。为了避免解算烦琐的联立方程,曾提出许多计算超静定结构的渐进法,比如力矩分配法、剪力分配法、迭代法等。

力矩分配法是渐进法的一种,以位移法为理论基础,避免解算联立方程,可以直接通过简单运算得到杆端弯矩,计算过程简单,不容易出错。在力矩分配法中,内力正负号规定与位移法的规定一致。力矩分配法主要适用于仅有结点角位移,无结点线位移的超静定梁和无侧移刚架。

## 一、转动刚度 S

如图 13.1(a)所示的单跨超静定梁 $AB$,当固定端 $A$ 转动角位移 $\theta_A$ 时,在该端会引起弯矩 $M_{AB}$。当角位移 $\theta_A = 1$ 时弯矩 $M_{AB}$ 称为 $AB$ 杆在 $A$ 端的转动刚度,并用 $S_{AB}$ 表示。转动端 $A$ 称为近端,另一端 $B$ 称为远端。同样,$B$ 端转动角位移 $\theta_B = 1$ 时引起的弯矩 $M_{BA}$ 为 $B$ 端的转动刚度 $S_{BA}$,如图 13.1(b)所示。

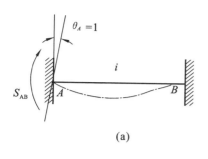 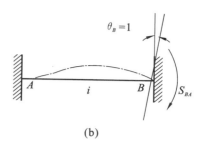

| (a) | (b) |

图 13.1

当近端转角 $\theta_A \neq 1$ 时,需施加的外力矩为

$$M_{AB} = S_{AB} \cdot \theta_A$$

杆件的转动刚度 $S_{AB}$ 除与杆件的线刚度 $i$ 有关外,还与杆件的远端的支承情况有关(见表 13.1)。

表 13.1 单跨超静定梁的转动刚度与传递系数

| 远端支承情况 | 简 图 | 转 动 刚 度 | 传 递 系 数 |
|---|---|---|---|
| 固定 | | $4i$ | $\dfrac{1}{2}$ |
| 铰支 | | $3i$ | $0$ |
| 滑动 | | $i$ | $-1$ |

## 二、传递系数 $C$

对于单跨超静定梁而言,当近端发生转角而引起弯矩时,另一端远端一般也会引起弯矩。通常将远端弯矩与近端弯矩的比值,称为杆件由近端向远端的传递系数,并用 $C$ 表示。梁 $AB$ 由 $A$ 端向 $B$ 端的传递系数表示为

$$C_{AB} = \frac{M_{BA}}{M_{AB}}$$

显然,对于不同的远端支承,传递系数是不同的(见表 13.1)。

# 任务 2 力矩分配法的基本原理

以图 13.2(a) 所示的等截面两跨连续梁为例,说明力矩分配法的基本原理。其位移法的基本未知量只有结点 $A$ 的角位移,在荷载作用下,结点 $A$ 产生转角 $\theta_A$,梁的变形曲线如图中虚线所

示。为了导出力矩分配法的计算方法，我们将结点 $A$ 发生的位移和梁的变形分为三步完成：

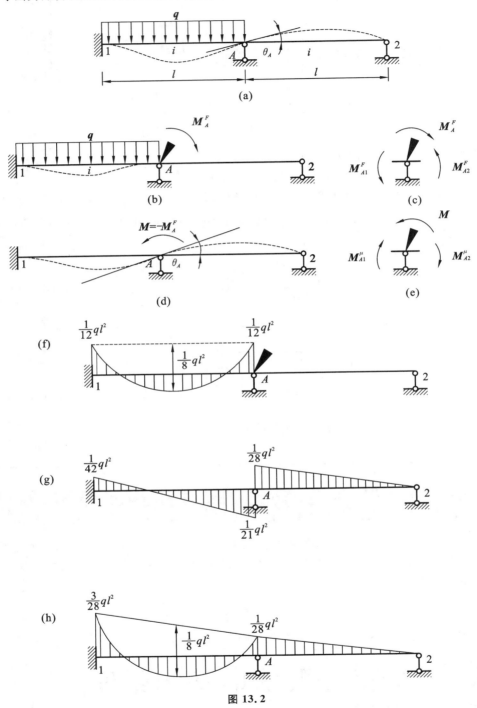

图 13.2

第一步：在结点 $A$ 加上一附加刚臂（相当于在结点 $A$ 加上约束力矩 $M_A^F$），这样结点 $A$ 不能转动，也不能传递内力。原结构被分为两个单独的单跨梁。在原荷载作用下，变形曲线如图 13.2(b)

所示。

由于附加刚臂的存在才使结点没有发生 13.2(a) 图的转角位移 $\theta_A$，结点 $A$ 处附加刚臂上的约束力矩 $M_A^F$，也称不平衡弯矩，可由图 13.2(c) 所示结点 $A$ 的力矩平衡条件求得

$$M_A^F = M_{A1}^F + M_{A2}^F$$

式中：$M_{A1}^F$、$M_{A2}^F$ 分别为 $A$ 结点左、右端的固端弯矩。

本例中固端弯矩由表 11.3 可得：

$$M_{A1}^F = \frac{1}{12}ql^2$$

$$M_{A2}^F = 0$$

1、2 点的固端弯矩分别为：

$$M_{1A}^F = -\frac{1}{12}ql^2$$

$$M_{2A}^F = 0$$

弯矩图如图 13.2(f) 所示。

第二步：放开结点 $A$ 上附加刚臂（相当原结构在结点 $A$ 处加一个力矩 $M$，$M$ 与 $M_A^F$ 大小相等、方向相反，$M = -M_A^F$），这样结点 $A$ 发生转动，变形曲线如图 13.2(d) 所示。

原结构在结点 $A$ 处施加力矩 $M$ 后，点 $A$ 发生转角位移 $\theta_A$，由图 13.2(e) 所示，$A$ 结点的力矩平衡条件得

$$M = M_{A1}^\mu + M_{A2}^\mu$$

式中：$M_{A1}^\mu$、$M_{A2}^\mu$ 分别为 $B$ 结点左、右端的分配弯矩（也就是 13.1.2 节的近端弯矩），分配弯矩的大小，由转动刚度的定义可知：

$$\left.\begin{aligned} M_{A1}^\mu = S_{A1} \cdot \theta_A = 4i \cdot \theta_A \\ M_{A2}^\mu = S_{A2} \cdot \theta_A = 3i \cdot \theta_A \end{aligned}\right\} \tag{13.1}$$

所以：

$$M = (S_{A1} + S_{A2}) \cdot \theta_A = \sum S_{Ak} \cdot \theta_A (k = 1,2)$$

$$\theta_A = \frac{M}{\sum S_{Ak}} (k = 1,2)$$

其中 $\sum S_{Ak}$ 为汇交于结点 $A$ 的各杆件在 $A$ 端的转动刚度之和。

将所求得的 $\theta_A$ 代入式（13.1），得：

$$\left.\begin{aligned} M_{A1}^\mu = \frac{S_{A1}}{\sum S_{Ak}} \cdot M \\ M_{A2}^\mu = \frac{S_{A2}}{\sum S_{Ak}} \cdot M \end{aligned}\right\} \tag{13.2}$$

令：

$$\mu_{Ak} = \frac{S_{Ak}}{\sum S_{Ak}} \tag{13.3}$$

则式（13.2）各项可以合写为：

$$M_{Ak}^\mu = \mu_{Ak} \cdot M (k = 1,2) \tag{13.4}$$

式中 $\mu_{Ak}$ 称为各杆在 $A$ 端的分配系数。显然，汇交于同一结点的各杆杆端分配系数之和等于1，即

$$\sum \mu_{Ak} = \mu_{A1} + \mu_{A2} = 1$$

由上述可知，作用于结点 $A$ 的外力偶 $M$，按各杆杆端的分配系数分配给了各杆的近端。本例中

$$\mu_{A1} = \frac{4i}{3i+4i} = \frac{4}{7}, \quad \mu_{A2} = \frac{3i}{3i+4i} = \frac{3}{7}$$

由任务 13.1.2 可知当近端 $A$ 转动角位移而引起弯矩 $M_{Ak}^{\mu}$ 时，远端也会引起弯矩 $M_{kA}^C$，各杆的远端弯矩 $M_{kA}^C$（也称传递弯矩）可以利用传递系数求出，即

$$M_{kA} = C_{Ak} \cdot M_{Ak} \tag{13.5}$$

本例中传递系数由表 13.1 可知：$C_{A1} = 0.5$，$C_{A2} = 0$，杆件的近端弯矩和远端弯矩分别为

$$M = -M_A^F = -(M_{A1}^F + M_{A2}^F) = -\frac{1}{12}ql^2$$

$$M_{A1}^{\mu} = \mu_{A1} \cdot M = \frac{4}{7} \times \left(-\frac{1}{12}ql^2\right) = -\frac{1}{21}ql^2$$

$$M_{A2}^{\mu} = \mu_{A2} \cdot M = \frac{3}{7} \times \left(-\frac{1}{12}ql^2\right) = -\frac{1}{28}ql^2$$

$$M_{1A}^C = C_{A1} \cdot M_{A1}^{\mu} = 0.5 \cdot M_{A1}^{\mu} = 0.5 \times \left(-\frac{1}{21}ql^2\right) = -\frac{1}{42}ql^2$$

$$M_{2A}^C = C_{A2} \cdot M_{A1}^{\mu} = 0 \cdot M_{A2}^{\mu} = 0$$

弯矩图如图 13.2(g) 所示。

第三步：将图 13.2(b) 和图 13.2(d) 的变形曲线叠加，就得到图 13.2(a) 的实际情况变形。实际结点弯矩也由图 13.2(b) 和图 13.2(d) 的结点弯矩叠加得到；力矩分配法的基本步骤如下：

$A$ 结点弯矩为：

$$M_{A1} = M_{A1}^F + M_{A1}^{\mu}$$
$$M_{A2} = M_{A2}^F + M_{A2}^{\mu}$$

1、2 结点弯矩为：

$$M_{1A} = M_{1A}^F + M_{1A}^C$$
$$M_{2A} = M_{2A}^F + M_{2A}^C$$

本例的各结点计算弯矩如下：

$$M_{A1} = M_{A1}^F + M_{A1}^{\mu} = \frac{1}{12}ql^2 - \frac{1}{21}ql^2 = \frac{1}{28}ql^2$$

$$M_{A2} = M_{A2}^F + M_{A2}^{\mu} = 0 - \frac{1}{28}ql^2 = -\frac{1}{28}ql^2$$

$$M_{1A} = M_{1A}^F + M_{1A}^C = -\frac{1}{12}ql^2 - \frac{1}{42}ql^2 = -\frac{3}{28}ql^2$$

$$M_{2A} = M_{2A}^F + M_{2A}^C = 0 + 0 = 0$$

弯矩图如图 13.2(h) 所示。

上述求解杆端弯矩的方法称为力矩分配法。由此可见，力矩分配法没有像位移法那样列位移法方程，去求出未知量 $\theta_A$，更避免解联立方程。

通过以上分析,力矩分配法的计算步骤归纳如下:

（1）固定结点 $A$,即在结点 $A$ 加附加刚臂。由表11.3计算各杆的固端弯矩 $M_{Ak}^F(k=1,2,\cdots)$,并求出结点不平衡力矩 $M_A^F = \sum M_{Ak}^F(k=1,2\cdots)$。

（2）首先确定各杆件的线刚度 $i$、转动刚度 $S$,传递系数 $C$。

（3）放松结点 $A$,即在结点 $A$ 施加与 $M_A^F$ 大小相等、方向相反的力矩 $M$。同时计算下列各项

分配系数：
$$\mu_{Ak} = \frac{S_{Ak}}{\sum S_{Ak}}(k=1,2\cdots)$$

分配弯矩：
$$M_{Ak}^\mu = \mu_{Ak} \cdot M(k=1,2\cdots)$$

传递弯矩：
$$M_{kA}^C = C_{Ak} \cdot M_{Ak}^\mu(k=1,2\cdots)$$

（4）叠加,计算各杆杆端最后弯矩
$$M_{Ak} = M_{Ak}^F + M_{Ak}^\mu(k=1,2\cdots)$$
$$M_{kA} = M_{kA}^F + M_{kA}^C(k=1,2\cdots)$$

**例 13.1** 试用力矩分配法计算如图 13.3(a) 所示的连续梁,并绘出 $M$ 图。

**解** 计算过程通常在梁的下方列表进行。现将各栏的计算说明如下:

（1）计算分配系数。

$$\mu_{BA} = \frac{S_{BA}}{\sum S_B} = \frac{3i_{BA}}{3i_{BA} + 4i_{BC}} = \frac{3i}{3i + 4i} = 0.429$$

$$\mu_{BC} = \frac{S_{BC}}{\sum S_B} = \frac{4i}{3i + 4i} = 0.571$$

将分配系数填入计算表的第 1 栏。

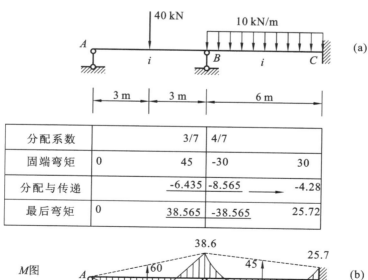

| 分配系数 | | 3/7 | 4/7 | |
|---|---|---|---|---|
| 固端弯矩 | 0 | 45 | -30 | 30 |
| 分配与传递 | | -6.435 | -8.565 | -4.28 |
| 最后弯矩 | 0 | 38.565 | -38.565 | 25.72 |

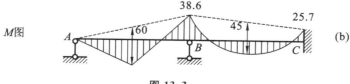

图 13.3

（2）计算固端弯矩,查表11.3得

$$M_{AB}^F = 0$$

$$M_{BA}^F = \frac{3Pl}{16} = \frac{3 \times 40 \times 6}{16} = 45 \, (\text{kN} \cdot \text{m})$$

$$M_{BC}^F = -M_{CB}^F = -\frac{ql^2}{12} = -\frac{10 \times 6^2}{12} = -30 \, (\text{kN} \cdot \text{m})$$

将各固端弯矩填入计算表的第 2 栏。

结点的不平衡力矩为

$$M_B^F = M_{BA}^F + M_{BC}^F = 45 - 30 = 15 \, (\text{kN} \cdot \text{m})$$

（3）计算分配弯矩和传递弯矩，如计算表的第 3 栏。

（4）计算各杆杆端最后弯矩，如计算表的第 4 栏。

（5）利用叠加法，作 M 图如图 13.3（b）所示。

# 任务 3 用力矩分配法计算连续梁和无侧移刚架

任务 13.2 以只有一个结点转角的两跨连续梁说明了力矩分配法的基本原理。对于一个结点转角的结构，只需进行一次力矩分配与传递，就能使结点上的各杆的力矩获得平衡。

对于具有多个结点转角但无结点线位移（即无侧移）的结构，只需依次对各结点使用上节所述方法计算即可。具体方法是：先将所有结点固定，计算各杆固端弯矩；然后选择其中一个结点，计算其不平衡弯矩，放松此结点，其他结点暂时固定，将这个结点的不平衡弯矩分配、传递，固定此结点（此时这个结点的弯矩平衡）；然后再选择另外一个结点重复上述计算过程；就这样各结点逐次放松，把各结点的不平衡弯矩逐次地进行分配、传递，直到传递弯矩小到可忽略为止。下面举例说明多结点力矩分配的全过程

**例 13.2** 用力矩分配法计算图 13.4(a) 所示三跨连续梁，并做出 M 图。

**解** （1）该结构有两个刚结点，同时在结点 B、C 加附加刚臂，由表 11.3 计算各杆件固端弯矩、不平衡弯矩。

固端弯矩：

$$M_{AB}^F = M_{BA}^F = 0$$

$$M_{BC}^F = \frac{-12 \times 8^2}{12} \, \text{kN} \cdot \text{m} = -64 \, \text{kN} \cdot \text{m}$$

$$M_{CB}^F = 64 \, \text{kN} \cdot \text{m}$$

$$M_{CD}^F = \frac{-3 \times 10 \times 8}{16} \, \text{kN} \cdot \text{m} = -15 \, \text{kN} \cdot \text{m}$$

$$M_{DC}^F = 0$$

（2）确定各杆件确定各杆件的线刚度、转动刚度、分配系数、传递系数：

令 $i = \dfrac{EI}{8}$ 则：

$$i_{AB} = \frac{2EI}{8} = 2i$$

$$i_{BC} = \frac{EI}{8} = i$$

$$i_{CD} = \frac{2EI}{8} = 2i$$

由表 13.1 得转动刚度：

$$S_{BA} = 3i_{AB} = 6i$$

$$S_{BC} = S_{CB} = 4 \times i_{BC} = 4i$$

$$S_{CD} = S_{CB} = 3 \times i_{CD} = 6i$$

传递系数：

$$C_{BA} = 0, \quad C_{BC} = 0.5, \quad C_{CB} = 0.5, \quad C_{CD} = 0$$

结点 $B$ 分配系数：

$$\mu_{BA} = \frac{S_{BA}}{S_{BA} + S_{BC}} = \frac{6i}{6i + 4i} = 0.6$$

$$\mu_{BC} = \frac{S_{BC}}{S_{BA} + S_{BC}} = \frac{4i}{6i + 4i} = 0.4$$

结点 $C$ 分配系数：

$$\mu_{CB} = \frac{S_{BC}}{S_{BC} + S_{CD}} = \frac{4i}{6i + 4i} = 0.4$$

$$\mu_{CD} = \frac{S_{CD}}{S_{BC} + S_{CD}} = \frac{6i}{6i + 4i} = 0.6$$

（3）依次计算分配弯矩、传递弯矩，并计算出结点最后弯矩。

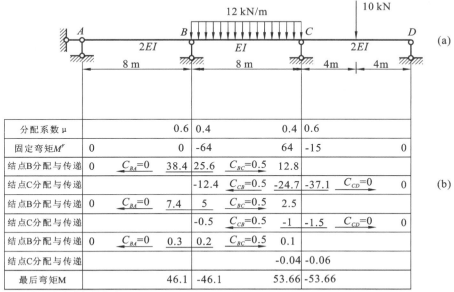

图 13.4

注：表中弯矩单位为kN·m

结点 $B$ 和 $C$ 均放松过一次，在力矩分配法中称为第一轮分配与传递。通过不平衡弯矩的三轮分配和传递，$C$ 结点左右弯矩分别为点 $C$ 的分配弯矩分别为 $0.06\ \mathrm{kN \cdot m}$ 和 $0.04\ \mathrm{kN \cdot m}$，误差在容许范围内，终止计算。把各杆固端弯矩、分配弯矩与传递弯矩求代数和，便可得连续梁各杆段的杆端弯矩,计算过程见图 13.4(b) 表中所示,画出弯矩图,如图 13.5 所示。

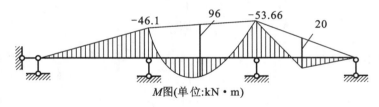

$M$图(单位:kN·m)

**图 13.5**

**例 13.3** 力矩分配法绘制图 13.6(a) 连续梁的弯矩图。

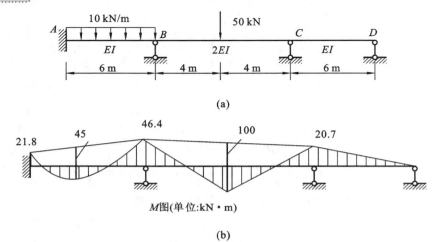

(a)

$M$图(单位:kN·m)

(b)

**图 13.6**

**解** （1）计算固定端弯矩
固定结点 $B$、$C$,求固端弯矩。

$$M_{AB}^F = -\frac{ql^2}{12} = -\frac{10 \times 6^2}{12} = -30 \text{ kN·m} \quad M_{BA}^F = 30 \text{ kN·m}$$

$$M_{BC}^F = -\frac{Pl}{8} = -\frac{50 \times 8}{8} = -50 \text{ kN·m} \quad M_{CB}^F = 50 \text{ kN·m}$$

（2）确定线刚度、转动刚度、分配系数、传递系数:
线刚度:

$$i_{AB} = i_{CD} = \frac{EI}{6}$$

$$i_{BC} = \frac{2EI}{8} = \frac{EI}{4}$$

转动刚度:

$$S_{BA} = 4i_{AB} = 4 \times \frac{EI}{6} = \frac{2}{3}EI$$

$$S_{BC} = 4i_{BC} = 4 \times \frac{2EI}{8} = EI$$

$$S_{CB} = 4i_{BC} = 4 \times \frac{2EI}{8} = EI$$

$$S_{CD} = 3i_{CD} = 3 \times \frac{EI}{6} = \frac{EI}{2}$$

传递系数：

$$C_{BA} = 0.5 \text{、} C_{BC} = 0.5 \text{、} C_{CB} = 0.5 \text{、} C_{CD} = 0$$

结点 $B$ 分配系数：

$$\mu_{BA} = \frac{S_{BA}}{S_{BA} + S_{BC}} = \frac{\dfrac{2}{3}}{\dfrac{2}{3} + 1} = 0.4$$

$$\mu_{BC} = \frac{S_{BC}}{S_{BA} + S_{BC}} = \frac{1}{\dfrac{2}{3} + 1} = 0.6$$

结点 $C$ 分配系数：

$$\mu_{CB} = \frac{S_{CB}}{S_{CB} + S_{CD}} = \frac{1}{1 + \dfrac{1}{2}} = 0.667$$

$$\mu_{CD} = \frac{S_{CD}}{S_{CB} + S_{CD}} = \frac{\dfrac{1}{2}}{1 + \dfrac{1}{2}} = 0.333$$

（3）计算分配与传递弯矩：计算过程如表 13.2 所示，由表可知第三轮分配后，结点 $B$ 的约束力矩已经很小，计算可以停止。

表 13.2　杆端弯矩计算

| 分配系数 | | 0.4 | | 0.6 | 0.667 | 0.333 | |
|---|---|---|---|---|---|---|---|
| 固端弯矩 kN·m | | −30 | 30 | −50 | 50 | 0 | 0 |
| 分配与传递弯矩 kN·m | $C$ | | | −16.7 ← −33.3 | | −16.7 → 0 | |
| | $B$ | 7.35 ← 14.7 | | 22 → 11 | | | |
| | $C$ | | | −3.68 ← −7.35 | | −3.65 → 0 | |
| | $B$ | 0.74 ← 1.48 | | 2.2 → 1.1 | | | |
| | $C$ | | | −0.38 ← −0.75 | | −0.35 → 0 | |
| | $B$ | 0.09 ← 0.18 | | 0.2 → 0.1 | | | |
| 杆端弯矩 kN·m | | −21.8 | 46.4 | −46.4 | 20.7 | −20.7 | |

（4）计算杆端弯矩：将固端弯矩、所有分配弯矩和所有传递弯矩相加，等于最终杆端弯矩。

（5）作弯矩图：根据杆端弯矩，用叠加原理作弯矩图，如图 13.6（b）所示。

**例 13.4**　力矩分配法绘制图 13.7（a）连续梁的弯矩图。（括号内数字为杆件线刚度 $i$ 的相对值）

**解**　该结构支座不对称，但在竖向荷载作用下支座 $A$ 的水平反力等于 0，所以仍可以利用对称性。它所受荷载是对称的，结点 $C$ 无转角，取该连续梁的半边结构进行计算，应在 $C$ 处加固定端支座，如图 13.7（b）所示。

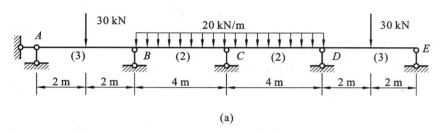

(a)

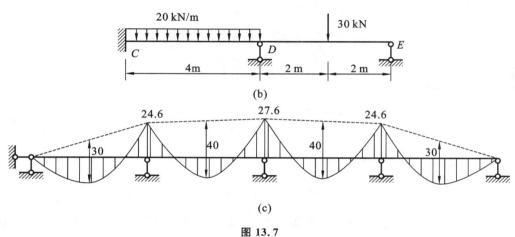

(b)

(c)

**图 13.7**

（1）固端弯矩

$$M_{CD}^F = -\frac{20 \times 4^2}{12} = -26.6 \text{ kN} \cdot \text{m}$$

$$M_{DC}^F = 26.6 \text{ kN} \cdot \text{m}$$

$$M_{DE}^F = -\frac{3 \times 30 \times 4}{16} = -22.5 \text{ kN} \cdot \text{m}$$

$$M_{ED}^F = 0$$

（2）分配系数

$$\mu_{DC} = \frac{4 \times 2}{4 \times 2 + 3 \times 3} = 0.43$$

$$\mu_{DE} = \frac{3 \times 3}{4 \times 2 + 3 \times 3} = 0.57$$

因为半边结构为单结点结构，分配传递一次就可结束。计算过程及结果见表 13.3。利用对称性作弯矩图，如图 13.7(c)。

表 13.3　杆端弯矩计算

| 分配系数 | 0.47 | | 0.53 |
|---|---|---|---|
| 固端弯矩 kN·m | −26.6 | 26.6 | −22.5 |
| 分配与传递弯矩 kN·m | −1 ← | −2 | −2.1 → 0 |
| 杆端弯矩 kN·m | −27.6 | 24.6 | −24.6 |

**例 13.5** 力矩分配法绘制图 13.8 刚架的弯矩图。

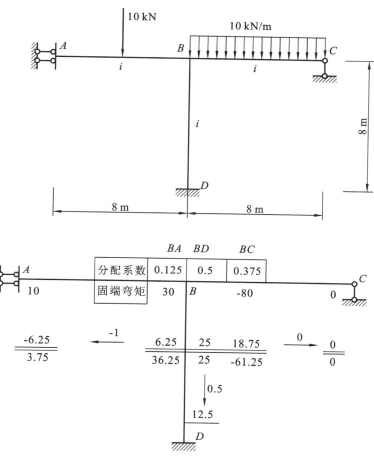

图 13.8

**解** （1）由表 11.3 计算固端弯矩、不平衡弯矩：

固端弯矩：

$$M_{AB}^F = \frac{1}{8} \times 10 \times 8 = 10 \text{ kN} \cdot \text{m}$$

$$M_{BA}^F = \frac{3}{8} \times 10 \times 8 = 30 \text{ kN} \cdot \text{m}$$

$$M_{BC}^F = -\frac{1}{8} \times 10 \times 8^2 = -80 \text{ kN} \cdot \text{m}$$

$$M_{CB}^F = 0$$

$$M_{BD}^F = M_{DB}^F = 0$$

不平衡弯矩：

$$M_B^F = M_{BA}^F + M_{BC}^F + M_{BD}^F = 30 - 80 + 0 = -50 \text{ kN} \cdot \text{m}$$

（2）确定线刚度、转动刚度、传递系数：

线刚度：

$$i_{AB} = i_{BC} = i_{CD} = i$$

由表 13.1 得转动刚度：

$$S_{BA} = i、S_{BC} = 3i、S_{BD} = 4i$$

传递系数：

$$C_{BA} = -1、C_{BC} = 0、C_{BD} = 0.5$$

分配系数：

$$\mu_{BA} = \frac{S_{BA}}{S_{BA} + S_{BC} + S_{BD}} = \frac{i}{3i + 4i + i} = 0.125$$

$$\mu_{BC} = \frac{S_{BC}}{S_{BA} + S_{BC} + S_{BD}} = \frac{3i}{3i + 4i + i} = 0.375$$

$$\mu_{BD} = \frac{S_{BD}}{S_{BA} + S_{BC} + S_{BD}} = \frac{4i}{3i + 4i + i} = 0.5$$

（3）计算分配弯矩、传递弯矩如图 13.8；

（4）叠加、计算各杆杆端最后弯矩如图 13.9；

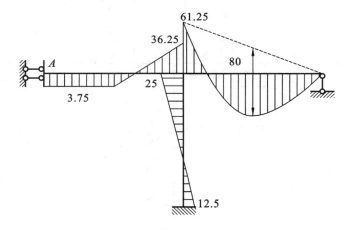

$M$图(kN·m)

**图 13.9**

**例 13.6**　力矩分配法绘制图 13.10(a) 刚架的弯矩图。

**解**　（1）分配系数

$$\mu_{BA} = \frac{S_{BA}}{S_{BA} + S_{BC}} = \frac{4 \times \dfrac{EI}{6}}{4 \times \dfrac{EI}{6} + 4 \times \dfrac{2EI}{6}} = \frac{1}{3}$$

$$\mu_{BC} = \frac{2}{3}$$

$$\mu_{CB} = \frac{S_{CB}}{S_{CB} + S_{CD} + S_{CE}} = \frac{4 \times \dfrac{2EI}{6}}{4 \times \dfrac{2EI}{6} + 4 \times \dfrac{EI}{6} + 4 \times \dfrac{2EI}{6}} = 0.4$$

$$\mu_{CD} = \frac{S_{CD}}{S_{CB} + S_{CD} + S_{CE}} = \frac{4 \times \dfrac{EI}{6}}{4 \times \dfrac{2EI}{6} + 4 \times \dfrac{EI}{6} + 4 \times \dfrac{2EI}{6}} = 0.2$$

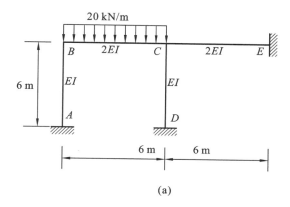

(a)

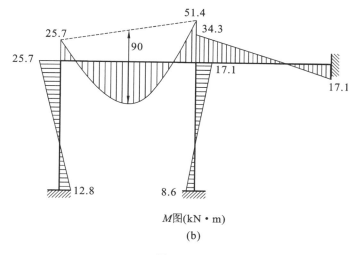

$M$图(kN・m)

(b)

图 13.10

$$\mu_{CE} = \frac{S_{CE}}{S_{CB} + S_{CD} + S_{CE}} = \frac{4 \times \dfrac{2EI}{6}}{4 \times \dfrac{2EI}{6} + 4 \times \dfrac{EI}{6} + 4 \times \dfrac{2EI}{6}} = 0.4$$

（2）固端弯矩

$$M_{BC}^F = -\frac{ql^2}{12} = -\frac{20 \times 6^2}{12} = -60 \text{ kN・m}$$

$$M_{CB}^F = \frac{ql^2}{12} = 60 \text{ kN・m}$$

（3）计算杆端弯矩

将固端弯矩、所有分配弯矩和所有传递弯矩相加,等于最终杆端弯矩。计算结果如表 13.4 所示。

表 13.4 杆端弯矩计算

| 结　点 | $A$ | $B$ | | $C$ | | | $E$ | $D$ |
|---|---|---|---|---|---|---|---|---|
| 杆　端 | $AB$ | $BA$ | $BC$ | $CB$ | $CD$ | $CE$ | $EC$ | $DC$ |
| 分配系数 | | 0.333 | 0.667 | 0.4 | 0.2 | 0.4 | | |

207

| | | | | | | | | |
|---|---|---|---|---|---|---|---|---|
| 固端弯矩 kN·m | | | | −60 | 60 | | | |
| 分配与传递 kN·m | C | | | −12 | −24 | −12 | −24 | −12 | −6 |
| | B | 12 | 24 | 48 | 24 | | | | |
| | C | | | −4.8 | −9.6 | −4.8 | −9.6 | −4.8 | −2.4 |
| | B | 0.8 | 1.6 | 3.2 | 1.6 | | | | |
| | C | | | −0.32 | −0.64 | −0.32 | −0.64 | −0.32 | −0.16 |
| | B | 0.045 | 0.09 | 0.21 | 0.105 | | | | |
| 杆端弯矩 kN·m | | 12.8 | 25.7 | −25.7 | 51.4 | −17.1 | −34.3 | −17.1 | −8.6 |

（4）作弯矩图

根据杆端弯矩,用叠加原理作弯矩图,如图 13.10(b) 所示。

**习题**

13.1　转动刚度的物理意义是什么?与哪些因素有关?

13.2　分配系数如何确定?为什么汇交于同一结点的各杆端分配系数之和等于1?

13.3　传递系数如何确定?常见的传递系数有几种?各是什么?

13.4　试用力矩分配法计算图 13.11 结构的杆端弯矩,并画出弯矩图。

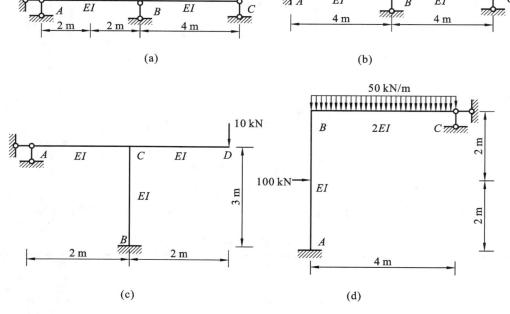

图 13.11

13.5 试用力矩分配法计算图 13.12 结构的杆端弯矩,并画出弯矩图。

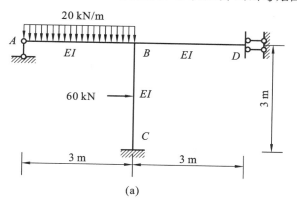

(a)

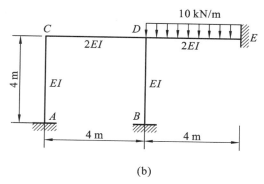

(b)

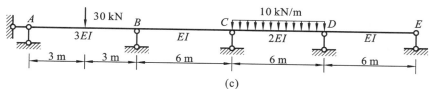

(c)

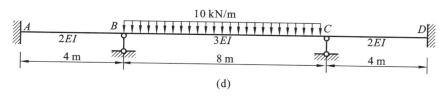

(d)

图 13.12

# 模块 **14**

# 影响线及其应用

**学习目标**
○ ○ ○ ○

　　**基本要求**:掌握影响线的概念;掌握利用静力法绘制静定梁的影响线;理解确定最不利荷载的位置;了解包络图的概念。

　　**重点**:静力法绘制影响线;利用影响线确定最不利荷载位置。

　　**难点**:影响线及包络图概念。

## 任务 **1** 影响线的概念
○ ○ ○

　　结构除承受固定荷载外,有时还会受到移动荷载的作用,如桥梁上行驶的汽车、火车,吊车梁上行驶的吊车等。结构在移动荷载作用下,内力将随荷载的移动而变化,结构设计中需确定变化中的内力最大值。对于适用叠加原理的结构分析问题,通常采用影响线作为解决移动荷载作用下受力分析的工具。

　　移动荷载是指方向、大小不变、作用位置变化的荷载。移动荷载类型繁多,如移动荷载可以由一台汽车构成,也可以由若干台汽车组成的车队构成。如果将只由一个单位力组成的移动荷载对结构的作用分析清楚,利用叠加原理即可获得由若干力组成的移动荷载组对结构作用的效果。

　　单位力在结构上移动时所引起的结构的某一量值 $S$(内力或反力)变化规律的图形称为该量值 $S$(内力或反力)的影响线。例如悬臂梁在单位移动荷载 $F=1$ 作用下,固端弯矩 $M_A$ 随荷载的位置不同而取不同的值(见图 14.1(a))。将荷载位置作为横坐标,$M_A$ 的值作为纵坐标,画出 $M_A$ 的函数图形(见图 14.1(b)),即为 $M_A$ 的影响线。

　　影响线与内力图区别,内力图也是表示内力变化的函数图形,只不过内力图的横坐标是截面位置,纵坐标为截面位置处的截面内力值。图 14.2 所示为悬臂梁在固定荷载 $F$ 作用下的弯矩图和弯矩图纵坐标的含义示意图,与图 14.1 对比可分清两者的差别:

　　(1)影响线的横坐标为荷载作用位置,弯矩图为截面位置;

　　(2)影响线的纵坐标为一个截面的弯矩,弯矩图为各个截面的弯矩。

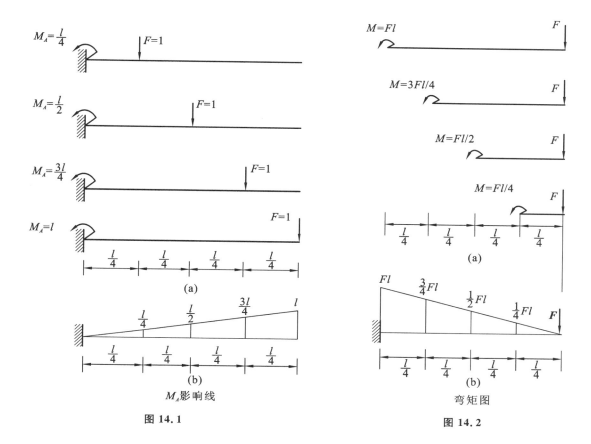

图 14.1

图 14.2

# 任务 2 静定梁的影响线

绘制影响线时,用横轴表示荷载的作用位置,纵轴表示结构某一指定位置某一量值的大小,正量值画在水平轴的上方,负量值画在水平轴的下方。

利用静力平衡条件建立量值关于荷载作用位置的函数关系,进而绘制该量值影响线的方法称为静力法。

## 一、简支梁支座反力的影响线

图 14.3(a) 所示的简支梁,有一单位移动荷载 $F = 1$。取 $A$ 点为坐标原点,设荷载作用点与 $A$ 点的距离为 $x$,下面分析支座反力 $R_{Ay}$ 的影响线方程,即随移动荷载作用点坐标 $x$ 的变化而变化的规律,假设支座反力向上为正。

**1. $R_{Ay}$ 的影响线**

当 $0 \leqslant x \leqslant l$ 时,根据平衡条件 $\sum M_B = 0$,得:

$$-R_{Ay} \cdot l + F_p \cdot (l - x) = 0$$

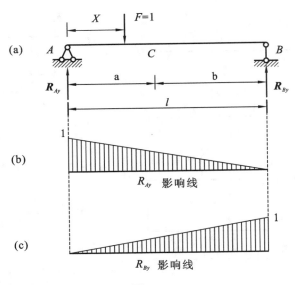

**图 14.3**

解得：
$$R_{Ay} = \frac{l-x}{l}$$

从上式中可以看出：

荷载作用在 $A$ 点时，即当 $(x = 0)$ 时，$R_{Ay} = 1$。

荷载作用在 $B$ 点时，即当 $(x = l)$ 时，$R_{Ay} = 0$。

显然，当 $(x = 1)$ 时，$R_{Ay}$ 达到最大，所以，$A$ 点是 $R_{Ay}$ 的荷载最不利位置。在荷载移动过程中，$R_{Ay}$ 的值在 $0$ 和 $1$ 之间变动。

由此可以画出 $R_{Ay}$ 的影响线，如图 14.3(b) 所示。

**2. $R_{By}$ 的影响线**

当 $0 \leqslant x \leqslant l$ 时，根据平衡条件 $\sum M_A = 0$，得：
$$-R_{By} \cdot l - F \cdot x = 0$$

解得
$$R_{By} = \frac{x}{l}$$

从上式中可以看出

荷载作用在 $A$ 点时，即当 $(x = 0)$ 时，$R_{By} = 0$

荷载作用在 $B$ 点时，即当 $(x = l)$ 时，$R_{By} = 1$

显然，当 $(x = l)$ 时，$R_{By}$ 达到最大值，所以，$B$ 点是 $R_{By}$ 的荷载最不利位置。在荷载移动过程中，$R_{By}$ 的值在 $0$ 和 $1$ 之间变动。

由此可以作出 $R_{By}$ 的影响线，如图 14.3(c) 所示。

## 二、简支梁内力影响线

简支梁如图 14.4(a) 所示在移动荷载作用下，$C$ 截面内力的影响线。

**1. 简支梁弯矩影响线**

支座反力影响已求得支座反力大小为：

$$R_{Ay} = \frac{l-x}{l} \qquad R_{By} = \frac{x}{l}$$

$C$ 截面的弯矩影响线，根据截面法可以得知：

当 $F_P$ 在 $AC$ 段上移动时，即当 $0 \leqslant x \leqslant a$ 时：

$$M_C = R_{By} \cdot b = \frac{bx}{l}$$

当 $F_P$ 在 $CB$ 段上移动时，即当 $a \leqslant x \leqslant l$ 时：

$$M_C = R_{Ay} \cdot a = a\frac{l-x}{l}$$

$M_C$ 的影响线在 $AC$ 段和 $CB$ 段上都为斜直线
（见图 14.4(b)）。

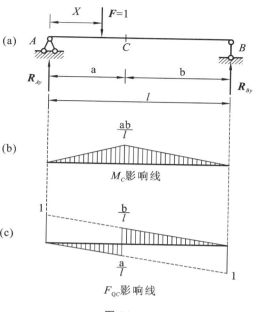

**2. 简支梁剪力影响线**

$C$ 截面的剪力影响线。根据截面法可以得知，
当 $F$ 在 $AC$ 段上移动时，即当 $0 \leqslant x \leqslant a$ 时：

$$F_{QC} = -R_{By} = -\frac{x}{l}$$

当 $F$ 在 $CB$ 段上移动时，即当 $a \leqslant x \leqslant l$ 时：

$$F_{QC} = -R_{Ay} = -\frac{l-x}{l}$$

图 14.4

$F_{QC}$ 的影响线在 $AC$ 段和 $CB$ 段上都为斜直线（见图 14.4(c)）。

由上绘制简支梁影响线的过程可归纳出静力法绘制某量 $S$ 影响线的步骤为：

（1）选取坐标原点，将 $F=1$ 加在任意位置，以 $x$ 表示单位力的横坐标。

（2）列静力平衡方程，将 $S$ 表示为自变量 $x$ 的函数，即影响线方程。

（3）绘出影响线方程的函数图形并标出纵坐标值和正负号，即 $S$ 的影响线。

**例 14.1** 绘制图 14.5(a)所示外伸梁支座反力的影响线。

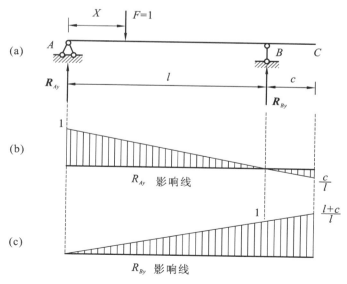

图 14.5

213

**解** （1）$A$ 支座反力的影响线（设 $A$ 点为坐标原点）

当 $0 \leqslant x \leqslant l$ 时，由 $\sum M_B = 0$，得：

$$R_{Ay} = \frac{l-x}{l}$$

当 $l \leqslant x \leqslant l + C$ 时，由 $\sum M_B = 0$，得：

$$R_{Ay} = -\frac{x-l}{l}$$

显然，两段影响线是同一条直线（见图 14.5(b)）。

（2）$B$ 支座反力的影响线

当 $0 \leqslant x \leqslant l + c$ 时，由 $\sum M_A = 0$，得：

$$R_{By} = \frac{x}{l}$$

$B$ 支座的反力影响线（见图 14.5(c)）。

**例 14.2** 绘制图 14.6(a) 所示外伸梁 $C$ 截面弯矩、剪力的影响线。

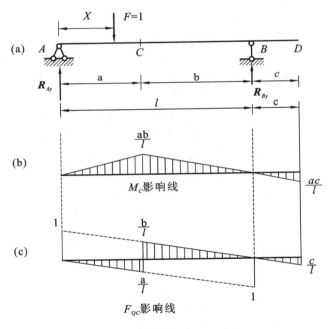

**图 14.6**

**解** 由例 14.1 知：

$$R_{Ay} = \frac{l-x}{l}$$

$$R_{By} = \frac{x}{l+c}$$

当 $F$ 位于 $C$ 左侧时：

$$M_C = R_{By} \cdot b$$

$$F_{QC} = -R_{By}$$

当 $F$ 位于 $C$ 右侧时：

$$M_C = R_{Ay} \cdot a$$

$$F_{QC} = R_{Ay}$$

$C$ 截面弯矩、剪力的影响线（见图 14.6(b)、图 14.6(c)）。

# 任务 3 影响线的应用

影响线主要解决两方面的问题，一方面求各种荷载作用下反力和内力的数值；另一方面利用影响线来确定移动荷载的最不利位置。其中后者在工程中应用广泛。

## 一、求各种荷载作用下反力和内力的数值

影响线是研究结构承受移动荷载时的分析工具。在学习了如何绘制影响线后，下面学习如何影响线确定移动荷载作用下内力或反力的最大值。当移动荷载位于某位置时，相当于固定荷载，内力或反力是一个量值，先研究如何用影响线求这个量的值。

**1. 集中荷载作用**

如图 14.7(a) 所示，设一组位置已知的几种荷载 $F_1$、$F_2$、$F_3$ 作用于简支梁上，求这组荷载作用下截面 $C$ 的剪力 $F_{QC}$。首先绘制 $F_{QC}$ 的影响线，并设 $F_{QC}$ 的影响线在各荷载作用点处的纵距分为 $y_1$、$y_2$、$y_3$，如图 14.7(b) 所示。根据叠加原理，集中荷载组所产生的影响量应该等于各荷载所产生影响量的代数和，即有：

$$F_{QC} = F_1 y_1 + F_2 y_2 + F_3 y_3 \tag{14.1}$$

设有一组集中荷载 $F_1$、$F_2$、$\cdots$、$F_n$ 作用于结构，而结构中某量值 $S$ 的影响线在各荷载作用点处的纵距分别为 $y_1$、$y_2$、$\cdots$、$y_n$，则这组荷载作用下某量值为：

$$S = F_1 y_1 + F_2 y_2 + \cdots + F_n y_n = \sum_{i=1}^{n} F_i y_i \tag{14.2}$$

**2. 均布荷载作用**

当梁上有均布荷载作用时也可以用影响线来求内力或者反力。如图 14.8(a) 所示，设结构在 $AB$ 段承受均布荷载 $q$ 的作用，则微段 $dx$ 上的荷载 $q dx$ 可视集中荷载，它所产生的 $Z$ 值为 $yq dx$，则在 $AB$ 段均布荷载作用下的 $S$ 值为

$$S = \int_A^B yq \, dx = q \int_A^B y \, dx = qA$$

其中 $A$ 表示荷载分布对应的影响线的面积。该式表明，均布荷载作用下某量值 $Z$ 的数值等于分布集度 $q$ 与荷载分布区间的影响线面积的乘积（见图 14.8(b)）。

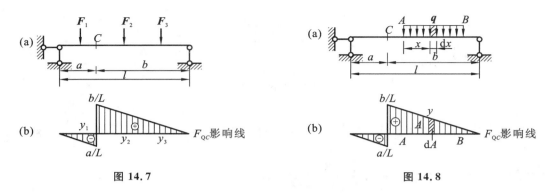

图 14.7　　　　　　　　　　　　　　图 14.8

**例 14.3**　用影响线计算图 14.9(a)所示简支梁在集中荷载作用下剪力 $F_{QC}$、弯矩 $M_C$ 的值。

**解**　(1)计算 $F_{QC}$ 的值

先作 $F_{QC}$ 的影响线如图 14.9(b)所示。$F_{QC}$ 影响线中负号部分的面积为 $A_1$，正号部分的面积为 $A_2$。

由式(14.1)，可得：

$$F_{QC} = F_1 y_1 + F_2 y_2 = \left(-24 \times \frac{1}{6} + 10 \times \frac{2}{3} \times \frac{3}{4}\right) \text{kN} = 1 \text{ kN}$$

(2)计算 $M_C$ 的值，作 $M_C$ 的影响线如图 14.9(c)所示，则：

$$M_C = F_1 y_1 + F_2 y_2 = \left(24 \times \frac{4}{3} \times \frac{1}{2} + 10 \times \frac{4}{3} \times \frac{3}{4}\right) \text{kN} \cdot \text{m} = 26 \text{ kN} \cdot \text{m}$$

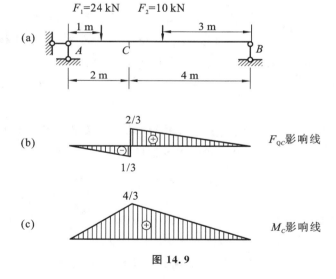

图 14.9

**例 14.4**　用影响线计算图 14.10(a)所示伸臂梁在给定荷载作用下剪力 $F_{QC}$ 的值。

**解**　作 $F_{QC}$ 的影响线如图 14.10(b)。$F_{QC}$ 影响线中负号部分的面积为 $A_1$，正号部分在均布荷载作用范围内的面积为 $A_2$。集中荷载 $F$ 所对应的纵距为 $-\dfrac{1}{4}$。

由式(14.1)和式(14.2)可得：

$$F_{QC} = q(A_1 + A_2) + Fy$$

$$= \left\{ 10 \left[ \frac{1}{2} \times \left( -\frac{1}{2} \right) \times 4 + \frac{1}{2} \times \left( \frac{1}{2} + \frac{1}{4} \right) \times 2 \right] + 30 \times \left( -\frac{1}{4} \right) \right\} \text{kN} = -10 \text{ kN}$$

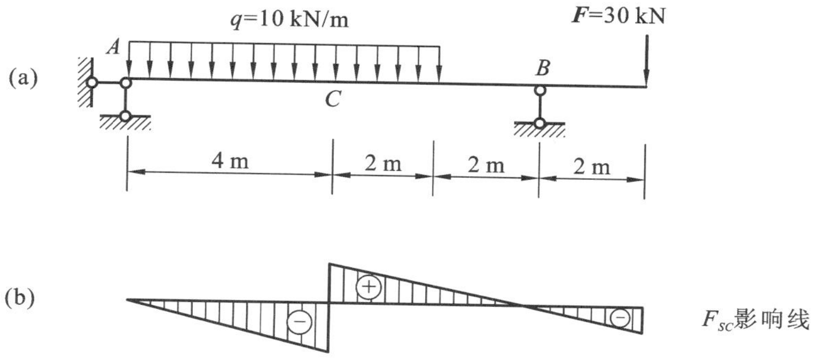

图 14.10

## 二、确定最不利荷载的位置

移动荷载在结构上移动,使结构上的各种量值 $S$ 一般都随荷载位置的变化而变化。如果荷载移动到某个位置,使某量值达到最大值,则称此荷载位置为最不利。在结构设计中,通常需要求出各量值 $S$ 的最大值作为设计依据,而求出最大值的关键,就在于确定其最不利荷载位置。当荷载较简单时,通过直观分析就可以确定最不利荷载位置,但当荷载分布较复杂时,则应当用函数极值的概念来确定最不利荷载位置。

**1. 单个集中荷载**

当移动荷载只有一个集中荷载 $F$ 时,借助影响线能方便地确定最不利荷载位置。由公式 14.1 可知,当 $y$ 取最大值时,某量值 $S = Fy$ 具有最大值。由此,单个集中荷载作用下最不利荷载位置就是集中荷载作用在影响线的纵距最大处。

当移动荷载是由若干个集中荷载组成时,就不能一目了然了,需做进一步分析。

**2. 均布荷载**

若移动荷载是可以按任意方式分布的均布荷载,需求某量值 $S$ 的最大值,应使均布荷载布满影响线正号部分;需求某量值 $S$ 的最小值,应使均布荷载布满影响线负号部分。

**3. 行列荷载**

行列荷载一般指一组间距不变的集中力组成的移动荷载,如吊车梁承受的吊车轮压、桥梁承受的汽车轮压等。对于行列荷载,欲确定某量值的最不利荷载位置,通常要先求出使某量值 $S$ 达到极值的荷载位置,也称作荷载的临界位置,然后再从临界位置中选出使某量值 $S$ 达到最大值的最不利位置。

一般,某量值 $S$ 的最不利值是在数值较大而又比较密集的集中荷载作用于影响线的顶点时发生的。因此,在按式(14.3)试算之前,可先通过直观判断排除部分荷载,从而减轻计算工作量。

下面介绍常见的三角形影响线临界荷载的判别式。

设 $F_K$ 作用于图 14.11(a) 所示三角形影响线的顶点上,如图 14.11(b) 所示。用 $F_R^L$ 表示 $F_K$ 左侧荷载的合力,$F_R^R$ 表示 $F_K$ 右侧荷载的合力。

$$\frac{F_R^L}{a} \leqslant \frac{F_K + F_R^R}{b}$$

$$\frac{F_R^R}{b} \leqslant \frac{F_K + F_R^L}{a}$$

(14.3)

满足式(14.3)的 $F_K$ 为临界荷载。该式表明,将临界荷载 $F_K$ 放在哪一边,哪一边的平均值就大。

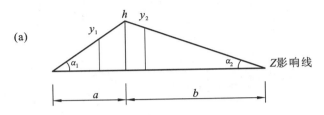

(a)

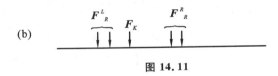

(b)

**图 14.11**

确定行列荷载最不利位置的步骤如下:

(1) 绘制某量值 $S$ 的影响线。

(2) 将每个荷载置于影响线顶点处,判断是否为临界荷载。

(3) 逐个计算荷载处于临界位置时 $S$ 的极大值。

(4) 从各极大值中选出最大的即为 $S$ 的最大值,同时得到 $S$ 的最不利荷载位置。

**例 14.5** 图 14.12(a) 所示为两台吊车的轮压和轮距,利用影响线求吊车梁 $AB$ 跨中央截面 $C$ 的最大弯矩。已知:轮距 $b = 5.25$ m,$d = 4.8$ m,$C = 1.45$ m,$F_1 = F_2 = 430$ kN,$F_3 = F_4 = 300$ kN。

**解** 作 $M_C$ 影响线如图 14.12(b) 所示。

欲求 $M_C$ 的最大值,应将数值较大且排列较密集的荷载放在纵距较大的部位,根据这一原则即可确定,只需试算中间两个轮压是否为临界荷载。

将荷载 $F_2$ 位于影响线的顶点处,这时 $F_4$ 已移出梁外,如图 14.12(c) 所示,由式 14.3 可得:

$$\frac{430}{6} \leqslant \frac{430 + 300}{6}$$

$$\frac{300}{6} \leqslant \frac{430 + 430}{6}$$

由此知 $F_2$ 为一临界荷载。计算 $M_C$ 的极值为:

$$M_C = (430 \times 0.375 + 430 \times 3 + 300 \times 2.275)\ \text{kN} \cdot \text{m} = 2\,133.75\ \text{kN} \cdot \text{m}$$

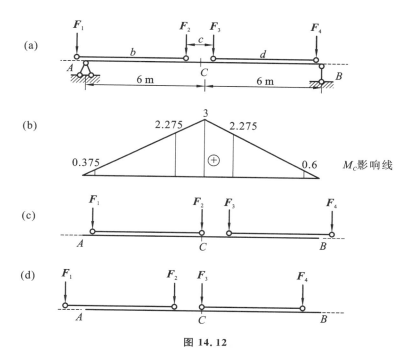

图 14.12

将荷载 $F_3$ 位于影响线的顶点处,这是 $F_1$ 已移出梁外,如图 14.12d 所示,由式 14.3 有:

$$\frac{430}{6} \leqslant \frac{300 + 300}{6}$$

$$\frac{300}{6} \leqslant \frac{430 + 300}{6}$$

由此知 $F_3$ 为一临界荷载。计算 $M_C$ 的极值为:

$$M_C = (430 \times 2.275 + 300 \times 3 + 300 \times 0.6)\,\text{kN} \cdot \text{m} = 2048.25\ \text{kN} \cdot \text{m}$$

比较上述计算结果,可知 $F_2$ 位于点 C 时为最不利荷载位置,此时有 $M_{C\max} = 2\,133.75\ \text{kN} \cdot \text{m}$。

# 任务 4 简支梁的内力包络图和绝对最大弯矩

## 一、简支梁的内力包络图

在设计承受移动荷载的结构时,必须求出每一截面内力的最大值(最大正值和最大负值)。链接各截面内力的最大值的曲线称为内力的包络图。包络图是结构设计中重要的工具,在吊车梁、盖梁的连续梁和桥梁的设计中应用很多。

以简支梁在单个集中荷载 $F$ 作用下的弯矩包络图为例加以说明。

当单个集中荷载在梁上移动时,某个截面 C 的弯矩影响线如图 14.13(a) 所示。由影响线可以判定,当荷载正好作用于 C 时,$M_C$ 为最大值:$M_C = \dfrac{ab}{l}F_p$。由此可见,荷载由 A 向 B 移动时,只要逐个算出荷载作用点处的截面弯矩,便可以得到弯矩包络图。可以选一系列截面(把梁分成十等分),对每个截面利用图 14.13(a)中 $M_C$ 影响线求出其最大弯矩。例如,在截面 3 处,

$$a = 0.3l, \quad b = 0.7l, \quad (M_3)_{max} = 0.21F_p l$$

根据逐点算出的最大弯矩值而连成的图形即为弯矩包络图(见图 14.13(b))。弯矩包络图表示出各截面的弯矩可能变化的范围。

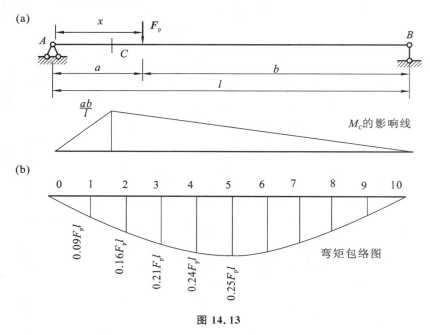

图 14.13

## 二、简支梁的绝对最大弯矩

梁在荷载的作用下每个截面都必然存在对应的最大弯矩值,但所有各截面的最大弯矩中,一定存在一个最大者,即弯矩包络图中最高的纵距,称其为绝对最大弯矩。它代表在一定移动荷载作用下,梁内可能出现的弯矩最大值。

下面介绍简支梁绝对最大弯矩的计算方法。

首先必须确定产生绝对最大弯矩的截面位置,然后确定该截面产生绝对最大弯矩的最不利荷载位置。

当梁上承受一组移动的集中荷载作用时,无论荷载移动到什么位置,全梁弯矩图的顶点都发生在各个集中荷载作用点处。因此,绝对最大弯矩必然发生在某一集中荷载作用点处的截面上。为确定集中荷载的作用位置,先任选一个集中荷载作为研究对象,研究它在什么位置时会使荷载作用点处截面产生最大弯矩;然后用相同的方法,确定其他荷载作用点处截面的最大弯矩最后进行比较,就可以确定绝对最大弯矩。

下面以图 14.14 所示简支梁为例,推导任一荷载作用点处截面弯矩最大值的计算公式。

图 14.14 所示简支梁上作用一组数量、间距不变的移动荷载,欲求任一荷载 $F_K$ 作用点截面处弯矩的最大值。设 $F_K$ 至支座 $A$ 的距离为 $x$,$F_R$ 表示作用在梁上全部荷载的合力,$a$ 表示 $F_K$ 与

$F_R$ 间距离，设 $F_K$ 位于 $F_R$ 左边。

由 $\sum M_B = 0$，得

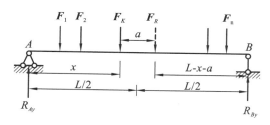

图 14.14

$$F_{Ay} = \frac{F_R}{L}(L - x - a)$$

则 $F_K$ 作用点处的弯矩 $M_x$ 为

$$M_x = F_{Ay} - M_K = \frac{F_R}{L}(L - x - a)x - M_K$$

其中 $M_K$ 表示 $F_K$ 左梁上荷载对 $F_K$ 作用点的力矩的代数和，由于荷载保持间距不变，故它是一个与 $x$ 无关的常数。

欲求 $M_x$ 的极值，令：

$$\frac{\mathrm{d}M_x}{\mathrm{d}x} = \frac{F_R}{L}(L - 2x - a) = 0$$

得：

$$x = \frac{L}{2} - \frac{a}{2}$$

如果设 $F_K$ 位于 $F_R$ 右边，同理有：

$$x = \frac{L}{2} + \frac{a}{2}$$

以上两式说明，当梁的跨中截面线正好在平分 $F_K$ 与 $F_R$ 间的距离，即 $F_K$ 与 $F_R$ 对称于梁的中点时，$F_K$ 作用点处截面的弯矩达到最大值。

由此得 $F_K$ 作用点所在截面弯矩为最大值的条件为：

$F_K$ 在 $F_R$ 左边时： $\qquad\qquad x = \dfrac{L}{2} - \dfrac{a}{2} \left.\phantom{\dfrac{L}{2}}\right\}$

$F_K$ 在 $F_R$ 右边时： $\qquad\qquad x = \dfrac{L}{2} + \dfrac{a}{2} \left.\phantom{\dfrac{L}{2}}\right\}$ $\qquad$ (14.4)

此时最大弯矩为

$F_K$ 在 $F_R$ 左边时： $\qquad M_{max} = \dfrac{F_R}{L}\left(\dfrac{L}{2} - \dfrac{a}{2}\right)^2 - M_K \left.\phantom{\dfrac{L}{2}}\right\}$

$F_K$ 在 $F_R$ 右边时： $\qquad M_{max} = \dfrac{F_R}{L}\left(\dfrac{L}{2} + \dfrac{a}{2}\right)^2 - M_K \left.\phantom{\dfrac{L}{2}}\right\}$ $\qquad$ (14.5)

在计算时需注意，$F_R$ 是梁上实有荷载的合力，不包括未进入或已跨出梁的荷载。

实际计算时，没有必要对每个荷载都进行上述计算，最好能事先估计出发生绝对最大弯矩的临界荷载。事实上，简支梁的绝对最大弯矩总是发生在梁的跨中截面附件。因此，可以设想把使梁跨中截面产生最大弯矩的临界荷载作为发生绝对最大弯矩的临界荷载。实践表明，通常情况下这样的设想是正确的。

综合起来，计算简支梁绝对最大弯矩的临界荷载如下：

（1）确定使梁中点截面发生最大弯矩的临界荷载 $F_K$。

（2）计算梁上实有荷载的合力 $F_R$，并确定合力 $F_R$ 的位置，计算 $F_R$ 与 $F_K$ 之间的距离 $a$。

（3）移动荷载组，使 $F_R$ 与 $F_K$ 对称于梁的中点，此时 $F_K$ 作用点处截面的弯矩值就是梁的绝对最大弯矩，或直接由式(14.4)计算 $F_k K$ 距左支座 $x$，并由式(14.5)计算绝对最大弯矩。

**例 14.6**　试求例 14.5 所示吊车梁的绝对最大弯矩。

**解**　由例 14.5 得，$F_2$ 是使跨中截面产生最大弯矩的临界荷载，因此绝对最大弯矩将发生在荷载 $F_2$ 作用点处的截面处。

欲使合力 $F_R$ 与 $F_2$ 对称于梁的中点，此时荷载 $F_4$ 已移至梁外。则梁上荷载的合力为：
$$F_R = (430 \times 2 + 300) \text{ kN} = 1160 \text{ kN}$$

合力 $F_R$ 与 $F_2$ 之间的距离 $a$ 可根据合力 $F_R$ 对 $F_2$ 作用点产生的力矩求得，其等于各分力 $F_2$ 作用点产生的力矩代数和，设 $F_2$ 位于 $F_R$ 左边，则有：
$$F_R a = F_3 \times 1.45 - F_1 \times 5.25$$

得：$a = -1.57$ m，$a$ 为负值，说明 $F_2$ 位于 $F_R$ 右边。

由式（14.4），可得梁产生绝对最大弯矩时 $F_2$ 作用点距支座 $A$ 的距离 $x$ 为：
$$x = \left( \frac{12}{2} + \frac{1.57}{2} \right) \text{ m} = 6.785 \text{ m}$$

由式（14.5），可得梁的绝对最大弯矩为：
$$M_{\max} = \left[ \frac{1160}{12} \left( \frac{12}{2} + \frac{1.57}{2} \right)^2 - 430 \times 5.25 \right] \text{ kN} \cdot \text{m} = 2\,192.67 \text{ kN} \cdot \text{m}$$

实践表明，简支梁在吊车荷载作用下的绝对最大弯矩并不发生在梁的跨中，而通常发生在跨中附近。但简支梁跨中截面的最大弯矩比绝对最大弯矩仅稍小一点（5% 以内），因此为了简化计算，在设计中有时用跨中截面的最大弯矩代替绝对最大弯矩，也可以满足设计要求。

# 任务 5　连续梁的内力包络图

连续梁所受的荷载通常包括恒荷载和活荷载两部分，恒荷载经常存在而布满全跨，它所产生的内力是固定不变的；活荷载不经常存在且可按任意长度分布；它所产生的内力则将随活荷载分布的不同而改变。显然，只要求出了活荷载作用下某一截面的最大或最小内力，再加上恒荷载作用下该截面的内力，就可得该截面的最大或最小内力。

首先讨论连续梁的弯矩包络图的画法。连续梁在恒荷载和活荷载作用下不仅会产生正弯矩，而且还会产生负弯矩。因此，弯矩包络图将由两条曲线组成：其中一条曲线表示各截面可能出现的最大弯矩值，另一条曲线则表示各截面可能出现的最小弯矩值。它们表示了梁在恒荷载和活荷载的共同作用下各截面可能产生的弯矩的极限范围。

当连续梁均布活荷载作用时，其各截面弯矩的最不利荷载位置是在若干跨内布满活荷载。于是，连续梁的弯矩最大值（或最小值）可由某几跨单独布满活荷载时的弯矩值叠加求得。也就是说，只需按每跨单独布满活荷载的情况逐一画出其弯矩图，然后对于任一截面，将这些弯矩图中对应的所有正弯矩值相加，便得到该截面在活荷载作用下的最大正弯矩；同样若将对应的所有负弯矩值相加，便可得该截面在活荷载作用下的最大负弯矩。

绘制连续梁弯矩包络图的步骤总结如下：

（1）画出恒荷载作用下的弯矩图。

（2）依次按每一跨单独布满活荷载的情况，逐一绘制其弯矩图。

（3）将各跨分为若干等分，在每一等分点处，将恒荷载弯矩图中该处的竖标值与所有各个活荷载弯矩图中对应的正（负）竖标值之和相叠加，便得到各分点处截面的最大（小）弯矩值。

（4）将上述各最大（小）弯矩值在同一图中按同一比例尺用竖标标出，并以曲线相连，即得所求的弯矩包络图。

有时需要绘制出表明连续梁在恒荷载和活荷载共同作用下的最大剪力和最小剪力变化情形的剪力包络图，其绘制方法与弯矩包络图相同。由于设计中用到的主要是各支座附近截面上的剪力值，因此实际绘制剪力包络图时，通常只将各跨两端靠近支座截面处的最大剪力值和最小剪力值求出，而在每跨中以直线相连，近似地作为所求的剪力包络图。

**例 14.7** 试绘制图 14.15(a) 所示三跨等截面连续梁的弯矩包络图和剪力包络图。梁上承受的恒荷载为 $g = 20 \ \text{kN/m}$，均布活荷载 $q = 30 \ \text{kN/m}$。

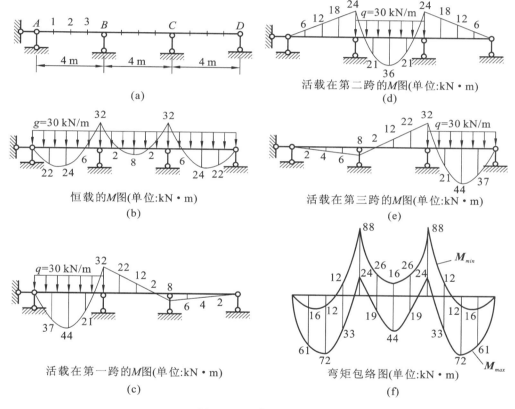

图 14.15 弯矩包络图

**解** 首先绘制出恒载作用下的弯矩图（见图 14.15(b)）和各跨分别承受活荷载时的弯矩图（图 14.15(c) 至图 14.15(e)）。将梁的每一跨分为四等份，求出各弯矩图中各等分点的竖标值。然后将图 14.15(b) 中各截面的竖标值和图 14.15(c) 至图 14.15(e) 中对应的正（负）竖标值相加，即得最大（小）弯矩值。如在截面 1 处和支座 B 处：

$$M_{1\max} = [22 + (37 + 2)] \ \text{kN} \cdot \text{m} = 61 \ \text{kN} \cdot \text{m} \quad M_{1\min} = [22 + (-6)] \ \text{kN} \cdot \text{m} = 16 \ \text{kN} \cdot \text{m}$$

$$M_{B\max} = (-32 + 8) \ \text{kN} \cdot \text{m} = -24 \ \text{kN} \cdot \text{m} \quad M_{B\max} = [-32 + (-32 - 24)] \ \text{kN} \cdot \text{m} = -88 \ \text{kN} \cdot \text{m}$$

把各个最大弯矩值和最小弯矩值分别用曲线相连，即得弯矩包络图（见图 14.15(f)）。

同理,为了绘制剪力包络图,需先绘制恒载作用下的剪力图(见图 14.16(a))和各跨分别承受活荷载时的剪力图(见图 14.16(b)至图 14.16(d))。然后将图 14.16(b)中各支座截面的最大(小)剪力值绘制好。

最后,把各支座两侧截面上的最大剪力值和最小剪力值分别用直线相连,即得近似的剪力包络图,如图 14.16(e)所示。

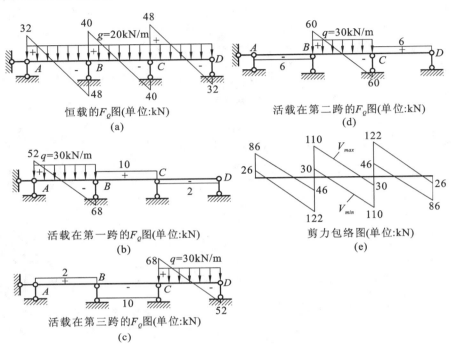

图 14.16　剪力包络图

14.1　影响线的含义是什么?为什么取单位移动荷载 $F_P = 1$ 的作用作为绘制影响线的基础?它的 $x$ 和 $y$ 坐标各代表什么物理意义?

14.2　为什么可以利用影响线来求得恒载作用下的内力?

14.3　如何利用影响线确定最不利荷载?

14.4　内力包络图与内力图、影响线有何区别?

14.5　试用静力法绘制图 14.17 所示梁的 $R_{Ay}$、$M_A$、$F_{QC}$ 和 $M_C$ 的影响线。

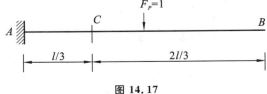

图 14.17

14.6 试用静力法绘制图 14.18 所示梁的 $R_{By}$、$M_A$、$F_{QC}$、$F_{QB}^L$、$F_{QB}^R$ 和 $M_D$ 影响线。

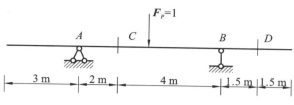

**图 14.18**

14.7 试利用影响线求图 14.19 所示梁在固定荷载作用下的 $M_E$、$R_{By}$、$F_{QB}^L$。

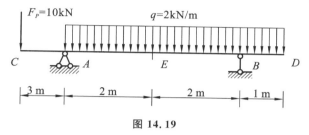

**图 14.19**

14.8 试利用影响线求图 14.20 所示吊车梁 $M_C$ 的荷载最不利位置,并计算其最大值和最小值。

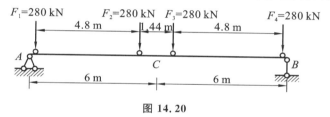

**图 14.20**

14.9 试求题 14.4 图所示吊车梁的绝对最大弯矩。

# 平面图形的几何性质

**基本要求**:掌握静矩、惯性矩、抗弯截面系数的概念和计算;了解极惯性矩、抗扭截面系数、形心主轴、形心主惯性矩的概念。

**重点**:惯性矩及抗弯截面系数

**难点**:惯性矩的平行移轴公式及组合截面惯性矩的计算。

# 任务 1 静矩与形心

## 一、静矩的定义

附图 A.1 表示一任意形状的平面几何图形,它代表杆件截面的形状,在其上取微面积 $dA$,该微面积在坐标系 $zOy$ 中的坐标为 $(z, y)$,则乘积 $ydA$ 称为微面积 $dA$ 对 $z$ 轴的截面一次矩(静矩),这些微小乘积在整个面积 $A$ 内的总和称为该平面图形对 $Z$ 轴的静矩,用 $S_z$ 表示,同理可得平面图形对 $Y$ 轴的静矩。用积分表示为

$$\begin{cases} S_z = \int_A y\,dA \\ S_y = \int_A z\,dA \end{cases} \qquad (\text{附 A.1})$$

静矩又称面积矩或一次矩,其常用单位为 $m^3$ 或 $mm^3$。

静矩是对某一坐标轴而言的,同一图形(截面)对不同坐标轴有不同的静矩。由于坐标 $z$、$y$ 可正、可负、也可为零,因此,静矩的数值可以为正,可以为负,也可以为零。

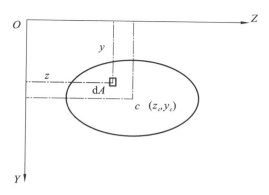

附图 A.1

## 二、形心

平面图形的几何中心称为形心,设形心 $c$ 的坐标为 $(z_c, y_c)$,如附图 A.1。若将微面积 $dA$ 视为垂直于图形平面的力,则形心就是合力的作用点,由合力矩定理,则静矩可用面积与形心坐标的乘积表示

$$\begin{cases} S_z = A y_c \\ S_y = A z_c \end{cases} \qquad (附 A.2)$$

即平面图形对 $z$ 轴(或 $y$ 轴)的静矩等于图形面积 $A$ 与形心坐标 $y_c$(或 $z_c$)的乘积。

根据(附 A.2),形心的计算公式可表示为

$$\begin{cases} z_c = \dfrac{S_y}{A} = \dfrac{\displaystyle\int_A z\,dA}{A} \\[3mm] y_c = \dfrac{S_z}{A} = \dfrac{\displaystyle\int_A y\,dA}{A} \end{cases} \qquad (附 A.3)$$

若某坐标轴通过截面的形心,则称此坐标轴为截面的形心轴。由(附图 A.2)知,截面对形心轴的静矩必为零。反之,如果截面对某轴的静矩为零,则该轴必通过截面的形心。对于有对称轴的截面,该对称轴必然是形心轴。

**附例 A.1** 试计算如附图 A.2 所示矩形对 $z$ 轴和 $y$ 轴的静矩 $S_z$ 和 $S_y$。

**解** 由式(附 A.2)可得:

$$S_z = A y_c = bh \times \frac{h}{2} = \frac{bh^2}{2}$$

$$S_y = A y_z = bh \times 0 = 0$$

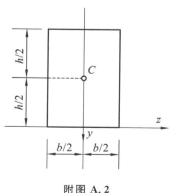

附图 A.2

## 三、组合截面的静矩与形心计算

所谓组合截面是指由几个简单截面(如矩形、三角形、圆形等)组合而成的截面。由静矩的定义可知,组合截面各组成部分对某轴的静矩的代数和,等于整个截面对同一轴的静矩。于是,计算组合截面的静矩时,将整个截面分割成几个简单图形,而每个简单图形的形心位置均是已知的,则整个截面的静矩为

$$\begin{cases} S_z = \sum_{i=1}^{n} A_i y_i \\ S_y = \sum_{i=1}^{n} A_i z_i \end{cases} \tag{附 A.4}$$

式中 $A_i$ 和 $y_i$ 与 $z_i$ 分别代表第 $i$ 个简单图形的面积及形心坐标,$n$ 为组成整个截面的简单图形的个数。

由式(附 A.3)和(附 A.4),可得组合截面的形心坐标公式:

$$\begin{cases} z_c = \dfrac{\sum\limits_{i=1}^{n} A_i z_i}{\sum\limits_{i=1}^{n} A_i} \\[4mm] y_c = \dfrac{\sum\limits_{i=1}^{n} A_i y_i}{\sum\limits_{i=1}^{n} A_i} \end{cases} \tag{附 A.5}$$

**附例 A.2** 试确定附图 A.3 所示 T 形截面的形心位置。

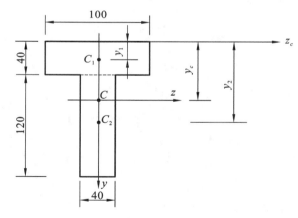

**附图 A.3**

**解** (1)建立如附图 A.3 所示参考坐标系

T 形截面具有一根对称 $y$ 轴,则形心一定在 $y$ 轴上,即 $z_c = 0$,还需求形心坐标 $y_c$。

(2)将组合截面分割为两个简单图形,其形心分别为 $c_1$ 和 $c_2$,则

$$A_1 = 40 \times 100 = 4\ 000\ \text{mm}^2, c_1(0,20)$$

$$A_2 = 120 \times 40 = 4\ 800\ \text{mm}^2, c_2(0,100)$$

(3)由式(附 A.5)计算形心坐标

$$y_c = \frac{A_1 y_1 + A_2 y_2}{A_1 + A_2} = \left( \frac{4\,000 \times 20 + 4\,800 \times 100}{4\,000 + 4\,800} \right) \text{mm} = 63.63 \text{ mm}$$

# 任务 **2** 惯性矩

## 一、惯性矩的定义

如附图 1.1 所示,整个图形微面积 $dA$ 与它到 $z$ 轴(或 $y$ 轴)距离平方的乘积的总和,称为平面图形对 $z$ 轴(或 $y$ 轴)的惯性矩,用 $I_z$(或 $I_y$)表示

$$\begin{cases} I_z = \int_A y^2 dA \\ I_y = \int_A z^2 dA \end{cases}$$

（附 A.6）

平面图形的惯性矩也是对指定的坐标轴而言的。惯性矩恒为正值,常用单位是 $\text{m}^4$ 或 $\text{mm}^4$。

## 二、简单图形惯性矩

简单图形的惯性矩,可直接由式(附 A.6)通过积分求得。

**附例 A.3** 如附图 A.4 所示矩形,形心 $C$ 为原点。试计算矩形对 $z$ 轴和 $y$ 轴的惯性矩 $I_z$ 和 $I_y$。

**解** （1）取平行于 $z$ 轴的微面积 $dA = b \cdot dy$，$dA$ 到 $z$ 轴的距离为 $y$；

（2）据式(附 A.6)计算 $I_z$ 和 $I_y$

$$I_z = \int_A y^2 dA = \int_{-\frac{h}{2}}^{\frac{h}{2}} y^2 b dy = \frac{bh^3}{12}$$

$$I_z = \int_A z^2 dA = \int_{-\frac{b}{2}}^{\frac{b}{2}} z^2 h dz = \frac{b^3 h}{12}$$

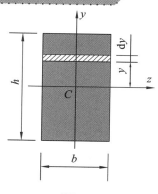

附图 A.4

### 附表 A.1　常见图形的面积、形心和形心轴惯性矩

| 序号 | 图形 | 面积 | 形心位置 | 惯性矩 |
|---|---|---|---|---|
| 1 | | $A = bh$ | $z_c = \dfrac{b}{2}$ <br> $y_c = \dfrac{h}{2}$ | $I_z = \dfrac{bh^3}{12}$ <br> $I_y = \dfrac{hb^3}{12}$ |

| 序号 | 图形 | 面积 | 形心位置 | 惯性矩 |
|---|---|---|---|---|
| 2 | 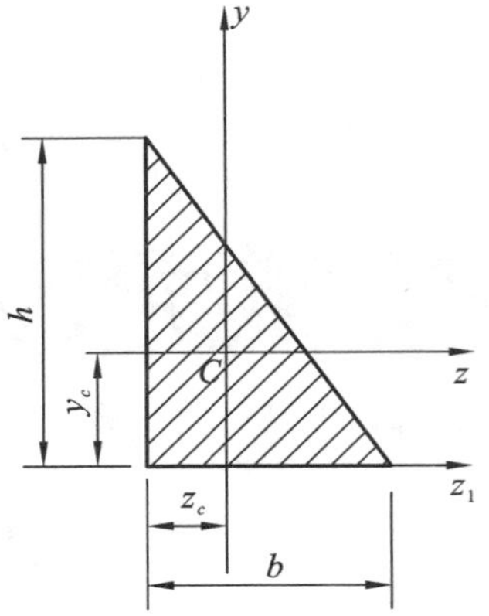 | $A = \dfrac{bh}{2}$ | $z_c = \dfrac{b}{3}$ <br><br> $y_c = \dfrac{h}{3}$ | $I_z = \dfrac{bh^3}{36}$ <br><br> $I_{z_1} = \dfrac{bh^3}{12}$ |
| 3 | 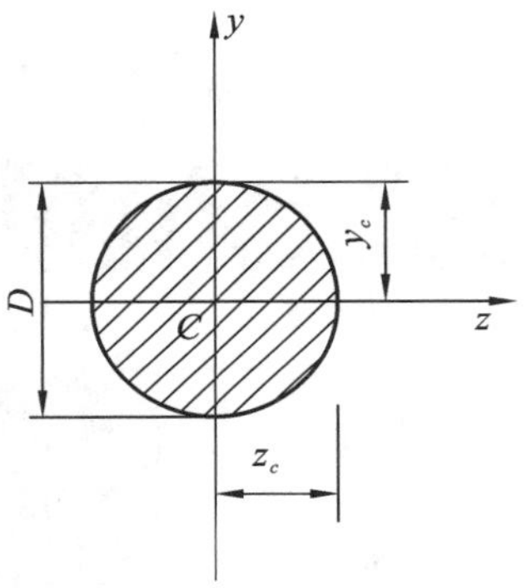 | $A = \dfrac{\pi D^2}{4}$ | $z_c = \dfrac{D}{2}$ <br><br> $y_c = \dfrac{D}{2}$ | $I_z = I_y = \dfrac{\pi D^4}{64}$ |
| 4 | 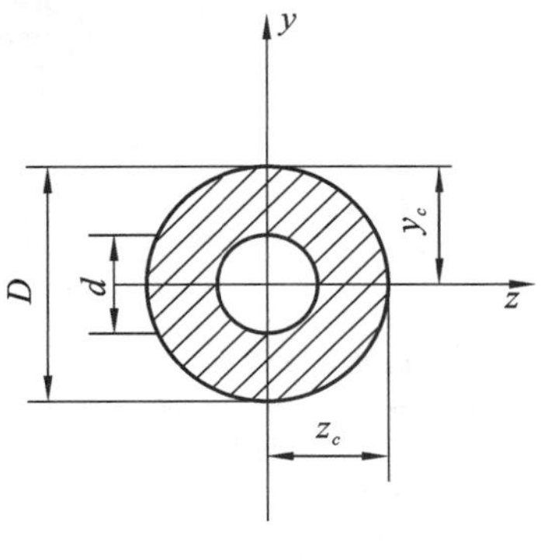 | $A = \dfrac{\pi(D^2 - d^2)}{4}$ | $z_c = \dfrac{D}{2}$ <br><br> $y_c = \dfrac{D}{2}$ | $I_z = I_y = \dfrac{\pi(D^4 - d^4)}{64}$ |
| 5 | 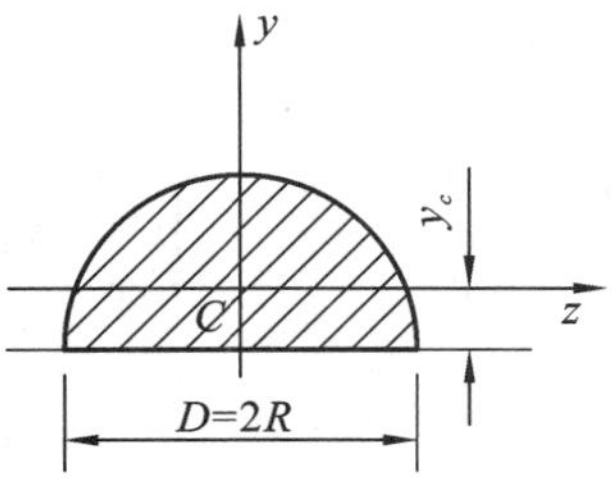 | $A = \dfrac{\pi R^2}{2}$ | $y_c = \dfrac{4R}{3\pi}$ | $I_z = \left(\dfrac{1}{8} - \dfrac{8}{9\pi^2}\right)\pi R^4$ <br><br> $I_y = \dfrac{\pi R^4}{8}$ |

## 三、平行移轴公式

如附图 A.5 所示一任意形状的截面,$c$ 为截面形心,$z$ 轴和 $y$ 轴为通过截面形心的坐标轴,$z_1$ 轴与 $z$ 轴平行,设 $z_1$ 轴与 $z$ 轴距离为 $a$。

在图形内取微面积 $\mathrm{d}A$,它与 $z$ 轴和 $z_1$ 轴的距离分别为 $y$ 和 $y_1$,由附图 A.5 可知

$$y_1 = y + a$$

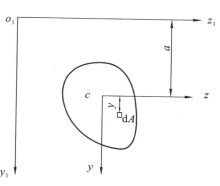

根据惯性矩的定义,图形对 $z_1$ 轴的惯性矩为

$$I_{z_1} = \int_A y_1 \,\mathrm{d}A = \int_A (y+a)\,\mathrm{d}A = \int_A (y^2 + 2ya + a^2)\,\mathrm{d}A$$

$$= \int_A y^2 \,\mathrm{d}A + 2a \int_A y\,\mathrm{d}A + a^2 \int_A \mathrm{d}A$$

其中:$\int_A y^2 \,\mathrm{d}A = I_z$——平面图形对其形心轴的惯性矩;

$\int_A y\,\mathrm{d}A = S_z = 0$——平面图形对其形心轴的静矩;

$\int_A \mathrm{d}A = A$——平面图形的面积。

附图 A.5

由此上述表达式可写为

$$I_{z_1} = I_z + a^2 A \qquad\qquad \text{(附 A.7)}$$

这一关系称为惯性矩的平行移轴公式。式子表明截面对任意轴的惯性矩,等于截面对于与该轴平行的通过其形心轴的惯性矩,再加上截面面积与两平行轴间距离平方的乘积。

## 四、组合图形惯性矩的计算

组合图形由多个简单图形组成。由惯性矩的定义可以推断:组合图形对某轴的惯性矩,等于各简单图形对同一轴惯性矩的和。对于组合图形而言,其形心位置往往是未知的,需根据形心计算式(附 A.5)求得。

**附例 A.4** 试计算如附图 A.3 所示图形对形心轴的惯性矩。

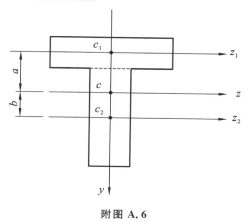

附图 A.6

**解** 重新建立如附图 A.6 所示坐标系,附例 A.1 已计算形心位置,此时 $a = 43.63$ mm,$b = 36.37$ mm

$$I_{z_1} = \frac{100 \times 40^3}{12} \ \mathrm{mm}^4 = 5.3 \times 10^5 \ \mathrm{mm}^4$$

$$I_{z_2} = \frac{120^3 \times 40}{12} \ \mathrm{mm}^4 = 5.76 \times 10^6 \ \mathrm{mm}^4$$

$$\begin{aligned}
I_z &= (I_{z1} + a^2 A_1) + (I_{z2} + b^2 A_2) \\
&= (5.3 \times 10^5 + 43.63^2 \times 100 \times 40) \ \mathrm{mm}^4 \\
&\quad + (5.76 \times 10^6 + 36.37^2 \times 40 \times 120) \ \mathrm{mm}^4 \\
&= 2.03 \times 10^7 \ \mathrm{mm}^4
\end{aligned}$$

# 任务 3 惯性半径、抗弯截面系数、抗扭截面系数

## 一、惯性半径

在工程实际中为某些计算需要,有时需要将图形的惯性矩表示为图形面积 $A$ 与某一长度平方的乘积

$$I_z = i_z^2 A \quad \text{或} \quad i = \sqrt{\frac{I_z}{A}} \tag{附 A.8}$$

式中 $i_z$ 称为平面图形对 $z$ 轴的惯性半径,其单位为 m 或 mm。

例如:高为 $h$,宽为 $b$ 的矩形截面,对形心 $z$ 轴和 $y$ 轴的惯性半径

$$i_z = \sqrt{\frac{I_z}{A}} = \sqrt{\frac{bh^3/12}{bh}} = \frac{h}{\sqrt{12}}$$

$$i_y = \sqrt{\frac{I_y}{A}} = \sqrt{\frac{hb^2/12}{bh}} = \frac{b}{\sqrt{12}}$$

直径为 $D$ 的圆截面,其形心轴惯性半径

$$i_z = i_y = \sqrt{\frac{I}{A}} = \sqrt{\frac{\pi D^4/6^4}{\pi D^2/4}} = \frac{D}{4}$$

## 二、抗弯截面系数

平面图形形心轴惯性矩 $I_z$ 与图形最外边缘点到形心轴距离 $y_{\max}$ 的比值,我们称为抗弯截面系数,即

$$W_z = \frac{I_z}{y_{\max}} \tag{附 A.9}$$

抗弯截面系数常用单位 $m^3$、$mm^3$。

(1)对于高为 $h$、宽为 $b$ 的矩形截面

$$W_z = \frac{I_z}{y_{\max}} = \frac{\dfrac{bh^3}{12}}{\dfrac{h}{2}} = \frac{bh^2}{6}$$

(2)对于直径为 $D$ 的圆形截面

$$W_z = \frac{I_z}{y_{\max}} = \frac{\dfrac{\pi D^4}{64}}{\dfrac{D}{2}} = \frac{\pi D^3}{32}$$

(3)对于外径为 $D$、内径为 $d$ 的圆环截面

$$W_z = \frac{I_{z外} - I_{z内}}{y_{\max}} = \frac{\dfrac{\pi D^4}{64} - \dfrac{\pi d^4}{64}}{\dfrac{D}{2}} = \frac{\pi D^3}{32}(1-\alpha^4) \quad \alpha = \frac{d}{D}$$

（4）对于轧制型钢（工字钢、槽钢等），其抗弯截面系数可直接从型钢表中查取。

## 三、抗扭截面系数

对于抗扭截面系数，我们作如下定义

$$W_P = \frac{I_P}{\rho_{\max}}$$

（附 A.10）

式中 $W_P$ 为截面对形心点的抗扭截面系数；$\rho_{\max}$ 为圆周边点到圆心的距离。抗扭截面系数常用单位 $m^3$、$mm^3$。

（1）对于直径为 $D$ 的实心圆截面

$$W_P = \frac{I_P}{\rho_{\max}} = \frac{\frac{\pi D^4}{32}}{\frac{D}{2}} = \frac{\pi d^3}{16}$$

（2）对于外径为 $D$、内径为 $d$ 的圆环截面

$$W_P = \frac{I_{P外} - I_{P内}}{y_{\max}} = \frac{\frac{\pi D^4}{32} - \frac{\pi d^4}{32}}{\frac{D}{2}} = \frac{\pi D^3}{16}(1 - \alpha^4)\alpha = \frac{d}{D}$$

附 A.1　什么是截面图形的形心?如何确定截面形心位置?

附 A.2　若 $S_z = 0$，则 $z$ 轴是否一定是形心轴?

附 A.3　设 $z$ 轴是某截面的形心轴，试说明：为什么 $S_z$ 一定等于零?为什么 $I_z$ 一定不等于零?

附 A.4　对一组平行轴而言，截面对哪一根轴的惯性矩最小?

附 A.5　试求附图 A.7 所示各截面的形心位置。

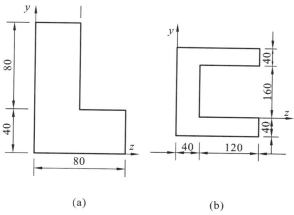

(a) (b)

附图 A.7

附 A. 6　试求附图 A. 7 各截面对 $z$ 轴的静矩。

附 A. 7　试计算如附图 A. 8 所示图形对形心轴 $y$ 轴的惯性矩。

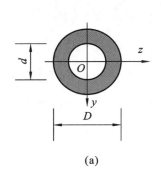

(a)

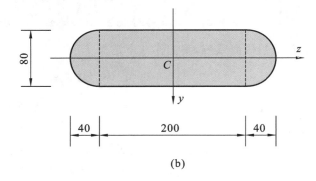

(b)

附图 A. 8

# 附录 B

# 平面体系的几何组成分析

## 任务 1 几何组成分析的基本概念

### 一、几何不变体与几何可变体

　　杆系结构是由若干杆件通过相互联结所组成的体系,并与地基相联系组成一个整体,用来承受荷载的作用。当不考虑各杆件自身变形大小时,它应能保持其原有几何形状和位置不变。

　　当受到任意荷载作用后,在不考虑材料变形的条件下,能够保持几何形状和位置不变的体系,称为几何不变体系,如附图 B.1(a) 所示。当受到任意荷载作用后,在不考虑材料变形的条件下,不能够保持几何形状和位置不变的体系称为几何可变体系,如附图 B.1(b) 所示。

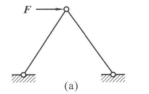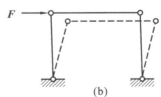

附图 B.1

　　显然,工程结构只能是几何不变体系而不能采用几何可变体系。在对结构进行分析、设计时,必须先分析体系的几何组成,以确保体系的几何不变性。几何组成分析的目的是:

　　(1) 判别体系是否为几何不变体系,从而确定它是否能作为结构使用;

　　(2) 正确区分静定结构和超静定结构,以便选择计算方法;

　　(3) 根据体系的几何组成顺序,确定相应的计算顺序。

### 二、平面体系的自由度

　　在几何组成分析中,不考虑材料的变形,因而把杆件或杆件组成的体系看成刚体。同样,体系中已为几何不变的部分和地基都可视为刚体。通常将平面体系中的刚体称为刚片。

所谓自由度,是指该体系运动时,用来确定其位置所需的独立坐标数目。如果一个体系的自由度大于零,则该体系就是几何可变体系。

**1. 点的自由度**

如附图 B.2(a)所示,平面内一动点 $A$,其位置需用两个坐标 $x$ 和 $y$ 来确定。所以一个点在平面内有两个自由度。

**2. 刚片的自由度**

如附图 B.2(b)所示,一个刚片在平面内运动时,其位置将由其任一点 $A$ 的坐标 $x$、$y$ 和过点 $A$ 的一直线 $AB$ 的倾角 $\theta$ 来确定。所以一个刚片在平面内有三个自由度。

**3. 地基的自由度**

结构体系常搁置于地基上,并以此为参照,通常认为地基就是一个大的几何不变体系,即为一大刚片,其自由度一般不考虑(或认为其自由度为零)。

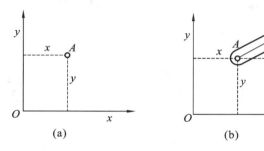

附图 B.2

## 三、约束

此处约束是指能够减少自由度的装置(又称联系)。添加一个约束,减少一个自由度。

**1. 链杆约束**

如附图 B.3(a)所示,用一个链杆与基础相连,则刚片不能沿链杆方向移动,因而减少一个自由度,故一个链杆相当于一个约束。一个可动铰支座也相当于一个约束。

**2. 铰链约束**

如附图 B.3(b)所示,用一个铰将刚片 Ⅰ、Ⅱ 联合起来。对刚片 Ⅰ 而言,有三个自由度。刚片 Ⅱ 相对刚片 Ⅰ 只能绕 $A$ 点转动,只有一个自由度,则由刚片 Ⅰ、Ⅱ 所组成的体系在平面内有四个自由度,而两刚片在平面内独立的自由度个数为六个,则一个铰链约束减少了两个自由度,相当于两个约束。一个固定铰支座也相当于两个约束。

**3. 刚性连接**

如附图 B.3(c)所示,刚片 Ⅰ、Ⅱ 在 $A$ 点通过刚性连接起来,则刚片 Ⅰ、Ⅱ 相互间不能移动,刚片 Ⅰ、Ⅱ 只剩下三个自由度,因此一个刚性连接减少了三个自由度,相当于三个约束。同样一个固定端支座也相当于三个约束。

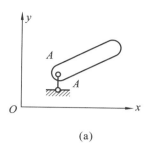

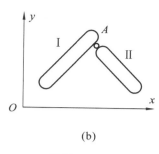

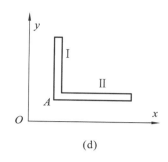

(a)

(b)

(d)

附图 B.3

# 任务 2 几何不变体系的组成规则

## 一、二元体规则

一个点与一刚片用不共线也不在一直线上的两链杆相联结,组成几何不变体系,且无多余约束。这种由两根不共线的链杆连接一个点的装置称为二元体。

一个点有二个自由度,用两根不共线的链杆连接,则 $A$ 点被固定,且无多余约束。

由二元体的概念可知,在一个几何不变体系上增加或撤去一个二元体,则该体系仍然是几何不变体系。

## 二、两刚片规则

两个刚片用三根不全平行也不全交于一点的链杆相连,组成几何不变体系,且无多余约束。

把附图 B.4 中一根链杆换一个刚片,就成了两刚片规则(见附图 B.5(a))。

我们也可以把 $B$ 点的圆柱铰换成两根链杆组成的实铰(见附图 B.5(b)),或两根链杆延长线相交的虚铰(见附图 B.5(c))。

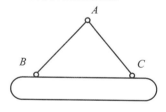

附图 B.4

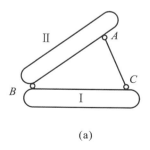

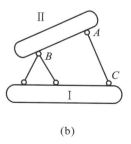

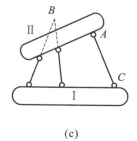

(a)

(b)

(c)

附图 B.5

## 三、三刚片规则

三刚片之间用不在同一直线上的三个铰两两相联,组成几何不变体系,且无多余约束。

把附图 B.4 中二根链杆换二个刚片,就成了三刚片规则(见附图 B.6(a))。

体系上的铰结点可以换成由链杆组成的实铰或虚铰(见附图 B.6(b))

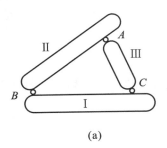
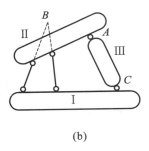

(a)　　　　　　　　　　　　　(b)

**附图 B.6**

## 四、瞬变体系

在上述三个组成规则中,皆有不共线的限制条件。如果不能满足这个条件,结构体系将会成为瞬变体系。

如附图 B.7(a) 所示,$C$ 点通过链杆 $AC$、$CB$ 连接起来,杆 $AC$、$CB$ 共线。此时体系会绕 $C$ 点运动,当在产生微小转动到 $C'$ 后,两根链杆就不再交于一点,运动不能继续进行。这种在某一瞬时可以产生微小运动,之后成为不变体系的体系,称为瞬变体系。

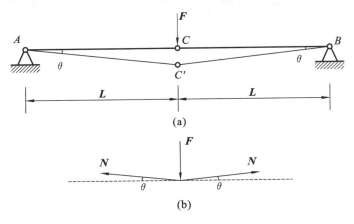

(a)

(b)

**附图 B.7**

瞬变体系只发生微小的相对运动,似乎可作为结构使用,但实际上当它受力时将会产生很大的内力而导致破坏,或者产生过大变形而影响使用。如附图 B.7(b) 所示,由平衡条件 $\sum y$ 可得

$$N = \frac{F}{2\sin\theta}$$

因为 $\theta$ 为一无穷小量,所以

$$N = \frac{\lim F}{2\sin\varphi} \to \infty$$

由此可见,杆 $AC$ 和 $BC$ 将产生很大的内力和变形,将首先产生破坏。因此瞬变体系是属于几何可变体系的一类,不能在工程结构中采用。

# 任务 3 平面几何组成分析举例

几何组成分析就是根据前述三个规则检查体系的几何组成,判断是否为几何不变体系,且有无多余联系。

**附例 B.1** 试对附图 B.1 所示体系进行几何组成分析。

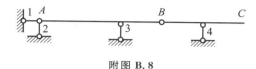

附图 B.8

**解** 在此体系中,将基础视为刚片,$AB$ 杆视为刚片,两个刚片用三根不全交于一点也不全平行链杆1、2、3相连。根据两刚片规则,此部分组成几何不变体系,且没有多余约束。然后将其视为一个大刚片,它与刚片 $BC$ 再用铰 $B$ 和不通过该铰的链杆4相连,又组成几何不变体系,且没有多余约束。所以,整个体系为几何不变体系,且没有多余约束。

**附例 B.2** 试对附图 B.9 所示铰接链杆体系作几何组成分析。

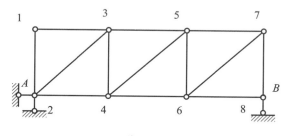

附图 B.9

**解** 在此体系中,先分析基础以上部分。把链杆 1-2 作为刚片,再依次增加二元体 1-3-2、2-4-3、3-5-4、4-6-5、5-7-6、6-8-7,根据二元体法则,此部分体系为几何不变体系,且无多余联系。

把上面的几何不变体系视为刚片,它与基础用三根既不完全平行也不交于一点的链杆相联,根据两刚片法则判定体系为几何不变体系,且无多余联系。

**附例 B.3** 试分析附图 B.10 所示的体系的几何组成。

**解** 根据二元体规则,先依次撤除二元体 11-13-12、8-11-10、10-12-9、8-10-9。将剩

下部分分成左右两部分,根据二元体规则,$B$ 分别认作刚片Ⅰ和Ⅱ,基础认作刚片Ⅲ。此三刚处分别用铰 1、2、5 两两相联,且三铰不在同一直线上,故知该体系是无多余联系的几何不变体系。

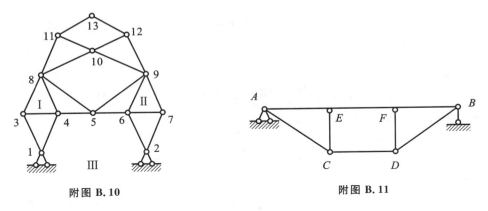

附图 B.10                                   附图 B.11

**附例 B.4**　试对附图 B.11 所示体系进行几何组成分析。

**解**　根据二元规则,刚片 $AB$ 与基础通过三根既不全交于一点又不全平行的链杆相连,组成几何不变体;再增加 $A$-$C$-$E$ 和 $B$-$D$-$F$ 两个二元体,仍为几何不变体。此时,再增加链杆 $CD$,故此体系为具有一个多余联系的几何不变体系。

附 B.1　什么是几何可变体系?什么是几何不变体系?

附 B.2　虚铰与实际铰链有何不同,为什么虚铰也具有实际铰链的约束性质?

附 B.3　几何不变体有三个组成规则,其最基本的规则是什么?

附 B.4　何谓多余约束?如何确定多余约束的个数?

附 B.5　对下列附图 B.12 所示体系作几何组成分析。若为有多余约束的几何不变体系,指出其多余约束的数目。

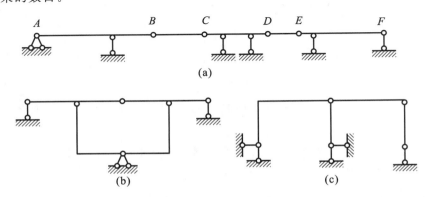

附图 B.12

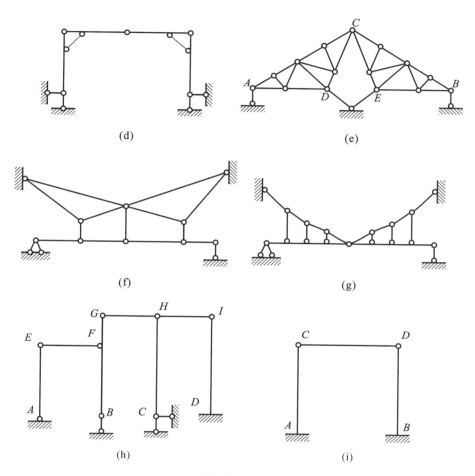

(d)

(e)

(f)

(g)

(h)

(i)

续附图 B.12

型钢表

热轧等边角钢(GB/T 706—2008)

$b$—边宽度;$d$—边厚度;

$r$—内圆弧半径;$r_1$—边端内圆弧半径;

$r_2$—边端外圆弧半径;

$I$—惯性矩;$i$—惯性半径;

$W$—截面系数;$Z_0$—重心距离。

## 1. 热轧等边角钢截面尺寸、截面面积、理论重量及参考数值

| 型号 | 截面尺寸/mm | | | 截面面积 /cm² | 理论重量 /(kg/m) | 外表面积 /(m²/m) | 参考数据 | | | | | | | | | | | |
|---|---|---|---|---|---|---|---|---|---|---|---|---|---|---|---|---|---|
| | | | | | | | $X-X$ | | | $X_0-X_0$ | | | $Y_0-Y_0$ | | | $X_1-X_1$ | $Z_0$ /cm |
| | $b$ | $d$ | $r$ | | | | $I_x$ /cm⁴ | $i_x$ /cm | $W_x$ /cm³ | $I_{X0}$ /cm⁴ | $i_{X0}$ /cm | $W_{X0}$ /cm³ | $I_{Y0}$ /cm⁴ | $i_{Y0}$ /cm | $W_{Y0}$ /cm³ | $I_{X1}$ /cm⁴ | |
| 2 | 20 | 3 | 3.5 | 1.132 | 0.889 | 0.078 | 0.40 | 0.59 | 0.29 | 0.63 | 0.75 | 0.45 | 0.17 | 0.39 | 0.20 | 0.81 | 0.60 |
| | | 4 | | 1.459 | 1.145 | 0.077 | 0.50 | 0.58 | 0.36 | 0.78 | 0.73 | 0.55 | 0.22 | 0.38 | 0.24 | 1.09 | 0.64 |
| 2.5 | 25 | 3 | | 1.432 | 1.124 | 0.098 | 0.82 | 0.76 | 0.46 | 1.29 | 0.95 | 0.73 | 0.34 | 0.49 | 0.33 | 1.57 | 0.73 |
| | | 4 | | 1.859 | 1.459 | 0.097 | 1.03 | 0.74 | 0.59 | 1.62 | 0.93 | 0.92 | 0.43 | 0.48 | 0.40 | 2.11 | 0.76 |
| 3 | 30 | 3 | | 1.749 | 1.373 | 0.117 | 1.46 | 0.91 | 0.68 | 2.31 | 1.15 | 1.09 | 0.61 | 0.59 | 0.51 | 2.71 | 0.85 |
| | | 4 | | 2.276 | 1.786 | 0.117 | 1.84 | 0.90 | 0.87 | 2.92 | 1.13 | 1.37 | 0.77 | 0.58 | 0.62 | 3.63 | 0.89 |
| 3.6 | 36 | 3 | 4.5 | 2.109 | 1.656 | 0.141 | 2.58 | 1.11 | 0.99 | 4.09 | 1.39 | 1.61 | 1.07 | 0.71 | 0.76 | 4.68 | 1.00 |
| | | 4 | | 2.756 | 2.163 | 0.141 | 3.29 | 1.09 | 1.28 | 5.22 | 1.38 | 2.05 | 1.37 | 0.70 | 0.93 | 6.25 | 1.04 |
| | | 5 | | 3.382 | 2.654 | 0.141 | 3.95 | 1.08 | 1.56 | 6.24 | 1.36 | 2.45 | 1.65 | 0.70 | 1.00 | 7.84 | 1.07 |

续表

| 型号 | 截面尺寸/mm b | 截面尺寸/mm d | 截面尺寸/mm r | 截面面积/cm² | 理论重量/(kg/m) | 外表面积/(m²/m) | 参考数据 $X-X$ $I_x$/cm⁴ | $X-X$ $i_x$/cm | $X-X$ $W_x$/cm³ | $X_0-X_0$ $I_{x0}$/cm⁴ | $X_0-X_0$ $i_{x0}$/cm | $X_0-X_0$ $W_{x0}$/cm³ | $Y_0-Y_0$ $I_{y0}$/cm⁴ | $Y_0-Y_0$ $i_{y0}$/cm | $Y_0-Y_0$ $W_{y0}$/cm³ | $X_1-X_1$ $I_{x1}$/cm⁴ | $Z_0$/cm |
|---|---|---|---|---|---|---|---|---|---|---|---|---|---|---|---|---|---|
| 4 | 40 | 3 | 5 | 2.359 | 1.852 | 0.157 | 3.59 | 1.23 | 1.23 | 5.69 | 1.55 | 2.01 | 1.49 | 0.79 | 0.96 | 6.41 | 1.09 |
| 4 | 40 | 4 | 5 | 3.086 | 2.422 | 0.157 | 4.60 | 1.22 | 1.60 | 7.29 | 1.54 | 2.58 | 1.91 | 0.79 | 1.19 | 8.56 | 1.13 |
| 4 | 40 | 5 | 5 | 3.791 | 2.976 | 0.156 | 5.53 | 1.21 | 1.96 | 8.76 | 1.52 | 3.10 | 2.30 | 0.78 | 1.39 | 10.74 | 1.17 |
| 4.5 | 45 | 3 | 5 | 2.659 | 2.088 | 0.177 | 5.17 | 1.40 | 1.58 | 8.20 | 1.76 | 2.58 | 2.14 | 0.89 | 1.24 | 9.12 | 1.22 |
| 4.5 | 45 | 4 | 5 | 3.486 | 2.736 | 0.177 | 6.65 | 1.38 | 2.05 | 10.56 | 1.74 | 3.32 | 2.75 | 0.89 | 1.54 | 12.18 | 1.26 |
| 4.5 | 45 | 5 | 5 | 4.292 | 3.369 | 0.176 | 8.04 | 1.37 | 2.51 | 12.74 | 1.72 | 4.00 | 3.33 | 0.88 | 1.81 | 15.25 | 1.30 |
| 4.5 | 45 | 6 | 5 | 5.076 | 3.985 | 0.176 | 9.33 | 1.36 | 2.95 | 14.76 | 1.70 | 4.64 | 3.89 | 0.88 | 2.06 | 18.36 | 1.33 |
| 5 | 50 | 3 | 5.5 | 2.971 | 2.332 | 0.197 | 7.18 | 1.55 | 1.96 | 11.37 | 1.96 | 3.22 | 2.98 | 1.00 | 1.57 | 12.50 | 1.34 |
| 5 | 50 | 4 | 5.5 | 3.897 | 3.059 | 0.197 | 9.26 | 1.54 | 2.56 | 14.70 | 1.94 | 4.16 | 3.82 | 0.99 | 1.96 | 16.69 | 1.38 |
| 5 | 50 | 5 | 5.5 | 4.803 | 3.770 | 0.196 | 11.21 | 1.53 | 3.13 | 17.79 | 1.92 | 5.03 | 4.64 | 0.98 | 2.31 | 20.90 | 1.42 |
| 5 | 50 | 6 | 5.5 | 5.688 | 4.465 | 0.196 | 13.05 | 1.52 | 3.68 | 20.68 | 1.91 | 5.85 | 5.42 | 0.98 | 2.63 | 25.14 | 1.46 |
| 5.6 | 56 | 3 | 6 | 3.343 | 2.624 | 0.221 | 10.19 | 1.75 | 2.48 | 16.14 | 2.20 | 4.08 | 4.24 | 1.13 | 2.02 | 17.56 | 1.48 |
| 5.6 | 56 | 4 | 6 | 4.390 | 3.446 | 0.220 | 13.18 | 1.73 | 3.24 | 20.92 | 2.18 | 5.28 | 5.46 | 1.11 | 2.52 | 23.43 | 1.53 |
| 5.6 | 56 | 5 | 6 | 5.415 | 4.251 | 0.220 | 16.02 | 1.72 | 3.97 | 25.42 | 2.17 | 6.42 | 6.61 | 1.10 | 2.98 | 29.33 | 1.57 |
| 5.6 | 56 | 6 | 6 | 6.420 | 5.040 | 0.220 | 18.69 | 1.71 | 4.68 | 29.66 | 2.15 | 7.49 | 7.73 | 1.10 | 3.40 | 35.26 | 1.61 |
| 5.6 | 56 | 7 | 6 | 7.404 | 5.812 | 0.219 | 21.23 | 1.69 | 5.36 | 33.63 | 2.13 | 8.49 | 8.82 | 1.09 | 3.80 | 41.23 | 1.64 |
| 5.6 | 56 | 8 | 6 | 8.367 | 6.568 | 0.219 | 23.63 | 1.68 | 6.03 | 37.37 | 2.11 | 9.44 | 9.89 | 1.09 | 4.16 | 47.24 | 1.68 |
| 6 | 60 | 5 | 6.5 | 5.829 | 4.576 | 0.236 | 19.89 | 1.85 | 4.59 | 31.57 | 2.33 | 7.44 | 8.21 | 1.19 | 3.48 | 36.05 | 1.67 |
| 6 | 60 | 6 | 6.5 | 6.914 | 5.427 | 0.235 | 23.25 | 1.83 | 5.41 | 36.89 | 2.31 | 8.70 | 9.60 | 1.18 | 3.98 | 43.33 | 1.70 |
| 6 | 60 | 7 | 6.5 | 7.977 | 6.262 | 0.235 | 26.44 | 1.82 | 6.21 | 41.92 | 2.29 | 9.88 | 10.96 | 1.17 | 4.45 | 50.65 | 1.74 |
| 6 | 60 | 8 | 6.5 | 9.020 | 7.081 | 0.235 | 29.47 | 1.81 | 6.98 | 46.66 | 2.27 | 11.00 | 12.28 | 1.17 | 4.88 | 58.02 | 1.78 |
| 6.3 | 63 | 4 | 7 | 4.978 | 3.907 | 0.248 | 19.03 | 1.96 | 4.13 | 30.17 | 2.46 | 6.78 | 7.89 | 1.26 | 3.29 | 33.35 | 1.70 |
| 6.3 | 63 | 5 | 7 | 6.143 | 4.822 | 0.248 | 23.17 | 1.94 | 5.08 | 36.77 | 2.45 | 8.25 | 9.57 | 1.25 | 3.90 | 41.73 | 1.74 |
| 6.3 | 63 | 6 | 7 | 7.288 | 5.721 | 0.247 | 27.12 | 1.93 | 6.00 | 43.03 | 2.43 | 9.66 | 11.20 | 1.24 | 4.46 | 50.14 | 1.78 |
| 6.3 | 63 | 7 | 7 | 8.412 | 6.603 | 0.247 | 30.87 | 1.92 | 6.88 | 48.96 | 2.41 | 10.99 | 12.79 | 1.23 | 4.98 | 58.60 | 1.82 |
| 6.3 | 63 | 8 | 7 | 9.515 | 7.469 | 0.247 | 34.46 | 1.90 | 7.75 | 54.56 | 2.40 | 12.25 | 14.33 | 1.23 | 5.47 | 67.11 | 1.85 |
| 6.3 | 63 | 10 | 7 | 11.657 | 9.151 | 0.246 | 41.09 | 1.88 | 9.39 | 64.85 | 2.36 | 14.56 | 17.33 | 1.22 | 6.36 | 84.31 | 1.93 |

# 型 钢 表

续表

| 型号 | b | d | r | 截面面积/cm² | 理论重量/(kg/m) | 外表面积/(m²/m) | $I_x$/cm⁴ | $i_x$/cm | $W_x$/cm³ | $I_{x0}$/cm⁴ | $i_{x0}$/cm | $W_{x0}$/cm³ | $I_{y0}$/cm⁴ | $i_{y0}$/cm | $W_{y0}$/cm³ | $I_{x1}$/cm⁴ | $Z_0$/cm |
|---|---|---|---|---|---|---|---|---|---|---|---|---|---|---|---|---|---|
| | | | | | | | | X—X | | | X₀—X₀ | | | Y₀—Y₀ | | | X₁—X₁ | |
| 7 | 70 | 4 | 8 | 5.570 | 4.372 | 0.275 | 26.39 | 2.18 | 5.14 | 41.80 | 2.74 | 8.44 | 10.99 | 1.40 | 4.17 | 45.74 | 1.86 |
| | | 5 | | 6.875 | 5.397 | 0.275 | 32.21 | 2.16 | 6.32 | 51.08 | 2.73 | 10.32 | 13.31 | 1.39 | 4.95 | 57.21 | 1.91 |
| | | 6 | | 8.160 | 6.406 | 0.275 | 37.77 | 2.15 | 7.48 | 59.93 | 2.71 | 12.11 | 15.61 | 1.38 | 5.67 | 68.73 | 1.95 |
| | | 7 | | 9.424 | 7.398 | 0.275 | 43.09 | 2.14 | 8.59 | 68.35 | 2.69 | 13.81 | 17.82 | 1.38 | 6.34 | 80.29 | 1.99 |
| | | 8 | | 10.667 | 8.373 | 0.274 | 48.17 | 2.12 | 9.68 | 76.37 | 2.68 | 15.43 | 19.98 | 1.37 | 6.98 | 91.92 | 2.03 |
| 7.5 | 75 | 5 | 8 | 7.412 | 5.818 | 0.295 | 39.97 | 2.33 | 7.32 | 63.30 | 2.92 | 11.94 | 16.63 | 1.50 | 5.77 | 70.56 | 2.04 |
| | | 6 | | 8.797 | 6.905 | 0.294 | 46.95 | 2.31 | 8.64 | 74.38 | 2.90 | 14.02 | 19.51 | 1.49 | 6.67 | 84.55 | 2.07 |
| | | 7 | | 10.160 | 7.976 | 0.294 | 53.57 | 2.30 | 9.93 | 84.96 | 2.89 | 16.02 | 22.18 | 1.48 | 7.44 | 98.71 | 2.11 |
| | | 8 | | 11.503 | 9.030 | 0.294 | 59.96 | 2.28 | 11.20 | 95.07 | 2.88 | 17.93 | 24.86 | 1.47 | 8.19 | 112.97 | 2.15 |
| | | 9 | | 12.825 | 10.068 | 0.294 | 66.10 | 2.27 | 12.43 | 104.71 | 2.86 | 19.75 | 27.48 | 1.46 | 8.89 | 127.30 | 2.18 |
| | | 10 | | 14.126 | 11.089 | 0.293 | 71.98 | 2.26 | 13.64 | 113.92 | 2.84 | 21.48 | 30.05 | 1.46 | 9.56 | 141.71 | 2.22 |
| 8 | 80 | 5 | 9 | 7.912 | 6.211 | 0.315 | 48.79 | 2.48 | 8.34 | 77.33 | 3.13 | 13.67 | 20.25 | 1.60 | 6.66 | 85.36 | 2.15 |
| | | 6 | | 9.397 | 7.376 | 0.314 | 57.35 | 2.47 | 9.87 | 90.98 | 3.11 | 16.08 | 23.72 | 1.59 | 7.65 | 102.50 | 2.19 |
| | | 7 | | 10.860 | 8.525 | 0.314 | 65.58 | 2.46 | 11.37 | 104.07 | 3.10 | 18.40 | 27.09 | 1.58 | 8.58 | 119.70 | 2.23 |
| | | 8 | | 12.303 | 9.658 | 0.314 | 73.49 | 2.44 | 12.83 | 116.60 | 3.08 | 20.61 | 30.29 | 1.57 | 9.46 | 136.97 | 2.27 |
| | | 9 | | 13.725 | 10.774 | 0.314 | 81.11 | 2.43 | 14.25 | 128.60 | 3.06 | 22.73 | 33.61 | 1.56 | 10.29 | 154.31 | 2.31 |
| | | 10 | | 15.126 | 11.874 | 0.313 | 88.43 | 2.42 | 15.64 | 140.09 | 3.04 | 24.76 | 36.77 | 1.56 | 11.08 | 171.74 | 2.35 |
| 9 | 90 | 6 | 10 | 10.637 | 8.350 | 0.354 | 82.77 | 2.79 | 12.61 | 131.26 | 3.51 | 20.63 | 34.28 | 1.80 | 9.95 | 145.87 | 2.44 |
| | | 7 | | 12.301 | 9.656 | 0.354 | 94.83 | 2.78 | 14.54 | 150.47 | 3.50 | 23.64 | 39.18 | 1.78 | 11.19 | 170.30 | 2.48 |
| | | 8 | | 13.944 | 10.946 | 0.353 | 106.47 | 2.76 | 16.42 | 168.97 | 3.48 | 26.55 | 43.97 | 1.78 | 12.35 | 194.80 | 2.52 |
| | | 9 | | 15.566 | 12.219 | 0.353 | 117.72 | 2.75 | 18.27 | 186.77 | 3.46 | 29.35 | 48.66 | 1.77 | 13.46 | 219.39 | 2.56 |
| | | 10 | | 17.167 | 13.476 | 0.353 | 128.58 | 2.74 | 20.07 | 203.90 | 3.45 | 32.04 | 53.26 | 1.76 | 14.52 | 244.07 | 2.59 |
| | | 12 | | 20.306 | 15.940 | 0.352 | 149.22 | 2.71 | 23.57 | 236.21 | 3.41 | 37.12 | 62.22 | 1.75 | 16.49 | 293.76 | 2.67 |

续表

| 型号 | b | d | r | 截面面积/cm² | 理论重量/(kg/m) | 外表面积/(m²/m) | $I_x$/cm⁴ | $i_x$/cm | $W_x$/cm³ | $I_{x0}$/cm⁴ | $i_{x0}$/cm | $W_{x0}$/cm³ | $I_{y0}$/cm⁴ | $i_{y0}$/cm | $W_{y0}$/cm³ | $I_{x1}$/cm⁴ | $Z_0$/cm |
|---|---|---|---|---|---|---|---|---|---|---|---|---|---|---|---|---|---|
| 10 | 100 | 6 | 12 | 11.932 | 9.366 | 0.393 | 114.95 | 3.10 | 15.68 | 181.98 | 3.90 | 25.74 | 47.92 | 2.00 | 12.69 | 200.07 | 2.67 |
| | 100 | 7 | 12 | 13.796 | 10.830 | 0.393 | 131.86 | 3.09 | 18.10 | 208.97 | 3.89 | 29.55 | 54.74 | 1.99 | 14.26 | 233.54 | 2.71 |
| | 100 | 8 | 12 | 15.638 | 12.276 | 0.393 | 148.24 | 3.08 | 20.47 | 235.07 | 3.88 | 33.24 | 61.41 | 1.98 | 15.75 | 267.09 | 2.76 |
| | 100 | 9 | 12 | 17.462 | 13.708 | 0.392 | 164.12 | 3.07 | 22.79 | 260.30 | 3.86 | 36.81 | 67.95 | 1.97 | 17.18 | 300.73 | 2.80 |
| | 100 | 10 | 12 | 19.261 | 15.120 | 0.392 | 179.51 | 3.05 | 25.06 | 284.68 | 3.84 | 40.26 | 74.35 | 1.96 | 18.54 | 334.48 | 2.84 |
| | 100 | 12 | 12 | 22.800 | 17.898 | 0.391 | 208.90 | 3.03 | 29.48 | 330.95 | 3.81 | 46.80 | 86.84 | 1.95 | 21.08 | 402.34 | 2.91 |
| | 100 | 14 | 12 | 26.256 | 20.611 | 0.391 | 236.53 | 3.00 | 33.73 | 374.06 | 3.77 | 52.90 | 99.00 | 1.94 | 23.44 | 470.75 | 2.99 |
| | 100 | 16 | 12 | 29.627 | 23.257 | 0.390 | 262.53 | 2.98 | 37.82 | 414.16 | 3.74 | 58.57 | 110.89 | 1.94 | 25.63 | 539.80 | 3.06 |
| 11 | 110 | 7 | 12 | 15.196 | 11.928 | 0.433 | 177.16 | 3.41 | 22.05 | 280.94 | 4.30 | 36.12 | 73.38 | 2.20 | 17.51 | 310.64 | 2.96 |
| | 110 | 8 | 12 | 17.238 | 13.532 | 0.433 | 199.46 | 3.40 | 24.95 | 316.49 | 4.28 | 40.69 | 82.42 | 2.19 | 19.39 | 355.20 | 3.01 |
| | 110 | 10 | 12 | 21.261 | 16.690 | 0.432 | 242.19 | 3.38 | 30.60 | 384.39 | 4.25 | 49.42 | 99.98 | 2.17 | 22.91 | 444.65 | 3.09 |
| | 110 | 12 | 12 | 25.200 | 19.782 | 0.431 | 282.55 | 3.35 | 36.05 | 448.17 | 4.22 | 57.62 | 116.93 | 2.15 | 26.15 | 534.60 | 3.16 |
| | 110 | 14 | 12 | 29.056 | 22.809 | 0.431 | 320.71 | 3.32 | 41.31 | 508.01 | 4.18 | 65.31 | 133.40 | 2.14 | 29.14 | 625.16 | 3.24 |
| 12.5 | 125 | 8 | 14 | 19.750 | 15.504 | 0.492 | 297.03 | 3.88 | 32.52 | 470.89 | 4.88 | 53.28 | 123.16 | 2.50 | 25.86 | 521.01 | 3.37 |
| | 125 | 10 | 14 | 24.373 | 19.133 | 0.491 | 361.67 | 3.85 | 39.97 | 573.89 | 4.85 | 64.93 | 149.46 | 2.48 | 30.62 | 651.93 | 3.45 |
| | 125 | 12 | 14 | 28.912 | 22.696 | 0.491 | 423.16 | 3.83 | 41.17 | 671.44 | 4.82 | 75.96 | 174.88 | 2.46 | 35.03 | 783.42 | 3.53 |
| | 125 | 14 | 14 | 33.367 | 26.193 | 0.490 | 481.65 | 3.80 | 54.16 | 763.73 | 4.78 | 86.41 | 199.57 | 2.45 | 39.13 | 915.61 | 3.61 |
| | 125 | 16 | 14 | 37.739 | 29.625 | 0.489 | 537.31 | 3.77 | 60.93 | 850.98 | 4.75 | 96.28 | 223.65 | 2.43 | 42.96 | 1 048.62 | 3.68 |
| 14 | 140 | 10 | 14 | 27.373 | 21.488 | 0.551 | 514.65 | 4.34 | 50.58 | 817.27 | 5.46 | 82.56 | 212.04 | 2.78 | 39.20 | 915.11 | 3.82 |
| | 140 | 12 | 14 | 32.512 | 25.522 | 0.551 | 603.68 | 4.31 | 59.80 | 958.79 | 5.43 | 96.85 | 248.57 | 2.76 | 45.02 | 1 099.28 | 3.90 |
| | 140 | 14 | 14 | 37.567 | 29.490 | 0.550 | 688.81 | 4.28 | 68.75 | 1 093.56 | 5.40 | 110.47 | 284.06 | 2.75 | 50.45 | 1 284.22 | 3.98 |
| | 140 | 16 | 14 | 42.539 | 33.393 | 0.549 | 770.24 | 4.26 | 77.46 | 1 221.81 | 5.36 | 123.42 | 318.67 | 2.74 | 55.55 | 1 470.07 | 4.06 |

截面尺寸/mm　　参 考 数 据　　$X-X$　$X_0-X_0$　$Y_0-Y_0$　$X_1-X_1$

# 型 钢 表

续表

| 型号 | 截面尺寸/mm b | 截面尺寸/mm d | 截面尺寸/mm r | 截面面积/cm² | 理论重量/(kg/m) | 外表面积/(m²/m) | X—X $I_x$/cm⁴ | X—X $i_x$/cm | X—X $W_x$/cm³ | $X_0—X_0$ $I_{x0}$/cm⁴ | $X_0—X_0$ $i_{x0}$/cm | $X_0—X_0$ $W_{x0}$/cm³ | $Y_0—Y_0$ $I_{y0}$/cm⁴ | $Y_0—Y_0$ $i_{y0}$/cm | $Y_0—Y_0$ $W_{y0}$/cm³ | $X_1—X_1$ $I_{x1}$/cm⁴ | $Z_0$/cm |
|---|---|---|---|---|---|---|---|---|---|---|---|---|---|---|---|---|---|
| 15 | 150 | 8 | 14 | 23.750 | 18.644 | 0.592 | 521.37 | 4.69 | 47.36 | 827.49 | 5.90 | 78.02 | 215.25 | 3.01 | 38.14 | 899.55 | 3.99 |
|  |  | 10 |  | 29.372 | 23.058 | 0.591 | 637.50 | 4.66 | 58.35 | 1 012.79 | 5.87 | 95.49 | 262.21 | 2.99 | 45.51 | 1 125.09 | 4.08 |
|  |  | 12 |  | 34.912 | 27.406 | 0.591 | 748.85 | 4.63 | 69.04 | 1 189.97 | 5.84 | 112.19 | 307.73 | 2.97 | 52.38 | 1 351.26 | 4.15 |
|  |  | 14 |  | 40.367 | 31.688 | 0.590 | 855.64 | 4.60 | 79.45 | 1 359.30 | 5.80 | 128.16 | 351.98 | 2.95 | 58.83 | 1 578.25 | 4.23 |
|  |  | 15 |  | 43.063 | 33.804 | 0.590 | 907.39 | 4.59 | 84.56 | 1 441.09 | 5.78 | 135.87 | 373.69 | 2.95 | 61.90 | 1 692.10 | 4.27 |
|  |  | 16 |  | 45.739 | 35.905 | 0.589 | 958.08 | 4.58 | 89.59 | 1 521.02 | 5.77 | 143.40 | 395.14 | 2.94 | 64.89 | 1 806.21 | 4.31 |
| 16 | 160 | 10 | 16 | 31.502 | 24.729 | 0.630 | 779.53 | 4.98 | 66.70 | 1 237.30 | 6.27 | 109.36 | 321.76 | 3.20 | 52.76 | 1 365.33 | 4.31 |
|  |  | 12 |  | 37.441 | 29.391 | 0.630 | 916.58 | 4.95 | 78.98 | 1 455.68 | 6.24 | 128.67 | 377.49 | 3.18 | 60.74 | 1 639.57 | 4.39 |
|  |  | 14 |  | 43.296 | 33.987 | 0.629 | 1 048.36 | 4.92 | 90.95 | 1 665.02 | 6.20 | 147.17 | 431.70 | 3.16 | 68.24 | 1 914.68 | 4.47 |
|  |  | 16 |  | 49.067 | 38.518 | 0.629 | 1 175.08 | 4.89 | 102.63 | 1 865.57 | 6.17 | 164.89 | 484.59 | 3.14 | 75.31 | 2 190.82 | 4.55 |
| 18 | 180 | 12 | 16 | 42.241 | 33.159 | 0.710 | 1 321.35 | 5.59 | 100.82 | 2 100.10 | 7.05 | 165.00 | 542.61 | 3.58 | 78.41 | 2 332.80 | 4.89 |
|  |  | 14 |  | 48.896 | 38.383 | 0.709 | 1 514.48 | 5.56 | 116.25 | 2 407.42 | 7.02 | 189.14 | 621.53 | 3.56 | 88.38 | 2 723.48 | 4.97 |
|  |  | 16 |  | 55.467 | 43.542 | 0.709 | 1 700.99 | 5.54 | 131.13 | 2 703.37 | 6.98 | 212.40 | 698.60 | 3.55 | 97.83 | 3 115.29 | 5.05 |
|  |  | 18 |  | 61.955 | 48.634 | 0.708 | 1 875.12 | 5.50 | 145.64 | 2 988.24 | 6.94 | 234.78 | 762.01 | 3.51 | 105.14 | 3 502.43 | 5.13 |
| 20 | 200 | 14 | 18 | 54.642 | 42.894 | 0.788 | 2 103.55 | 6.20 | 144.70 | 3 343.26 | 7.82 | 236.40 | 863.83 | 3.98 | 111.82 | 3 734.10 | 5.46 |
|  |  | 16 |  | 62.013 | 48.680 | 0.788 | 2 366.15 | 6.18 | 163.65 | 3 760.89 | 7.79 | 265.93 | 971.41 | 3.96 | 123.96 | 4 270.39 | 5.54 |
|  |  | 18 |  | 69.301 | 54.401 | 0.787 | 2 620.64 | 6.15 | 182.22 | 4 164.54 | 7.75 | 294.48 | 1 076.74 | 3.94 | 135.52 | 4 808.13 | 5.62 |
|  |  | 20 |  | 76.505 | 60.056 | 0.787 | 2 867.30 | 6.12 | 200.42 | 4 554.55 | 7.72 | 322.06 | 1 180.04 | 3.93 | 146.55 | 5 347.51 | 5.69 |
|  |  | 24 |  | 90.661 | 71.168 | 0.785 | 3 338.25 | 6.07 | 236.17 | 5 294.97 | 7.64 | 374.41 | 1 381.53 | 3.90 | 166.55 | 6 457.16 | 5.87 |

参 考 数 据

注：截面图中的 $r_1 = d/3$ 及表中 $r$ 的数据用于孔型设计，不做交货条件。

## 3. 角钢通常供应长度

| 型　号 | 长度/m |
|---|---|
| 2～9 | 4～12 |
| 10～14 | 4～19 |
| 15～20 | 6～19 |

热轧不等边角钢（GB/T 706—2008）

$B$—长边宽度；$b$—短边宽度；
$d$—边厚度；$r$—内圆弧半径；
$r_1$—边端内圆弧半径；$I$—惯性矩；
$i$—惯性半径；$W$—截面系数；$Y_0$—重心距离；
$X_0$—重心距离；$Y_0$—重心距离。

## 2. 角钢截面的边宽、边厚允许偏差

| 型　号 | 边宽 $b$/mm | 边厚 $d$/mm |
|---|---|---|
| 2～5.6 | ±0.8 | ±0.4 |
| 6～9 | ±1.2 | ±0.6 |
| 10～14 | ±1.8 | ±0.7 |
| 15～20 | ±2.5 | ±1.0 |

## 1. 热轧不等边角钢截面尺寸、截面面积、理论重量及参考数值

| 型号 | 截面尺寸/mm | | | | 截面面积 /cm² | 理论重量 /(kg/m) | 外表面积 /(m²/m) | 参考数值 | | | | | | | | | | | | | |
|---|---|---|---|---|---|---|---|---|---|---|---|---|---|---|---|---|---|---|---|---|---|
| | | | | | | | | X—X | | | Y—Y | | | X₁—X₁ | | Y₁—Y₁ | | u—u | | | |
| | $B$ | $b$ | $d$ | $r$ | | | | $I_X$ /cm⁴ | $i_X$ /cm | $W_X$ /cm³ | $I_Y$ /cm⁴ | $i_Y$ /cm | $W_Y$ /cm³ | $I_{X1}$ /cm⁴ | $Y_0$ /cm | $I_{Y1}$ /cm⁴ | $X_0$ /cm | $I_u$ /cm⁴ | $i_u$ /cm | $W_u$ /cm³ | $\tan\alpha$ |
| 2.5/1.6 | 25 | 16 | 3 | 3.5 | 1.162 | 0.912 | 0.080 | 0.70 | 0.78 | 0.43 | 0.22 | 0.44 | 0.19 | 1.56 | 0.86 | 0.43 | 0.42 | 0.14 | 0.34 | 0.16 | 0.392 |
| | | | 4 | | 1.499 | 1.176 | 0.079 | 0.88 | 0.77 | 0.55 | 0.27 | 0.43 | 0.24 | 2.09 | 0.90 | 0.59 | 0.46 | 0.17 | 0.34 | 0.20 | 0.381 |
| 3.2/2 | 32 | 20 | 3 | | 1.492 | 1.171 | 0.102 | 1.53 | 1.01 | 0.72 | 0.46 | 0.55 | 0.30 | 3.27 | 1.08 | 0.82 | 0.49 | 0.28 | 0.43 | 0.25 | 0.382 |
| | | | 4 | | 1.939 | 1.522 | 0.101 | 1.93 | 1.00 | 0.93 | 0.57 | 0.54 | 0.39 | 4.37 | 1.12 | 1.12 | 0.53 | 0.35 | 0.42 | 0.32 | 0.374 |

续表

| 型号 | B | b | d | r | 截面面积 /cm² | 理论重量 /(kg/m) | 外表面积 /(m²/m) | Ix /cm⁴ | ix /cm | Wx /cm³ | Iy /cm⁴ | iy /cm | Wy /cm³ | Ix1 /cm⁴ | Y0 /cm | Iy1 /cm⁴ | X0 /cm | Iu /cm⁴ | iu /cm | Wu /cm³ | tanα |
|---|---|---|---|---|---|---|---|---|---|---|---|---|---|---|---|---|---|---|---|---|---|
| 4/2.5 | 40 | 25 | 3 | 4 | 1.890 | 1.484 | 0.127 | 3.08 | 1.28 | 1.15 | 0.93 | 0.70 | 0.49 | 5.39 | 1.32 | 1.59 | 0.59 | 0.56 | 0.54 | 0.40 | 0.385 |
| | 40 | 25 | 4 | 4 | 2.467 | 1.936 | 0.127 | 3.93 | 1.36 | 1.49 | 1.18 | 0.69 | 0.63 | 8.53 | 1.37 | 2.14 | 0.63 | 0.71 | 0.54 | 0.52 | 0.381 |
| 4.5/2.8 | 45 | 28 | 3 | 5 | 2.149 | 1.687 | 0.143 | 4.45 | 1.44 | 1.47 | 1.34 | 0.79 | 0.62 | 9.10 | 1.47 | 2.23 | 0.64 | 0.80 | 0.61 | 0.51 | 0.383 |
| | 45 | 28 | 4 | 5 | 2.806 | 2.203 | 0.143 | 5.69 | 1.42 | 1.91 | 1.70 | 0.78 | 0.80 | 12.13 | 1.51 | 3.00 | 0.68 | 1.02 | 0.60 | 0.66 | 0.380 |
| 5/3.2 | 50 | 32 | 3 | 5.5 | 2.431 | 1.908 | 0.161 | 6.24 | 1.60 | 1.84 | 2.02 | 0.91 | 0.82 | 12.49 | 1.60 | 3.31 | 0.73 | 1.20 | 0.70 | 0.68 | 0.404 |
| | 50 | 32 | 4 | 5.5 | 3.177 | 2.494 | 0.160 | 8.02 | 1.59 | 2.39 | 2.58 | 0.90 | 1.06 | 16.65 | 1.65 | 4.45 | 0.77 | 1.53 | 0.69 | 0.87 | 0.402 |
| 5.6/3.6 | 56 | 36 | 4 | 6 | 2.743 | 2.153 | 0.181 | 8.88 | 1.80 | 2.32 | 2.92 | 1.03 | 1.05 | 17.54 | 1.78 | 4.70 | 0.80 | 1.73 | 0.79 | 0.87 | 0.408 |
| | 56 | 36 | 5 | 6 | 3.590 | 2.818 | 0.180 | 11.45 | 1.79 | 3.03 | 3.76 | 1.02 | 1.37 | 23.39 | 1.82 | 6.33 | 0.85 | 2.23 | 0.79 | 1.13 | 0.408 |
| | 56 | 36 | 6 | 6 | 4.415 | 3.466 | 0.180 | 13.86 | 1.77 | 3.71 | 4.49 | 1.01 | 1.65 | 29.25 | 1.87 | 7.94 | 0.88 | 2.67 | 0.78 | 1.36 | 0.404 |
| 6.3/4 | 63 | 40 | 4 | 7 | 4.058 | 3.185 | 0.202 | 16.49 | 2.02 | 3.87 | 5.23 | 1.14 | 1.70 | 33.30 | 2.04 | 8.63 | 0.92 | 3.12 | 0.88 | 1.40 | 0.398 |
| | 63 | 40 | 5 | 7 | 4.993 | 3.920 | 0.202 | 20.02 | 2.00 | 4.74 | 6.31 | 1.12 | 2.07 | 41.63 | 2.08 | 10.86 | 0.95 | 3.76 | 0.87 | 1.71 | 0.396 |
| | 63 | 40 | 6 | 7 | 5.908 | 4.638 | 0.201 | 23.36 | 1.96 | 5.59 | 7.29 | 1.11 | 2.43 | 49.98 | 2.12 | 13.12 | 0.99 | 4.34 | 0.86 | 1.99 | 0.393 |
| | 63 | 40 | 7 | 7 | 6.802 | 5.339 | 0.201 | 26.53 | 1.98 | 6.40 | 8.24 | 1.10 | 2.78 | 58.07 | 2.15 | 15.47 | 1.03 | 4.97 | 0.86 | 2.29 | 0.389 |
| 7/4.5 | 70 | 45 | 4 | 7.5 | 4.547 | 3.570 | 0.226 | 23.17 | 2.26 | 4.86 | 7.55 | 1.29 | 2.17 | 45.92 | 2.24 | 12.26 | 1.02 | 4.40 | 0.98 | 1.77 | 0.410 |
| | 70 | 45 | 5 | 7.5 | 5.609 | 4.403 | 0.225 | 27.95 | 2.23 | 5.92 | 9.13 | 1.28 | 2.65 | 57.10 | 2.28 | 15.39 | 1.06 | 5.40 | 0.98 | 2.19 | 0.407 |
| | 70 | 45 | 6 | 7.5 | 6.647 | 5.218 | 0.225 | 32.54 | 2.21 | 6.95 | 10.62 | 1.26 | 3.12 | 68.35 | 2.32 | 18.58 | 1.09 | 6.35 | 0.98 | 2.59 | 0.404 |
| | 70 | 45 | 7 | 7.5 | 7.657 | 6.011 | 0.225 | 37.22 | 2.20 | 8.03 | 12.01 | 1.25 | 3.57 | 79.99 | 2.36 | 21.84 | 1.13 | 7.16 | 0.97 | 2.94 | 0.402 |
| 7.5/5 | 75 | 50 | 5 | 8 | 6.125 | 4.808 | 0.245 | 34.86 | 2.39 | 6.83 | 12.61 | 1.44 | 3.30 | 70.00 | 2.40 | 21.04 | 1.17 | 7.41 | 1.10 | 2.74 | 0.435 |
| | 75 | 50 | 6 | 8 | 7.260 | 5.699 | 0.245 | 41.12 | 2.38 | 8.12 | 14.70 | 1.42 | 3.88 | 84.30 | 2.44 | 25.37 | 1.21 | 8.54 | 1.08 | 3.19 | 0.435 |
| | 75 | 50 | 8 | 8 | 9.467 | 7.431 | 0.244 | 52.39 | 2.35 | 10.52 | 18.53 | 1.40 | 4.99 | 112.50 | 2.52 | 34.23 | 1.29 | 10.87 | 1.07 | 4.10 | 0.429 |
| | 75 | 50 | 10 | 8 | 11.590 | 9.098 | 0.244 | 62.71 | 2.33 | 12.79 | 21.96 | 1.38 | 6.04 | 140.80 | 2.60 | 43.43 | 1.36 | 13.10 | 1.06 | 4.99 | 0.423 |
| 8/5 | 80 | 50 | 5 | 8 | 6.375 | 5.005 | 0.255 | 41.96 | 2.56 | 7.78 | 12.82 | 1.42 | 3.32 | 85.21 | 2.60 | 21.06 | 1.14 | 7.66 | 1.10 | 2.74 | 0.388 |
| | 80 | 50 | 6 | 8 | 7.560 | 5.935 | 0.255 | 49.49 | 2.56 | 9.25 | 14.95 | 1.41 | 3.91 | 102.53 | 2.65 | 25.41 | 1.18 | 8.85 | 1.08 | 3.20 | 0.387 |
| | 80 | 50 | 7 | 8 | 8.724 | 6.848 | 0.255 | 56.16 | 2.54 | 10.58 | 16.96 | 1.39 | 4.48 | 119.33 | 2.69 | 29.82 | 1.21 | 10.18 | 1.08 | 3.70 | 0.384 |
| | 80 | 50 | 8 | 8 | 9.867 | 7.745 | 0.254 | 62.83 | 2.52 | 11.92 | 18.85 | 1.38 | 5.03 | 136.41 | 2.73 | 34.32 | 1.25 | 11.38 | 1.07 | 4.16 | 0.381 |

续表

| 型号 | 截面尺寸/mm B | b | d | r | 截面面积/cm² | 理论重量/(kg/m) | 外表面积/(m²/m) | 参考数值 X—X $I_x$/cm⁴ | $i_x$/cm | $W_x$/cm³ | Y—Y $I_Y$/cm⁴ | $i_Y$/cm | $W_Y$/cm³ | $X_1$—$X_1$ $I_{X1}$/cm⁴ | $Y_0$/cm | $Y_1$—$Y_1$ $I_{Y1}$/cm⁴ | $X_0$/cm | u—u $I_u$/cm⁴ | $i_u$/cm | $W_u$/cm³ | tanα |
|---|---|---|---|---|---|---|---|---|---|---|---|---|---|---|---|---|---|---|---|---|---|
| 9/5.6 | 90 | 56 | 5 | 9 | 7.212 | 5.661 | 0.287 | 60.45 | 2.90 | 9.92 | 18.32 | 1.59 | 4.21 | 121.32 | 2.91 | 29.53 | 1.25 | 10.98 | 1.23 | 3.49 | 0.385 |
| | | | 6 | | 8.557 | 6.717 | 0.286 | 71.03 | 2.88 | 11.74 | 21.42 | 1.58 | 4.96 | 145.59 | 2.95 | 35.58 | 1.29 | 12.90 | 1.23 | 4.13 | 0.384 |
| | | | 7 | | 9.880 | 7.756 | 0.286 | 81.01 | 2.86 | 13.49 | 24.36 | 1.57 | 5.70 | 169.60 | 3.00 | 41.71 | 1.33 | 14.67 | 1.22 | 4.72 | 0.382 |
| | | | 8 | | 11.183 | 8.779 | 0.286 | 91.03 | 2.85 | 15.27 | 27.15 | 1.56 | 6.41 | 194.17 | 3.04 | 47.93 | 1.36 | 16.34 | 1.21 | 5.29 | 0.380 |
| 10/6.3 | 100 | 63 | 6 | 10 | 9.617 | 7.550 | 0.320 | 99.06 | 3.21 | 14.64 | 30.94 | 1.79 | 6.35 | 199.71 | 3.24 | 50.50 | 1.43 | 18.42 | 1.38 | 5.25 | 0.394 |
| | | | 7 | | 11.111 | 8.722 | 0.320 | 113.45 | 3.20 | 16.88 | 35.26 | 1.78 | 7.29 | 233.00 | 3.28 | 59.14 | 1.47 | 21.00 | 1.38 | 6.02 | 0.394 |
| | | | 8 | | 12.534 | 9.878 | 0.319 | 127.37 | 3.18 | 19.08 | 39.39 | 1.77 | 8.21 | 266.32 | 3.32 | 67.88 | 1.50 | 23.50 | 1.37 | 6.78 | 0.391 |
| | | | 10 | | 15.467 | 12.142 | 0.319 | 153.81 | 3.15 | 23.32 | 47.12 | 1.74 | 9.98 | 333.06 | 3.40 | 85.73 | 1.58 | 28.33 | 1.35 | 8.24 | 0.387 |
| 10/8 | 100 | 80 | 6 | 10 | 10.637 | 8.350 | 0.354 | 107.04 | 3.17 | 15.19 | 61.24 | 2.40 | 10.16 | 199.83 | 2.95 | 102.68 | 1.97 | 31.65 | 1.72 | 8.37 | 0.627 |
| | | | 7 | | 12.301 | 9.656 | 0.354 | 122.73 | 3.16 | 17.52 | 70.08 | 2.39 | 11.71 | 233.20 | 3.00 | 119.98 | 2.01 | 36.17 | 1.72 | 9.60 | 0.626 |
| | | | 8 | | 13.944 | 10.946 | 0.353 | 137.92 | 3.14 | 19.81 | 78.58 | 2.37 | 13.21 | 266.61 | 3.04 | 137.37 | 2.05 | 40.58 | 1.71 | 10.80 | 0.625 |
| | | | 10 | | 17.167 | 13.476 | 0.353 | 166.87 | 3.12 | 24.24 | 94.65 | 2.35 | 16.12 | 333.63 | 3.12 | 172.48 | 2.13 | 49.10 | 1.69 | 13.12 | 0.622 |
| 11/7 | 110 | 70 | 6 | 10 | 10.637 | 8.350 | 0.354 | 133.37 | 3.54 | 17.85 | 42.92 | 2.01 | 7.90 | 265.78 | 3.53 | 69.08 | 1.57 | 25.36 | 1.54 | 6.53 | 0.403 |
| | | | 7 | | 12.301 | 9.656 | 0.354 | 153.00 | 3.53 | 20.60 | 49.01 | 2.00 | 9.09 | 310.07 | 3.57 | 80.82 | 1.61 | 28.95 | 1.53 | 7.50 | 0.402 |
| | | | 8 | | 13.944 | 10.946 | 0.353 | 172.04 | 3.51 | 23.30 | 54.87 | 1.98 | 10.25 | 354.39 | 3.62 | 92.70 | 1.65 | 32.45 | 1.53 | 8.45 | 0.401 |
| | | | 10 | | 17.167 | 13.476 | 0.353 | 208.39 | 3.48 | 28.54 | 65.88 | 1.96 | 12.48 | 443.13 | 3.70 | 116.83 | 1.72 | 39.20 | 1.51 | 10.29 | 0.397 |
| 12.5/8 | 125 | 80 | 7 | 11 | 14.096 | 11.066 | 0.403 | 227.98 | 4.02 | 26.86 | 74.42 | 2.30 | 12.01 | 454.99 | 4.01 | 120.32 | 1.80 | 43.81 | 1.76 | 9.92 | 0.408 |
| | | | 8 | | 15.989 | 12.551 | 0.403 | 256.77 | 4.01 | 30.41 | 83.49 | 2.28 | 13.56 | 519.99 | 4.06 | 137.85 | 1.84 | 49.15 | 1.75 | 11.18 | 0.407 |
| | | | 10 | | 19.712 | 15.474 | 0.402 | 312.04 | 3.98 | 37.33 | 100.67 | 2.26 | 16.56 | 650.09 | 4.14 | 173.40 | 1.92 | 59.45 | 1.74 | 13.64 | 0.404 |
| | | | 12 | | 23.351 | 18.330 | 0.402 | 364.41 | 3.95 | 44.01 | 116.67 | 2.24 | 19.43 | 780.39 | 4.22 | 209.67 | 2.00 | 69.35 | 1.72 | 16.01 | 0.400 |

## 型 钢 表

续表

| 型号 | 截面尺寸/mm B | b | d | r | 截面面积/cm² | 理论重量/(kg/m) | 外表面积/(m²/m) | 参考数值 X—X $I_x$/cm⁴ | $i_x$/cm | $W_x$/cm³ | Y—Y $I_Y$/cm⁴ | $i_Y$/cm | $W_Y$/cm³ | X₁—X₁ $I_{X1}$/cm⁴ | $Y_0$/cm | Y₁—Y₁ $I_{Y1}$/cm⁴ | $X_0$/cm | u—u $I_u$/cm⁴ | $i_u$/cm | $W_u$/cm³ | tanα |
|---|---|---|---|---|---|---|---|---|---|---|---|---|---|---|---|---|---|---|---|---|---|
| 14/9 | 140 | 90 | 8 | 12 | 18.038 | 14.160 | 0.453 | 365.64 | 4.50 | 38.48 | 120.69 | 2.59 | 17.34 | 730.53 | 4.50 | 195.79 | 2.04 | 70.83 | 1.98 | 14.31 | 0.411 |
|  |  |  | 10 |  | 22.261 | 17.475 | 0.452 | 445.50 | 4.47 | 47.31 | 146.03 | 2.56 | 21.22 | 913.20 | 4.58 | 245.92 | 2.12 | 85.82 | 1.96 | 17.48 | 0.409 |
|  |  |  | 12 |  | 26.400 | 20.724 | 0.451 | 521.59 | 4.44 | 55.87 | 169.79 | 2.54 | 24.95 | 1 096.09 | 4.66 | 296.89 | 2.19 | 100.21 | 1.95 | 20.54 | 0.406 |
|  |  |  | 14 |  | 30.456 | 23.908 | 0.451 | 594.10 | 4.42 | 64.18 | 192.10 | 2.51 | 28.54 | 1 279.26 | 4.74 | 348.82 | 2.27 | 114.13 | 1.94 | 23.52 | 0.403 |
| 15/9 | 150 | 90 | 8 | 12 | 18.839 | 14.788 | 0.473 | 442.05 | 4.84 | 43.86 | 122.80 | 2.55 | 17.47 | 898.35 | 4.92 | 195.96 | 1.97 | 74.14 | 1.98 | 14.48 | 0.364 |
|  |  |  | 10 |  | 23.261 | 18.260 | 0.472 | 539.24 | 4.81 | 53.97 | 148.62 | 2.53 | 21.38 | 1 122.85 | 5.01 | 246.26 | 2.05 | 89.86 | 1.97 | 17.69 | 0.362 |
|  |  |  | 12 |  | 27.600 | 21.666 | 0.471 | 632.08 | 4.79 | 63.79 | 172.85 | 2.50 | 25.14 | 1 347.50 | 5.09 | 297.46 | 2.12 | 104.95 | 1.95 | 20.80 | 0.359 |
|  |  |  | 14 |  | 31.856 | 25.007 | 0.471 | 720.77 | 4.76 | 73.33 | 195.62 | 2.48 | 28.77 | 1 572.38 | 5.17 | 349.74 | 2.20 | 119.53 | 1.94 | 23.84 | 0.356 |
|  |  |  | 15 |  | 33.952 | 26.652 | 0.471 | 763.62 | 4.74 | 77.99 | 206.50 | 2.47 | 30.53 | 1 684.93 | 5.21 | 376.33 | 2.24 | 126.67 | 1.93 | 25.33 | 0.354 |
|  |  |  | 16 |  | 36.027 | 28.281 | 0.470 | 805.51 | 4.73 | 82.60 | 217.07 | 2.45 | 32.27 | 1 797.55 | 5.25 | 403.24 | 2.27 | 133.72 | 1.93 | 26.82 | 0.352 |
| 16/10 | 160 | 100 | 10 | 13 | 25.315 | 19.872 | 0.512 | 668.69 | 5.14 | 62.13 | 205.03 | 2.85 | 26.56 | 1 362.89 | 5.24 | 336.59 | 2.28 | 121.74 | 2.19 | 21.92 | 0.390 |
|  |  |  | 12 |  | 30.054 | 23.592 | 0.511 | 784.91 | 5.11 | 73.49 | 239.06 | 2.82 | 31.28 | 1 635.56 | 5.32 | 405.94 | 2.36 | 142.33 | 2.17 | 25.79 | 0.388 |
|  |  |  | 14 |  | 34.709 | 27.247 | 0.510 | 896.30 | 5.08 | 84.56 | 271.20 | 2.80 | 35.83 | 1 908.50 | 5.40 | 476.42 | 2.43 | 162.23 | 2.16 | 29.56 | 0.385 |
|  |  |  | 16 |  | 39.281 | 30.835 | 0.510 | 1 003.04 | 5.05 | 95.33 | 301.60 | 2.77 | 40.24 | 2 181.79 | 5.48 | 548.22 | 2.51 | 182.57 | 2.16 | 33.44 | 0.382 |
| 18/11 | 180 | 110 | 10 | 14 | 28.373 | 22.273 | 0.571 | 956.25 | 5.80 | 78.96 | 278.11 | 3.13 | 32.49 | 1 940.40 | 5.89 | 447.22 | 2.44 | 166.50 | 2.42 | 26.88 | 0.376 |
|  |  |  | 12 |  | 33.712 | 26.464 | 0.571 | 1 124.72 | 5.78 | 93.53 | 325.03 | 3.10 | 38.32 | 2 328.38 | 5.98 | 538.94 | 2.52 | 194.87 | 2.40 | 31.66 | 0.374 |
|  |  |  | 14 |  | 38.967 | 30.589 | 0.570 | 1 286.91 | 5.75 | 107.76 | 369.55 | 3.08 | 43.97 | 2 716.60 | 6.06 | 631.95 | 2.59 | 222.30 | 2.39 | 36.32 | 0.372 |
|  |  |  | 16 |  | 44.139 | 34.649 | 0.569 | 1 443.06 | 5.72 | 121.64 | 411.85 | 3.06 | 49.44 | 3 105.15 | 6.14 | 726.46 | 2.67 | 248.94 | 2.38 | 40.87 | 0.369 |
| 20/12.5 | 200 | 125 | 12 | 14 | 37.912 | 29.761 | 0.641 | 1 570.90 | 6.44 | 116.73 | 483.16 | 3.57 | 49.99 | 3 193.85 | 6.54 | 787.74 | 2.83 | 285.79 | 2.74 | 41.23 | 0.392 |
|  |  |  | 14 |  | 43.867 | 34.436 | 0.640 | 1 800.97 | 6.41 | 134.65 | 550.83 | 3.54 | 57.44 | 3 726.17 | 6.62 | 922.47 | 2.91 | 326.58 | 2.73 | 47.34 | 0.390 |
|  |  |  | 16 |  | 49.739 | 39.045 | 0.639 | 2 023.35 | 6.38 | 152.18 | 615.44 | 3.52 | 64.69 | 4 258.86 | 6.70 | 1 058.86 | 2.99 | 366.21 | 2.71 | 53.32 | 0.388 |
|  |  |  | 18 |  | 55.526 | 43.588 | 0.639 | 2 238.30 | 6.35 | 169.33 | 677.19 | 3.49 | 71.74 | 4 792.00 | 6.78 | 1 197.13 | 3.06 | 404.83 | 2.70 | 59.18 | 0.385 |

注：截面图中的 $r_1 = d/3$ 及表中 $r$ 的数据用于孔型设计，不做交货条件。

## 2. 角钢截面的边宽、边厚允许偏差

| 型　　　号 | 边宽 $b$/mm | 边厚 $d$/mm |
|---|---|---|
| 2.5/1.6～5.6/3.6 | ±0.8 | ±0.4 |
| 6.3/4～9/5.6 | ±1.5 | ±0.6 |
| 10/6.3～14/9 | ±2.0 | ±0.7 |
| 16/10～20/12.5 | ±2.5 | ±1.0 |

## 3. 角钢通常供应长度

| 型　　　号 | 长度/m |
|---|---|
| 2.5/1.6～9/5.6 | 4～12 |
| 10/6.3～14/9 | 4～19 |
| 16/10～20/12.5 | 6～19 |

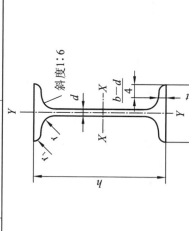

热轧工字钢（GB/T 706—2008）

$h$—高度；$r_1$—腿端圆弧半径；
$b$—腿宽度；$I$—惯性矩；
$d$—腰厚度；$W$—截面系数；
$t$—平均腿厚度；$i$—惯性半径；
$r$—内圆弧半径；$S$—半截面的静力矩。

## 1. 热轧工字钢截面尺寸、截面面积、理论重量及参考数值

| 型号 | 截面尺寸/mm | | | | | | 截面面积/cm² | 理论重量/(kg/m) | 参 考 数 值 | | | | | | |
|---|---|---|---|---|---|---|---|---|---|---|---|---|---|---|---|
| | | | | | | | | | X—X | | | | Y—Y | | |
| | $h$ | $b$ | $d$ | $t$ | $r$ | $r_1$ | | | $I_X$/cm⁴ | $W_X$/cm³ | $i_X$/cm | $I_X:S_X$ | $I_Y$/cm⁴ | $W_Y$/cm³ | $i_Y$/cm |
| 10 | 100 | 68 | 4.5 | 7.6 | 6.5 | 3.3 | 14.345 | 11.261 | 245 | 49 | 4.14 | 8.59 | 33.0 | 9.72 | 1.52 |
| 12 | 120 | 74 | 5.0 | 8.4 | 7.0 | 3.5 | 17.818 | 13.987 | 436 | 72.7 | 4.95 | 10.3 | 46.9 | 12.7 | 1.62 |
| 12.6 | 126 | 74 | 5.0 | 8.4 | 7.0 | 3.5 | 18.118 | 14.223 | 488 | 77.5 | 5.20 | 10.8 | 46.9 | 12.7 | 1.61 |

续表

| 型号 | 截面尺寸/mm | | | | | | 截面面积/cm² | 理论重量/(kg/m) | 参考数值 | | | | | | |
| | h | b | d | t | r | r₁ | | | X—X | | | | Y—Y | | |
| | | | | | | | | | $I_x$/cm⁴ | $W_x$/cm³ | $i_x$/cm | $I_x:S_x$ | $I_y$/cm⁴ | $W_y$/cm³ | $i_y$/cm |
|---|---|---|---|---|---|---|---|---|---|---|---|---|---|---|---|
| 14 | 140 | 80 | 5.5 | 9.1 | 7.5 | 3.8 | 21.516 | 16.890 | 712 | 102 | 5.76 | 12.0 | 64.4 | 16.1 | 1.73 |
| 16 | 160 | 88 | 6.0 | 9.9 | 8.0 | 4.0 | 26.131 | 20.513 | 1 130 | 141 | 6.58 | 13.8 | 93.1 | 21.2 | 1.89 |
| 18 | 180 | 94 | 6.5 | 10.7 | 8.5 | 4.3 | 30.756 | 24.143 | 1 660 | 185 | 7.36 | 15.4 | 122 | 26.0 | 2.00 |
| 20a | 200 | 100 | 7.0 | 11.4 | 9.0 | 4.5 | 35.578 | 27.929 | 2 370 | 237 | 8.15 | 17.2 | 158 | 31.5 | 2.12 |
| 20b | 200 | 102 | 9.0 | 11.4 | 9.0 | 4.5 | 39.578 | 31.069 | 2 500 | 250 | 7.96 | 16.9 | 169 | 33.1 | 2.06 |
| 22a | 220 | 110 | 7.5 | 12.3 | 9.5 | 4.8 | 42.128 | 33.070 | 3 400 | 309 | 8.99 | 18.9 | 225 | 40.9 | 2.31 |
| 22b | 220 | 112 | 9.5 | 12.3 | 9.5 | 4.8 | 46.528 | 36.524 | 3 570 | 325 | 8.78 | 18.7 | 239 | 42.7 | 2.27 |
| 24a | 240 | 116 | 8.0 | 13.0 | 10.0 | 5.0 | 47.741 | 37.477 | 4 570 | 381 | 9.77 | 20.7 | 280 | 48.4 | 2.42 |
| 24b | 240 | 118 | 10.0 | 13.0 | 10.0 | 5.0 | 52.541 | 41.245 | 4 800 | 400 | 9.57 | 20.4 | 297 | 50.4 | 2.38 |
| 25a | 250 | 116 | 8.0 | 13.0 | 10.0 | 5.0 | 48.541 | 38.105 | 5 020 | 402 | 10.2 | 21.6 | 280 | 48.3 | 2.40 |
| 25b | 250 | 118 | 10.0 | 13.0 | 10.0 | 5.0 | 53.541 | 42.030 | 5 280 | 423 | 9.94 | 21.3 | 309 | 52.4 | 2.40 |
| 27a | 270 | 122 | 8.5 | 13.7 | 10.5 | 5.3 | 54.554 | 42.825 | 6 550 | 485 | 10.9 | 23.8 | 345 | 56.6 | 2.51 |
| 27b | 270 | 124 | 10.5 | 13.7 | 10.5 | 5.3 | 59.954 | 47.064 | 6 870 | 509 | 10.7 | 22.9 | 366 | 58.9 | 2.47 |
| 28a | 280 | 122 | 8.5 | 13.7 | 10.5 | 5.3 | 55.404 | 43.492 | 7 110 | 508 | 11.3 | 24.6 | 345 | 56.6 | 2.50 |
| 28b | 280 | 124 | 10.5 | 13.7 | 10.5 | 5.3 | 61.004 | 47.888 | 7 480 | 534 | 11.1 | 24.2 | 379 | 61.2 | 2.49 |
| 30a | 300 | 126 | 9.0 | 14.4 | 11.0 | 5.5 | 61.254 | 48.084 | 8 950 | 597 | 12.1 | 25.7 | 400 | 63.5 | 2.55 |
| 30b | 300 | 128 | 11.0 | 14.4 | 11.0 | 5.5 | 67.254 | 52.794 | 9 400 | 627 | 11.8 | 25.4 | 422 | 65.9 | 2.50 |
| 30c | 300 | 130 | 13.0 | 14.4 | 11.0 | 5.5 | 73.254 | 57.504 | 9 850 | 657 | 11.6 | 25.0 | 445 | 68.5 | 2.46 |

续表

| 型号 | 截面尺寸/mm | | | | | | 截面面积/cm² | 理论重量/(kg/m) | 参考数值 | | | | | | |
| | h | b | d | t | r | r₁ | | | X—X | | | | Y—Y | | |
| | | | | | | | | | $I_X$/cm⁴ | $W_X$/cm³ | $i_X$/cm | $I_X:S_X$ | $I_Y$/cm⁴ | $W_Y$/cm³ | $i_Y$/cm |
|---|---|---|---|---|---|---|---|---|---|---|---|---|---|---|---|
| 32a | 320 | 130 | 9.5 | 15.0 | 11.5 | 5.8 | 67.156 | 52.717 | 11 100 | 692 | 12.8 | 27.5 | 460 | 70.8 | 2.62 |
| 32b | 320 | 132 | 11.5 | 15.0 | 11.5 | 5.8 | 73.556 | 57.741 | 11 600 | 726 | 12.6 | 27.1 | 502 | 76.0 | 2.61 |
| 32c | 320 | 134 | 13.5 | 15.0 | 11.5 | 5.8 | 79.956 | 62.765 | 12 200 | 760 | 12.3 | 26.8 | 544 | 81.2 | 2.61 |
| 36a | 360 | 136 | 10.0 | 15.8 | 12.0 | 6.0 | 76.480 | 60.037 | 15 800 | 875 | 14.4 | 30.7 | 552 | 81.2 | 2.69 |
| 36b | 360 | 138 | 12.0 | 15.8 | 12.0 | 6.0 | 83.680 | 65.689 | 16 500 | 919 | 14.1 | 30.3 | 582 | 84.3 | 2.64 |
| 36c | 360 | 140 | 14.0 | 15.8 | 12.0 | 6.0 | 90.880 | 71.341 | 17 300 | 962 | 13.8 | 29.9 | 612 | 87.4 | 2.60 |
| 40a | 400 | 142 | 10.5 | 16.5 | 12.5 | 6.3 | 86.112 | 67.598 | 21 700 | 1 090 | 15.9 | 34.1 | 660 | 93.2 | 2.77 |
| 40b | 400 | 144 | 12.5 | 16.5 | 12.5 | 6.3 | 94.112 | 73.878 | 22 800 | 1 140 | 15.6 | 33.6 | 692 | 96.2 | 2.71 |
| 40c | 400 | 146 | 14.5 | 16.5 | 12.5 | 6.3 | 102.112 | 80.158 | 23 900 | 1 190 | 15.2 | 33.2 | 727 | 99.6 | 2.65 |
| 45a | 450 | 150 | 11.5 | 18.0 | 13.5 | 6.8 | 102.446 | 80.420 | 32 200 | 1 430 | 17.7 | 38.6 | 855 | 114 | 2.89 |
| 45b | 450 | 152 | 13.5 | 18.0 | 13.5 | 6.8 | 111.446 | 87.485 | 33 800 | 1 500 | 17.4 | 38.0 | 894 | 118 | 2.84 |
| 45c | 450 | 154 | 15.5 | 18.0 | 13.5 | 6.8 | 120.446 | 94.550 | 35 300 | 1 570 | 17.1 | 37.6 | 938 | 122 | 2.79 |
| 50a | 500 | 158 | 12.0 | 20.0 | 14.0 | 7.0 | 119.304 | 93.654 | 46 500 | 1 860 | 19.7 | 42.8 | 1 120 | 142 | 3.07 |
| 50b | 500 | 160 | 14.0 | 20.0 | 14.0 | 7.0 | 129.304 | 101.504 | 48 600 | 1 940 | 19.4 | 42.4 | 1 170 | 146 | 3.01 |
| 50c | 500 | 162 | 16.0 | 20.0 | 14.0 | 7.0 | 139.304 | 109.354 | 50 600 | 2 080 | 19.0 | 41.8 | 1 220 | 151 | 2.96 |
| 55a | 550 | 166 | 12.5 | 21.0 | 14.5 | 7.3 | 134.185 | 105.335 | 62 900 | 2 290 | 21.6 | 46.9 | 1 370 | 164 | 3.19 |
| 55b | 550 | 168 | 14.5 | 21.0 | 14.5 | 7.3 | 145.185 | 113.970 | 65 600 | 2 390 | 21.2 | 46.4 | 1 420 | 170 | 3.14 |
| 55c | 550 | 170 | 16.5 | 21.0 | 14.5 | 7.3 | 156.185 | 122.605 | 68 400 | 2 490 | 20.9 | 45.8 | 1 480 | 175 | 3.08 |

续表

| 型号 | 截面尺寸/mm | | | | | | 截面面积/cm² | 理论重量/(kg/m) | 参考数值 | | | | | | |
|---|---|---|---|---|---|---|---|---|---|---|---|---|---|---|---|
| | | | | | | | | | X—X | | | | Y—Y | | |
| | h | b | d | t | r | r₁ | | | $I_X/cm^4$ | $W_X/cm^3$ | $i_X/cm$ | $I_X:S_X$ | $I_Y/cm^4$ | $W_Y/cm^3$ | $i_Y/cm$ |
| 56a | 560 | 166 | 12.5 | 21.0 | 14.5 | 7.3 | 135.435 | 106.316 | 65 600 | 2 340 | 22.0 | 47.7 | 1 370 | 165 | 3.18 |
| 56b | 560 | 168 | 14.5 | 21.0 | 14.5 | 7.3 | 146.635 | 115.108 | 68 500 | 2 450 | 21.6 | 47.2 | 1 490 | 174 | 3.16 |
| 56c | 560 | 170 | 16.5 | 21.0 | 14.5 | 7.3 | 157.835 | 123.900 | 71 400 | 2 550 | 21.3 | 46.7 | 1 560 | 183 | 3.16 |
| 63a | 630 | 176 | 13.0 | 22.0 | 15.0 | 7.5 | 154.658 | 121.407 | 93 900 | 2 980 | 24.5 | 54.2 | 1 700 | 193 | 3.31 |
| 63b | 630 | 178 | 15.0 | 22.0 | 15.0 | 7.5 | 167.258 | 131.298 | 98 100 | 3 160 | 24.2 | 53.5 | 1 810 | 204 | 3.29 |
| 63c | 630 | 180 | 17.0 | 22.0 | 15.0 | 7.5 | 179.858 | 141.189 | 102 000 | 3 300 | 23.8 | 52.9 | 1 920 | 214 | 3.27 |

## 2. 工字钢的截面尺寸允许偏差及通常供应长度

| 型 号 | 10,12,12.6,14 | 16,18 | 20,22,24,25,27,28,30 | 32,36 | 40 | 45,50,55,56,63 |
|---|---|---|---|---|---|---|
| 高度 h/mm | ±2.0 | ±2.5 | ±3.0 | ±3.0 | ±3.5 | ±4.0 |
| 腰宽度 b/mm | ±2.0 | ±2.5 | ±3.0 | ±3.0 | ±3.5 | ±4.0 |
| 腰厚度 d/mm | ±0.5 | ±0.7 | ±0.7 | ±0.7 | ±0.8 | ±0.9 |
| 弯腰挠度/mm | 不应超过 0.15d | | | | | |
| 通常供应长度/m | 5~19 | 5~19 | 6~19 | 6~19 | 6~19 | 6~19 |

## 1. 热轧槽钢截面尺寸、截面面积、理论重量及参考数值

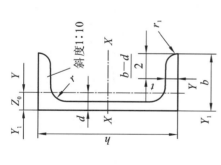

热轧槽钢（GB/T 706—2008）
$h$—高度；$r_1$—腿端圆弧半径；
$b$—腿宽度；$I$—惯性矩；
$d$—腰厚度；$W$—截面系数；
$t$—平均腿厚度；$i$—惯性半径；
$r$—内圆弧半径；$Z_0$—$YY$轴与$Y_1Y_1$轴间距离。

| 型号 | 截面尺寸/mm | | | | | | 截面面积/cm² | 理论重量/(kg/m) | 参 考 数 值 | | | | | | | |
| | $h$ | $b$ | $d$ | $t$ | $r$ | $r_1$ | | | $X-X$ | | | $Y-Y$ | | | $Y_1-Y_1$ | $Z_0$/cm |
| | | | | | | | | | $W_X$/cm³ | $I_X$/cm⁴ | $i_X$/cm | $W_Y$/cm³ | $I_Y$/cm⁴ | $i_Y$/cm | $I_{Y1}$/cm⁴ | |
| 5 | 50 | 37 | 4.5 | 7.0 | 7.0 | 3.5 | 6.928 | 5.438 | 10.4 | 26.0 | 1.94 | 3.55 | 8.3 | 1.10 | 20.9 | 1.35 |
| 6.3 | 63 | 40 | 4.8 | 7.5 | 7.5 | 3.8 | 8.451 | 6.634 | 16.1 | 50.8 | 2.45 | 4.50 | 11.9 | 1.19 | 28.4 | 1.36 |
| 6.5 | 65 | 40 | 4.8 | 7.5 | 7.5 | 3.8 | 8.547 | 6.709 | 17.0 | 55.2 | 2.54 | 4.59 | 12.0 | 1.19 | 28.3 | 1.38 |
| 8 | 80 | 43 | 5.0 | 8.0 | 8.0 | 4.0 | 10.248 | 8.045 | 25.3 | 101 | 3.15 | 5.79 | 16.6 | 1.27 | 37.4 | 1.43 |
| 10 | 100 | 48 | 5.3 | 8.5 | 8.5 | 4.2 | 12.748 | 10.007 | 39.7 | 198 | 3.95 | 7.80 | 25.6 | 1.41 | 54.9 | 1.52 |
| 12 | 120 | 53 | 5.5 | 9.0 | 9.0 | 4.5 | 15.362 | 12.059 | 57.7 | 346 | 4.75 | 10.2 | 37.4 | 1.56 | 77.7 | 1.62 |
| 12.6 | 126 | 53 | 5.5 | 9.0 | 9.0 | 4.5 | 15.692 | 12.318 | 62.1 | 391 | 4.95 | 10.2 | 38.0 | 1.57 | 77.1 | 1.59 |
| 14a | 140 | 58 | 6.0 | 9.5 | 9.5 | 4.8 | 18.516 | 14.535 | 80.5 | 564 | 5.52 | 13.0 | 53.2 | 1.70 | 107 | 1.71 |
| 14b | 140 | 60 | 8.0 | 9.5 | 9.5 | 4.8 | 21.316 | 16.733 | 87.1 | 609 | 5.35 | 14.1 | 61.1 | 1.69 | 121 | 1.67 |
| 16a | 160 | 63 | 6.5 | 10.0 | 10.0 | 5.0 | 21.962 | 17.240 | 108 | 866 | 6.28 | 16.3 | 73.3 | 1.83 | 144 | 1.80 |
| 16b | 160 | 65 | 8.5 | 10.0 | 10.0 | 5.0 | 25.162 | 19.752 | 117 | 935 | 6.10 | 17.6 | 83.4 | 1.82 | 161 | 1.75 |

续表

| 型号 | 截面尺寸 /mm | | | | | | 截面面积 /cm² | 理论重量 /(kg/m) | 参 考 数 值 | | | | | | | |
|---|---|---|---|---|---|---|---|---|---|---|---|---|---|---|---|---|
| | | | | | | | | | $X-X$ | | | $Y-Y$ | | | $Y_1-Y_1$ | $Z_0$ /cm |
| | $h$ | $b$ | $d$ | $t$ | $r$ | $r_1$ | | | $W_x$ /cm³ | $I_x$ /cm⁴ | $i_x$ /cm | $W_y$ /cm³ | $I_y$ /cm⁴ | $i_y$ /cm | $I_{y1}$ /cm⁴ | |
| 18a | 180 | 68 | 7.0 | 10.5 | 10.5 | 5.2 | 25.699 | 20.174 | 141 | 1270 | 7.04 | 20.0 | 98.6 | 1.96 | 190 | 1.88 |
| 18b | 180 | 70 | 9.0 | 10.5 | 10.5 | 5.2 | 29.299 | 23.000 | 152 | 1370 | 6.84 | 21.5 | 111 | 1.95 | 210 | 1.84 |
| 20a | 200 | 73 | 7.0 | 11.0 | 11.0 | 5.5 | 28.837 | 22.637 | 178 | 1780 | 7.86 | 24.2 | 128 | 2.11 | 244 | 2.01 |
| 20b | 200 | 75 | 9.0 | 11.0 | 11.0 | 5.5 | 32.837 | 25.777 | 191 | 1910 | 7.64 | 25.9 | 144 | 2.09 | 268 | 1.95 |
| 22a | 220 | 77 | 7.0 | 11.5 | 11.5 | 5.8 | 31.846 | 24.999 | 218 | 2390 | 8.67 | 28.2 | 158 | 2.23 | 298 | 2.10 |
| 22b | 220 | 79 | 9.0 | 11.5 | 11.5 | 5.8 | 36.246 | 28.453 | 234 | 2570 | 8.42 | 30.1 | 176 | 2.21 | 326 | 2.03 |
| 24a | 240 | 78 | 7.0 | 12.0 | 12.0 | 6.0 | 34.217 | 26.860 | 254 | 3050 | 9.45 | 30.5 | 174 | 2.25 | 325 | 2.10 |
| 24b | 240 | 80 | 9.0 | 12.0 | 12.0 | 6.0 | 39.017 | 30.628 | 274 | 3280 | 9.17 | 32.5 | 194 | 2.23 | 355 | 2.03 |
| 24c | 240 | 82 | 11.0 | 12.0 | 12.0 | 6.0 | 43.817 | 34.396 | 293 | 3510 | 8.96 | 34.4 | 213 | 2.21 | 388 | 2.00 |
| 25a | 250 | 78 | 7.0 | 12.0 | 12.0 | 6.0 | 34.917 | 27.410 | 270 | 3370 | 9.82 | 30.6 | 176 | 2.24 | 322 | 2.07 |
| 25b | 250 | 80 | 9.0 | 12.0 | 12.0 | 6.0 | 39.917 | 31.335 | 282 | 3530 | 9.51 | 32.7 | 196 | 2.22 | 353 | 1.98 |
| 25c | 250 | 82 | 11.0 | 12.0 | 12.0 | 6.0 | 44.917 | 35.260 | 295 | 3690 | 9.07 | 35.9 | 218 | 2.21 | 384 | 1.92 |
| 27a | 270 | 82 | 7.5 | 12.5 | 12.5 | 6.2 | 39.284 | 30.838 | 323 | 4360 | 10.5 | 35.5 | 216 | 2.34 | 393 | 2.13 |
| 27b | 270 | 84 | 9.5 | 12.5 | 12.5 | 6.2 | 44.684 | 35.077 | 347 | 4690 | 10.3 | 37.7 | 239 | 2.31 | 428 | 2.06 |
| 27c | 270 | 86 | 11.5 | 12.5 | 12.5 | 6.2 | 50.084 | 39.316 | 372 | 5020 | 10.1 | 39.8 | 261 | 2.28 | 467 | 2.03 |
| 28a | 280 | 82 | 7.5 | 12.5 | 12.5 | 6.2 | 40.034 | 31.427 | 340 | 4760 | 10.9 | 35.7 | 218 | 2.33 | 388 | 2.10 |
| 28b | 280 | 84 | 9.5 | 12.5 | 12.5 | 6.2 | 45.634 | 35.823 | 366 | 5130 | 10.6 | 37.9 | 242 | 2.30 | 428 | 2.02 |
| 28c | 280 | 86 | 11.5 | 12.5 | 12.5 | 6.2 | 51.234 | 40.219 | 393 | 5500 | 10.4 | 40.3 | 268 | 2.29 | 463 | 1.95 |
| 30a | 300 | 85 | 7.5 | 13.5 | 13.5 | 6.8 | 43.902 | 34.463 | 403 | 6050 | 11.7 | 41.1 | 260 | 2.43 | 467 | 2.17 |
| 30b | 300 | 87 | 9.5 | 13.5 | 13.5 | 6.8 | 49.902 | 39.173 | 433 | 6500 | 11.4 | 44.0 | 289 | 2.41 | 515 | 2.13 |

续表

| 型号 | 截面尺寸/mm | | | | | | 截面面积/cm² | 理论重量/(kg/m) | 参考数值 | | | | | | | |
|---|---|---|---|---|---|---|---|---|---|---|---|---|---|---|---|---|
| | | | | | | | | | X—X | | | Y—Y | | | Y₁—Y₁ | Z₀ |
| | $h$ | $b$ | $d$ | $t$ | $r$ | $r_1$ | | | $W_X$/cm³ | $I_X$/cm⁴ | $i_X$/cm | $W_Y$/cm³ | $I_Y$/cm⁴ | $i_Y$/cm | $I_{Y1}$/cm⁴ | /cm |
| 30c | 300 | 89 | 11.5 | 13.5 | 13.5 | 6.8 | 55.902 | 43.883 | 463 | 6 950 | 11.2 | 46.4 | 316 | 2.38 | 560 | 2.09 |
| 32a | 320 | 88 | 8.0 | 14.0 | 14.0 | 7.0 | 48.513 | 38.083 | 475 | 7 600 | 12.5 | 46.5 | 305 | 2.50 | 552 | 2.24 |
| 32b | 320 | 90 | 10.0 | 14.0 | 14.0 | 7.0 | 54.913 | 43.107 | 509 | 8 140 | 12.2 | 49.2 | 336 | 2.47 | 593 | 2.16 |
| 32c | 320 | 92 | 12.0 | 14.0 | 14.0 | 7.0 | 61.313 | 48.131 | 543 | 8 690 | 11.9 | 52.6 | 374 | 2.47 | 643 | 2.09 |
| 36a | 360 | 96 | 9.0 | 16.0 | 16.0 | 8.0 | 60.910 | 47.814 | 660 | 11 900 | 14.0 | 63.5 | 455 | 2.73 | 818 | 2.44 |
| 36b | 360 | 98 | 11.0 | 16.0 | 16.0 | 8.0 | 68.110 | 53.466 | 703 | 12 700 | 13.6 | 66.9 | 497 | 2.70 | 880 | 2.37 |
| 36c | 360 | 100 | 13.0 | 16.0 | 16.0 | 8.0 | 73.310 | 59.118 | 746 | 13 400 | 13.4 | 70.0 | 536 | 2.67 | 948 | 2.34 |
| 40a | 400 | 100 | 10.5 | 18.0 | 18.0 | 9.0 | 75.068 | 58.928 | 879 | 17 600 | 15.3 | 78.8 | 592 | 2.81 | 1 070 | 2.49 |
| 40b | 400 | 102 | 12.5 | 18.0 | 18.0 | 9.0 | 83.068 | 65.208 | 932 | 18 600 | 15.0 | 82.5 | 640 | 2.78 | 1 140 | 2.44 |
| 40c | 400 | 104 | 14.5 | 18.0 | 18.0 | 9.0 | 91.068 | 71.488 | 986 | 19 700 | 14.7 | 86.2 | 688 | 2.75 | 1 220 | 2.42 |

注：表中 $r$、$r_1$ 的数据用于孔型设计，不做交货条件。

## 2. 槽钢的截面尺寸允许偏差及通常供应长度

| 型号 | 5 | 6.3 | 6.5 | 8 | 10 | 12 | 12.6 | 14 | 16 | 18 | 20 | 22 | 24 | 25 | 27 | 28 | 30 | 32 | 36 | 40 |
|---|---|---|---|---|---|---|---|---|---|---|---|---|---|---|---|---|---|---|---|---|
| 高度 $h$/mm | | | ±1.5 | | | | ±2.0 | | | | | | | | ±3.0 | | | | ±3.5 | |
| 腿宽度 $b$/mm | | | ±1.5 | | | ±2.0 | | | ±2.5 | | | | | ±3.0 | | | | | ±3.5 | |
| 腰厚度 $d$/mm | | | ±0.4 | | | ±0.5 | | | ±0.6 | | | | | ±0.7 | | | | | ±0.8 | |
| 弯腰挠度 | | | | | | | 不应超过 0.15$d$ | | | | | | | | | | | | | |
| 通常供应长度/m | | | 5～12 | | | | 5～19 | | | | | | | | | | 6～19 | | | |

# 参 考 文 献

1. 沈伦序.建筑力学[M].北京:高等教育出版社,1997.
2. 陈永龙.建筑力学[M].3版.北京:高等教育出版社,2011.
3. 沈养中.建筑力学[M].5版.北京:中国建筑工业出版社,2020.
4. 李孝军.建筑力学[M].上海:复旦大学出版社,2011.
5. 梁圣复.建筑力学[M].2版.北京:机械工业出版社,2007.
6. 王崇革.建筑力学[M].2版.武汉:华中科技大学出版社,2020.